# 耐火浇注料及其
# 技术发展

王诚训　贺文贵　宋希文　编著
刘世年　侯　谨　张义先

北　京

冶 金 工 业 出 版 社

2015

# 内 容 提 要

本书以耐火浇注料为主题，全面介绍了 $SiO_2$-$Al_2O_3$ 耐火浇注料、$Al_2O_3$-Spinel（MgO）耐火浇注料、特殊应用耐火浇注料、碱性耐火浇注料、复合耐火浇注料和高性能隔热耐火制品的技术路线、选料原则、配制原理、凝结硬化机理、高温物理化学变化、主要性能以及影响因素，并扼要说明了耐火浇注料的应用情况。

本书可供从事耐火浇注料研究、开发、设计、生产和应用的工程技术人员使用，也可供大专院校有关专业的师生参考。

## 图书在版编目(CIP)数据

耐火浇注料及其技术发展/王诚训等编著 . —北京：冶金工业出版社，2015.4
ISBN 978-7-5024-6873-6

Ⅰ.①耐… Ⅱ.①王… Ⅲ.①耐火浇注料—技术发展—研究 Ⅳ.①TQ175.73

中国版本图书馆 CIP 数据核字(2015)第 062967 号

出 版 人　谭学余
地　　址　北京市东城区嵩祝院北巷 39 号　邮编　100009　电话　(010)64027926
网　　址　www. cnmip. com. cn　电子信箱　yjcbs@ cnmip. com. cn
责任编辑　于昕蕾　美术编辑　彭子赫　版式设计　孙跃红
责任校对　李　娜　责任印制　李玉山
ISBN 978-7-5024-6873-6
冶金工业出版社出版发行；各地新华书店经销；北京百善印刷厂印刷
2015 年 4 月第 1 版，2015 年 4 月第 1 次印刷
148mm×210mm；8.375 印张；246 千字；255 页
**29.00** 元
冶金工业出版社　投稿电话　(010)64027932　投稿信箱　tougao@ cnmip. com. cn
冶金工业出版社营销中心　电话　(010)64044283　传真　(010)64027893
冶金书店　地址　北京市东四西大街 46 号(100010)　电话　(010)65289081(兼传真)
冶金工业出版社天猫旗舰店　yjgy. tmall. com
(本书如有印装质量问题，本社营销中心负责退换)

# 前　言

　　耐火浇注料是用耐火骨料、粉料、添加剂并加入一定量结合剂和水配制的不定形耐火材料。它具有较高的流动性，适宜用浇注方法施工，并无须加热即可硬化。一般在使用现场以浇注、震动或捣固的方法浇注成型，也可以制成预制件使用。它是一种生产工艺简单、节能、材料利用率高、施工简便与高效，经过浇注（施工）成型和烘烤后能直接使用的新型耐火材料。

　　随着高温熔炼材料工业特别是冶金工业的快速发展和改善，对耐火浇注料的要求也越来越高。采用优质原料（包括超细粉）、新型结合剂、高效加入剂、最佳化的颗粒组成以及完善的施工工艺（包括施工装备），使耐火浇注料的开发取得了巨大进步。

　　（1）耐火浇注料已进入高温环境（1600~1700℃），并在使用中也取得了良好的效果，而且即使在熔渣或者碱的化学侵蚀和高温气流冲刷、高温熔体冲击、急剧热震等恶劣的使用环境中使用时，其寿命都有所改进。

　　（2）耐火浇注料已从传统耐火浇注料（CC）发展到低水泥（LCC）甚至超低水泥（ULCC）、无水泥（NCC）耐火浇注料。这些耐火材料具有更好的热力学性能和抗侵蚀性能。同时，自流耐火浇注料（SFRC）和泵送耐火浇注料以及耐火喷射料的开发应用，为高温窑炉中难以施工的部位如拐角、狭缝、孔洞等部位的施工提高了可靠性，而且还可以保证质量，使用效果突出。

　　（3）高性能合成原料如 $Al_2O_3$ 基、$MgO$ 基等合成原料和非氧化物合成原料以及微粉（uf-$SiO_2$、uf-$Al_2O_3$ 和 ρ-$Al_2O_3$）的规模化工业生产，使高技术耐火材料的生产有了可利用的高性能原料基础。

根据使用条件的不同，自流耐火浇注料、泵送耐火浇注料和喷射耐火浇注料等这些高性能耐火浇注料经常用来代替传统的振动耐火浇注料。通过应用粉体力学、胶体化学、流变学和热力学等理论以及配方的扩展方法等，进行耐火浇注料的配方设计，在充分考虑拟合的累积粒度分布（PSD）的情况下，根据 MPT（骨料颗粒表面最大浆体厚度）分析和基质的流变性状（包括 IPS（指基质粒子间的距离）的影响）进行性能调节，从而可配制出现代高性能耐火浇注料。同时，在大力开发碱性耐火浇注料和复合（氧化物同非氧化物组合）耐火浇注料的条件下，不断增加了新的耐火浇注料品种，通过对耐火浇注料应用技术的研究，扩大了其应用范围。

本书对近年来耐火浇注料的新技术、新工艺、新发展及其应用作了系统的介绍：

（1）在对组合原料进行仔细平衡的同时，对粒度组成进行精心优化（PSD），从而设计出高性能耐火浇注料。

（2）选择更合适的结合系统和大量使用微粉，从而满足了高强度和高抗蚀能力耐火浇注料的生产要求。对于含有 $SiO_2$、$Al_2O_3$ 组分的结合系统的耐火浇注料，则调整其相对含量达到最佳的 $Al_2O_3/SiO_2$ 比例范围；对于含水泥结合系统的耐火浇注料来说，则控制其水泥用量，从而使材料获得了最佳化的抗渣性。

（3）通过大量使用碳和/或非氧化物等提高了耐火浇注料的抗热震性和抗渣性，从而满足了材料能适用于高温炉窑关键部位的要求。

（4）根据不同的使用条件，应用纳米技术，向耐火浇注料中引入纳米材料分布于基质中，提高了材料的使用性能，从而延长高温窑炉的使用寿命。

随着高性能耐火浇注料的品种不断增加和推广应用，大大降低了耐火材料的消耗，明显延长了高温窑炉的使用寿命。

在本书的编写过程中，参阅了全国耐火材料学术会议相关资料和耐火材料方面的报刊，在此向有关作者致谢。同时得到了陈晓荣、康伟、赵亮、祝立丰等同志的关心和帮助，在此向他们表示衷心的感谢。

由于水平所限，书中有不妥之处，恳请读者不吝赐教。

作　者

2014 年 11 月

# 目　　录

# *1*　耐火浇注料及其演变

耐火材料按形状可以粗略地分为定形耐火材料和不定形耐火材料（或称散状耐火材料），其中，不定形耐火材料包括耐火浇注料、耐火喷涂料、耐火捣打料、耐火可塑料、耐火投射料、耐火压入料、耐火火泥（耐火胶泥）、耐火泥浆、耐火干式混合物（或称耐火干振料）、耐火涂层以及陶瓷纤维等多个品种。

普通水泥混凝土在建筑环境低于400℃的民用建筑和工业建筑中已长期使用，当使用温度高于这个温度时，由于混凝土会产生膨胀、断裂并失去强度，因此需采用耐热混凝土来满足使用温度超过400℃的工业领域。

铝酸钙水泥的生产和应用，为高温工业应用领域提供了良好的水化结合系统。随着铝酸钙水泥强度和质量的不断提升，耐火浇注料的应用也越来越广。低水泥和超低水泥浇注料的开发与性能的提高，替代了部分定形制品。形成了近30年以来，耐火材料工业发展中，不定形耐火材料超过定型耐火制品的格局。无水泥可泵送和自流浇注料的开发，进一步增加了浇注料的应用。湿式喷涂工艺施工技术的采用，其施工体具有喷涂和浇注的优点，使不定形耐火材料的应用达到了新的水平。采用这一新工艺后，不仅耐火材料制造费用低、能源与资源消耗少，也能使耐火材料用户节省劳动力、易于修补、提高生产效率。

随着高温熔炼工业特别是冶金工业的快速发展和改善，对不定形耐火材料的要求也越来越高。由于采用优质原料（包括超细粉）、新型结合剂、高效加入剂、最佳化的颗粒组成以及完善的施工工艺（包括施工装备），使不定形耐火材料（特别是耐火浇注料）的开发取得了巨大进步。主要特点是：

（1）工厂占地面积小，投资少，能耗低；生产过程简单，工艺控制要求严格，劳动强度低；供货周期短；适应性强，可制成任意形状的构筑物；施工方便，可直接使用或调配后使用；使用方便，可进行在线或离线修补；构筑物体整体性好；制造成本低，利润高。现场拆卸施工须用专用设备。

（2）不定形耐火材料（特别是耐火浇注料）已进入高温环境（1600～1700℃），并在使用中取得了良好效果，即使在熔渣或者碱的化学侵蚀和高温气流冲刷、高温熔体冲击、急剧热震等恶劣的使用环境中使用时，其寿命都有所提高。

（3）耐火烧注料已从传统耐火烧注料（CC）发展到低水泥（LCC）甚至超低水泥（ULCC）、无水泥（NCC）耐火烧注料。这些耐火材料具有更好的热力学性能和抗侵蚀性能。同时，自流耐火浇注料（SFRC）和泵送耐火浇注料以及耐火喷射料的开发应用，为高温窑炉中难以施工的部位如拐角、狭缝、孔洞等部位的施工提高了可靠性，而且还可以保证质量，使用效果突出。

（4）高性能合成原料如 $Al_2O_3$ 基、$MgO$ 基等合成原料和非氧化物合成原料以及微粉（$uf-SiO_2$、$uf-Al_2O_3$ 和 $\rho-Al_2O_3$）已能工业化生产，从而使高技术耐火浇注料材料的生产有了可利用的高性能原料基础。

耐火浇注料进一步发展的目标是开发使用效果更好，制造成本较低，具有更高的使用性能，能承受更加恶劣使用条件的所谓高技术耐火浇注料。为了达到这一目标，需要从以下几个方面进行研究和创新：

（1）在对组合原料进行仔细平衡的同时，对粒度组成进行精心优化（PSD）是设计高性能耐火浇注料的重要条件。

（2）选择更合适的结合系统和适量的微粉是满足生产高强度和高抗蚀能力耐火浇注料的重要要求。对于含有 $SiO_2$、$Al_2O_3$ 组分的结合系统的耐火浇注料，则应使其相对含量调整至最佳的 $Al_2O_3/SiO_2$ 比例范围；对于含水泥的结合系统的耐火浇注料来说，则需要控制水泥用量以便能获得最佳的抗渣性。

（3）使用碳或非氧化物等来提高耐火浇注料的抗热震性和抗渣性，以使之适用于高温炉窑关键部位的衬体。

（4）根据不同的使用条件，应用纳米技术，向耐火浇注料中引入纳米材料分布于基质中，以提高其使用性能，延长高温窑炉的使用寿命。

另外，大力开发施工技术和高性能装备，同时结合自流耐火浇注料、可泵送耐火浇注料和喷射耐火浇注料的使用，为实现更加简单、可靠的施工工艺提供更好的条件。

在耐火浇注料（根据触变性能和流变性能，耐火浇注料可细分为振动耐火浇注料、自流耐火浇注料、泵灌耐火浇注料以及喷射耐火浇注料，其中，自流耐火浇注料、泵灌耐火浇注料以及喷射耐火浇注料属于现代高性能耐火浇注料）的应用中，应用量较大的耐火喷涂料，其技术已得到了快速发展。

耐火浇注料成分中的 CaO 几乎全部来自水泥（纯铝酸钙水泥，简写为 CAC，本书无特别指明时均指 CAC）结合剂，因而往往根据材料中 CaO 含量来划分耐火浇注料的类型：

| 耐火浇注料的类型 | CaO 含量（质量分数）/% | 简写（代号） |
| --- | --- | --- |
| 传统耐火浇注料 | >2.5 | CC |
| 低水泥耐火浇注料 | 1.0~2.5 | LCC |
| 超低水泥耐火浇注料 | 0.2~1.0 | ULCC |
| 无水泥耐火浇注料 | <0.2 | NCC |

另外，化学或者有机结合等耐火浇注料，在 CaO 含量（质量分数）小于0.2%的情况下，也可广义地将它们列入无水泥耐火浇注料范畴（非水泥结合耐火浇注料）。

在不定形耐火材料的发展中，结合剂和添加剂的使用是关键，最初，使用的耐火浇注料属于传统耐火浇注料［水泥用量超过8%（一般为12%~30%，即耐火浇注料成分中的 CaO 含量大于2.5%）］，需要多量的混合水（达9%~13%）才能制成具有浇注性能的浆体，结果导致了耐火浇注构件或者衬体的高气孔、低强度。为了获得高强度，不得不增加水泥用量。在这种情况下，虽然改善了耐火浇注料的低温性能，但多量水泥的使用（导致更多混合用水量的增加），又导致耐火浇注体产生了更多的气孔，结果却并未使材料的中温性能和高温性能有实际的改变，从而限制了其总体应用。

为了克服传统耐火浇注料这些缺点，法国在 1969 年首先提出通过添加软质黏土和反絮凝剂等方法将水泥使用量降低到 8% 以下，而初始（烘干）强度不会降低，同时改善了材料的高温性能。然而，由于这类耐火浇注料使用软质黏土代替部分水泥使用量，所以浇注体仍需要用较长的时间进行干燥，而且开裂和剥落等问题也没有得到根本的解决，这就给实际生产和使用带来许多不便，妨碍了耐火浇注料的进一步推广应用。

通过进一步研究，法国于 1977 年又提出采用超微粉技术和高效表面活化剂，配制出可实际应用的低水泥耐火浇注料（水泥用量小于 8%，水用量低至 7%，耐火浇注料中 CaO 含量小于 2.5%）。在这类耐火浇注料中，$SiO_2$、$Al_2O_3$ 和 MgO 都被用于耐火浇注料。由于 $SiO_2$ 资源丰富并且价格合适，所以大部耐火浇注料使用了 $SiO_2$。为了使耐火浇注料易于流动，$SiO_2$ 则以超细粉（$uf\text{-}SiO_2$）形式取代部分水泥结合剂。可见，这类低水泥耐火浇注料是使用了超微粉技术和高效表面活性剂的耐火浇注料。因此其用水量减少，气孔率降低，密度和强度增加。同时，由于水泥用量受到了控制而且在硬化过程中也只是部分水化，所以其中温阶段没有强度损失。同时，由于颗粒级配精细优化后，颗粒间的空隙几乎被超微粉全部填充，因而其用水量已降低到 4%~7%，其组织结构致密，气孔率低，体积稳定性好，而且具有强度高、耐磨损、抗侵蚀等优点。根据其材质，可分为硅铝质低水泥耐火浇注料、莫来石质低水泥耐火浇注料、刚玉低水泥耐火浇注料和尖晶石质低水泥耐火浇注料等。

超微粉技术和高效表面活性剂并用的低水泥耐火浇注料具有良好的触变性，即混合浆料有一定的形态，稍加外力便开始流动，解除外力则可保持已经获得的形态，所以这类耐火浇注料又可称为触变性耐火浇注料，自流耐火浇注料也属于触变性耐火浇注料范围。

在 20 世纪 70 年代后期，相继开发了超低水泥耐火浇注料（CaO 含量为 0.2%~1.0%）和无水泥耐火浇注料（CaO 含量小于 0.2%）。其技术路线是，通过超微粉和高效表面活化剂的使用以及颗粒分布的优化，从而开发出新一代耐火浇注料，使低水泥耐火浇注料达到了系列化。这类超低水泥耐火浇注料和无水泥耐火浇注料集多数耐火浇注料的优点于一身，具有高密度、低气孔率、高强度、低磨损性、耐热震性高和抗侵蚀强等优点，属于高性能耐火材料范畴内的一类材料，因而可以将它们称为高技术耐火浇注料、高性能耐火浇注料、致密耐火材料、低气孔耐火材料和低水分耐火材料等。

20 世纪 80 年代，低水泥耐火浇注料得到了迅速发展，其性能达到了烧成制品的水平，而使其应用范围迅速普及到高温工业领域，并获得了良好的使用效果。

硅胶作为耐火浇注料的结合剂的原理是溶胶－凝胶技术。采用该技术的材料具有易于成型、均匀性好、烧结温度低等优点。其组织结构特征是耐火浇注料中硅胶－凝胶包围耐火颗粒，经过干燥以后，凝胶结合的骨架（颗粒）形成初始强度，而且由于材料缺少 CaO，因而具有较佳的高温强度。在 20 世纪 80 年代初期，开始使用硅胶作为耐火浇注料的结合剂，从而给这类耐火材料带来了巨大变化。硅胶取代纯铝酸钙水泥（CAC）所配制的耐火浇注料具有 LCC 和 ULCC 的所有优点。因为硅胶作为结合剂的耐火浇注料只需很少的混合时间，而且干燥时间短，材料的高温强度大，抗热震性好，热导率低；同时不受施工时添加剂的影响，还改善了材料的一些施工及应用性能。

20 世纪 80 年代以后，开发出自流浇注料（FSRC）的结合系统，从而导致耐火浇注料技术的重大突破。FSRC 的优点是很好地解决了热工设备的拐角、狭缝、孔洞等难施工部位筑衬的难题。后来发展起来的泵送耐火浇注料和喷射耐火浇注料，为筑衬技术革新提供了有利条件，也为耐火浇注料有效应用提供了更多的空间。

可见，系统的上述改进和发展导致了普通耐火烧注料（CC）向 LCC 以及 ULCC 的发展。然而，这类硅铝材料中含有 CaO 而使其 1500℃时的强度明显下降，这便限制了它们在与熔渣接触的环境中的应用。为了克服这一缺点，在 20 世纪 80 年代，使用 uf-$SiO_2$ 特别是采用硅胶作为结合剂的无水泥耐火浇注料（NCC）的开发，促进了耐火浇注料的发展。因为 NCC 具有 LCC 和 ULCC 的所有优点并克服了它们的大部分缺点。其特点是 NCC 中硅胶－凝胶包围耐火颗粒，经干燥后，凝胶骨架结合颗粒形成了初始强度。由于 $SiO_2$-$Al_2O_3$ 系材料中缺少了 CaO，避免了材料高温强度下降的问题。

　　硅胶结合的耐火浇注料有更好的黏结性和自流性,因而其施工性能也不受影响。硅胶结合的耐火浇注料的技术发展将可泵送的耐火材料推向了市场。从 1989 年开始,硅胶结合的耐火浇注料便开始了工业应用,特别是复合耐火浇注料,例如 $Al_2O_3$-$SiO_2$、$Al_2O_3$-$SiO_2$-SiC-C 系中的可泵送耐火材料的应用都非常成功。

　　近二十多年来,由于硅胶、铝溶胶(应用溶胶–凝胶)技术的应用促进了 LCC 和 ULCC 的发展,通过调整粒度使其可泵送,从而扩宽了传统耐火浇注料不适合应用的部位。喷射技术为 LCC 开辟了另一个应用天地,改善了施工,降低了成本。

　　目前,自流耐火浇注料、泵送耐火浇注料和喷射耐火浇注料等这些高性能耐火浇注料常用来代替传统的振动耐火浇注料。通过应用粉体工学、胶体化学、流变学和热力学等理论以及配方的扩展方法学等,进行耐火浇注料的配方设计,在充分考虑拟合的累积粒度分布(PSD)的情况下,根据 MPT 分析和基质的流变性状(包括 IPS 的影响)进行性能调节,从而可配制出现代高性能耐火浇注料。同时,在大力开发碱性耐火浇注料和复合(氧化物同非氧化物组合)耐火浇注料的条件下,不断增加了新的耐火浇注料品种,通过对耐火浇注料应用技术的研究,扩大了其应用范围。

　　通常,耐火浇注料呈原始状态向用户供货,只有采取浇注施工的成型构件才是通过干燥以后提供给用户使用的;而浇注施工的整体内衬都是在现场施工的,其干燥、烧成则是在热工窑炉使用前进行烘烤或者在使用过程中先进行预烘烤后直接投入使用,烘烤和使用是连续进行的。

# $2$    耐火浇注料制造技术

浇注料的生产是指骨料与基质的混练，其颗粒尺寸可以在较大范围内变化。一般骨料的颗粒尺寸为 $0.075 \sim 8mm$，基质颗粒尺寸可以小到 $0.1\mu m$，这些组分的混练与方法及其均匀程度对获得设计的期望性能尤为重要。每一尺寸段的颗粒尺寸分布必须稳定以获得良好的性能。混合料的总体颗粒尺寸分布以及颗粒尺寸分布的一致性对材料的质量有一定影响。浇注料可以是能够施工的预混合好的混合料，也可在施工现场与结合剂一起混合后施工，还可以制成不同尺寸和形状的预制件，并通过一定的热处理后即可直接投入使用。

一般情况下，浇注料的密度、气孔率及相关物理性能与产品的颗粒尺寸分布有关，因此骨料的加工，必须选择合适的破粉碎设备，将原料破碎成所需要的不同粒度的颗粒。细磨一般采用球磨机、管磨机、辊磨机或振动球磨机更为有效。

配料的精确与均匀混料是浇注料生产的又一重要方面。近几年来，组成耐火浇注料的微细颗粒和添加少量的化学添加剂对耐火浇注料的性能和应用非常重要。混料工序和混料设备不仅要使最终产品均匀，而且要避免配料中质量轻、粒度小者的损失。由于细小颗粒的损失或分散不均匀，不仅影响产品性能，而且会造成配料之间的差异。因此干混时，既要保证配料精确、混料均匀，又要避免成分损失，基质料与结合剂及少量添加剂采取预混合。

耐火浇注料的蚀损机理取决于材料的主成分及特定工艺的不同使用环境，耐火浇注料的蚀损形式主要为：磨蚀、渗透、侵蚀、腐蚀、剥落。为达到材料期望的使用效果，除了对颗粒加工、配料混练控制外，所采用的各种物料质量也必须严格控制，并对浇注料的流动性、常温强度、高温抗折强度和抗渣侵蚀/腐蚀性进行测试。

随着低水泥浇注料的开发应用，预制件的用量显著增加，并广泛应用于各行业。用于生产不同尺寸和结构的预制件的低水泥浇注料必须有合适的作业时间和固化时间，而且要容易干燥或烧成。低水泥浇注料在固化期间有轻微的收缩，尤其在制作各种尺寸和带孔的隔板时应特别注意，孔内不能出现任何裂纹。固化期一旦形成裂纹，在随后的干燥与烧成期间裂纹将会进一步扩大，甚至达到脱落。材料固化后应立即脱除模板，因材料成型时，预制件固化后还没有足够的强度，容易损伤，还不足以抑制干燥和烧成期间的裂纹扩张，因此，干燥和烧成时就要特别注意。预制件在热处理时，高温处理（1350℃）与低温处理（500～600℃）相比较不易损坏。

## 2.1　耐火浇注料的分类

耐火浇注料是由耐火骨料、细粉、添加剂和结合剂组成，经过配料、混练而成的耐火混合料。耐火浇注料是不需高温烧成，经过施工烘烤后直接使用，且生产工艺简单、节约能源和劳动力、可机械化施工、整体性好、易修补和寿命高的新型耐火材料。

耐火浇注料通常根据气孔率的大小、选用的结合剂或结合方式、骨料的种类和施工方式进行分类。

按气孔率可分为致密耐火浇注料和隔热耐火浇注料。

按胶结方式分类，耐火浇注料可分为水合结合耐火浇注料、化学结合（含聚合结合）耐火浇注料、水合和聚合共同结合的耐火浇注料（典型代表为低水泥结合耐火浇注料）和凝聚结合耐火浇注料四大类型。

按结合剂和某些材料的特殊作用进行分类，可分为以下7类：

（1）黏土结合耐火浇注料；

（2）超微粉（如硅灰等）结合耐火浇注料；

（3）水泥结合耐火浇注料；

（4）化学结合耐火浇注料；

（5）$\rho$-$Al_2O_3$（水合 $Al_2O_3$）结合耐火浇注料；

（6）低水泥结合耐火浇注料；

（7）硅、铝溶胶（溶胶－凝胶）结合耐火浇注料。

根据原料组合，耐火浇注料可以分为氧化物系耐火浇注料、非氧化物系耐火浇注料和复合耐火浇注料。氧化物系耐火浇注料又可细分为非碱性耐火浇注料和碱性耐火浇注料。

根据施工方式，耐火浇注料（体）可分为振动施工型耐火浇注料和自流型耐火浇注料两大类。

根据耐火浇注料是否含水泥成分或 CaO 含量可简单地分为普通耐火浇注料、低水泥耐火浇注料、超低水泥耐火浇注料和无水泥耐火浇注料四大类。

耐火浇注构件或者整体内衬是采用振动台、振动器、振动－加压成型或者自流浇注施工等工艺制备的。

耐火浇注料的使用性能不仅取决于其材质组成，而且也取决于其制造工艺以及加热处理条件等参数控制的质量。其中，配料组成中采用各种不同的流变性加入剂可以显著地降低耐火浇注料混合物的用水量，改善材料触变性和流变性能以及施工便捷性，调节凝固或者硬化时间。

为了强化干燥过程，在耐火浇注料中使用聚丙烯纤维等防爆裂剂（材料），在进行加热处理和烧成时该纤维（防爆裂剂）可以提高浇注料的透气性，从而降低耐火浇注衬体的应力和开裂的危险性。

为了提高耐火浇注衬体的结构强度和抗热震性能，可以通过调整颗粒尺寸和颗粒形状来提高材料的非线形性能或者添加钢纤维（普通钢纤维或者低碳钢纤维）来增强材料的结合。

## 2.2 耐火浇注料的配方设计

耐火浇注料的配方设计包括两个部分：应用设计参数和材料设计参数。

在设定的目标条件下使用的耐火浇注料，需要考虑原料组合、制造技术、材料组装（施工）和应用技术等。

配方设计的目标是在材料性能和应用条件之间寻找平衡。

通常，根据实际窑炉的操作条件（操作温度、炉内气氛以及粉尘、蒸汽和液体和/或炉渣等的接触状态）和熔渣特性来确定该窑炉内衬耐火材料的类型和材料的质量。如果选定耐火浇注料作为目标内衬，应该选用与使用条件相适应的材质和合适的结合系统以及能进一步改善和提高性能的添加剂，以便能制成性能较佳的耐火浇注料。

## 2.3　原材料的选择

### 2.3.1　主原料的选择

耐火浇注料中的耐火骨料和耐火粉料总称为主原料，余者则称为副原料。耐火骨料是耐火浇注料中 +0.088mm 或 +0.1mm 的部分，是耐火浇注料组织结构中的主体材料，起骨架作用。因此，耐火骨料是浇注体物理力学性能和高温使用性能的决定性因素的组成部分。通常，要求用于制备耐火骨料的原料应为结构致密、吸水率低（一般小于5%）、强度大、杂质含量少的优质原料。

耐火粉料是耐火浇注料中的基质组分，经高温作用后起联结或胶结耐火骨料、填充气孔、达到紧密堆积、保证混合料的流动性、体积稳定性并能促进烧结，提高材料（浇注体）密度、强度、高温性能以及使用性能的作用。

选用不同质量的原料作为制造耐火浇注料的主原料，即可制成性能各异、使用温度和使用范围不同的耐火浇注料。一般使用复合原料作为耐火浇注料的主原料，这可获得综合性能好和使用寿命长的耐火浇注料。

现代高效耐火浇注料中的主原料已大量使用高纯原料、均质原料、电熔原料、合成原料、转型原料和超细粉以及碳和合成非氧化物原料，从而使耐火浇注料的性能大大提高，甚至超过了烧成耐火制品。

耐火浇注料的性能主要取决于配方中所使用的原料，因此耐火浇注料中的原料尤其是主原料在最终产品中起着重要作用，受到特别的关注。

（1）烧结刚玉。烧结刚玉也称烧结氧化铝或半熔氧化铝，是以煅烧氧化铝或工业氧化铝为原料，经磨细成球或坯体，在 1750～1900℃高温下烧结而成的耐火熟料。含 $Al_2O_3$ 99% 以上的煅烧氧化铝多为均一的细晶刚玉直接结合而成的。其显气孔率为3%以下，体积密度达到 $3.50g/cm^3$ 以上，耐火度接近刚玉的熔点，高温下具有较好的体积稳定性与化学稳定性，高温机械强度和耐磨性较好。

（2）电熔刚玉。电熔刚玉是以纯氧化铝粉末为原料在高温电炉熔融制成的人造刚玉。具有熔点高、机械强度大、抗热震性好、抗侵蚀性强及线膨胀系数小等特点。电熔刚玉是制造高级特殊耐火材料的原料。主要包括电熔白刚玉、电熔棕刚玉、亚白刚玉等。

（3）电熔白刚玉。电熔白刚玉是以纯氧化铝粉末为原料，经高温熔炼而成的，呈白色。白刚玉的冶炼过程，基本上是工业氧化铝粉熔化再结晶的过程，不存在还原过程。$Al_2O_3$ 含量不小于99%，杂质含量很少。硬度比棕刚玉略小、韧性稍低。常用于制作磨具、特种陶瓷及高级耐火材料。

（4）电熔棕刚玉。电熔棕刚玉是以高铝矾土为主要原料并配以焦炭（无烟煤），经高温电炉在2000℃以上熔炼而成的。电熔棕刚玉质地致密，硬度高，常用于陶瓷、精密铸造及高级耐火材料。

（5）亚白刚玉。亚白刚玉是在还原气氛和控制条件下电熔特级或一级铝矾土而制得的。熔融时加入还原剂（碳）、沉降剂（铁屑）及脱碳剂（铁鳞）。由于其化学成分和物理性能均接近白刚玉，故称为亚白刚玉。它的体积密度在 $3.80g/cm^3$ 以上，显气孔率小于4%，是制造高级耐火材料与耐磨材料的理想材料。

（6）莫来石。莫来石是以 $3Al_2O_3 \cdot 2SiO_2$ 为主晶相的耐火原料。天然莫来石非常少，通常用烧结法或电熔法等人工合成。莫来石具有膨胀均匀、热震稳定性好、荷重软化点高、高温蠕变值小、硬度大、抗化学腐蚀性好等特点。

（7）锆刚玉莫来石。锆刚玉莫来石是以工业氧化铝、高岭土和锆英石为主要原料，经细磨、均匀混合、半干压球，并经1600～1700℃高温煅烧合成的。增加锆英石含量会导致烧结温度提高，减少总收缩量，增加封闭气孔，这些反应使烧结锆刚玉莫来石具有较高的密度和强度以及较好的抗热震稳定性和抗渣性。

（8）镁铝尖晶石。镁铝尖晶石是以工业氧化铝和轻烧氧化镁为原料，经高温烧结或电熔合成的。镁铝尖晶石的化学式为 $MgO \cdot Al_2O_3$，其中 MgO 含量为28.2%，$Al_2O_3$ 含量为71.8%。具有耐高温、耐磨损、耐腐蚀、熔点高、热膨胀小、热应力低、热震稳定性好、抗碱性渣侵蚀能力强及良好的电绝缘性能等优点。

（9）硅线石、红柱石、蓝晶石。化学式为 $Al_2O_3 \cdot SiO_2$，理论组成为 $Al_2O_3$ 63.1%，$SiO_2$ 36.9%。加热后均不可逆地转化成莫来石和方石英，具有抗渣蚀性良好、热震稳定性好、荷重软化点高等优点，蓝晶石族矿物产品是不定形耐火材料的优质原料，硅线石和红柱石因加热时体积变化较小，可直接制砖或作耐火骨料；蓝晶石加热时体积膨胀大，如作不定形耐火材料的膨胀剂，可直接使用。

（10）高铝矾土。我国高铝矾土资源主要分布在山西、河南、广西和贵州。经高温煅烧的高铝矾土熟料主要用于高铝质耐火材料，也可用来制作电熔棕刚玉、亚白刚玉。近年来，我国生产的均化矾土熟料，由于其吸收率低、性能稳定，在不定形耐火材料中的应用取得良好的效果。

（11）软质黏土。软质黏土的矿物组成主要为高岭石或多水高岭石，夹杂有其他杂质矿物，$Al_2O_3$ 含量可以从22%至38%，耐火度平均在1600℃左右，软质黏土多呈土状，颗粒细微，在水中易分散，可塑性与黏结性很强。在可塑料、捣打料、喷补料及耐火泥浆及中低档耐火材料中有广泛应用。

（12）黏土熟料。按照所用原料及生产方法的不同，耐火黏土熟料可分为两种类型：一类是将硬质黏土块直接在窑炉中煅烧而得；另一类是采用高岭土或硬质黏土，经细磨、均化、压滤脱水、干燥，最后在窑炉中燃烧而成，是高质量的黏土熟料。硬质黏土熟料的主要矿物相为莫来石，占35%～55%，其次为玻璃相与方石英。黏土熟料是普通硅酸铝耐火材料的主要原料。

（13）菱镁矿。菱镁矿是以碳酸镁（$MgCO_3$）为主要成分的天然碱性矿物原料。我国菱镁矿资源丰富，品质高，储量大。菱镁矿主要分布在辽宁省。菱镁矿主要用于生产烧结镁砂、电熔镁砂及生产碱性耐火材料的原料。

（14）烧结镁砂。烧结镁砂是将菱镁矿在1600～1900℃下充分烧结而得的产物，主要矿物为方镁石。优质镁砂 MgO 含量一般在95%以上，颗粒体积密度不小于 $3.30g/cm^3$，具有优良的抗碱性渣侵蚀的性能。烧结镁砂是生产碱性耐火材料的主要原料之一。

（15）电熔镁砂。电熔镁砂是用精选的菱镁石或烧结镁砂在电弧炉中经 2500℃ 以上高温熔融而制成的。与烧结镁砂相比,主晶相方镁石晶粒粗大且直接接触,纯度高,结构致密,抗碱性渣强,热震稳定性好,是高级含碳不烧砖和不定形耐火材料的良好原料。

(16)碳化硅。碳化硅通常是以焦炭和硅砂为主要原料的混合物经电炉高温熔炼制成的。在 1400~1800℃ 的温度下生成 $\beta$-SiC(立方晶),温度高于 1800℃ 时生成 $\alpha$-SiC(六方晶)。碳化硅具有硬度高,热导率高,热膨胀率低及优良的抗中性与酸性渣等性能。商品碳化硅的组成范围为含 SiC 90%~99.5%,耐火浇注料、喷补料、捣打料和可塑料往往采用纯度较高的碳化硅。

(17)硅灰。硅灰是生产硅铁和硅产品的副产品。外观为白色到深灰色的细粉,其颗粒呈圆形,颗粒直径一般为 $0.02~0.45\mu m$,比表面积约为 $15~25m^2/g$,体积密度为 $0.15~0.25g/cm^3$。近年来,有些硅灰已作为主导产品,而不再是副产品。它纯度高,颜色为白色,且成分稳定。在自流浇注料中应用显示出良好的流变性。

(18)石墨。石墨分为人造石墨和天然石墨。人造石墨是用石油焦烧结(加热到高于 2800℃)或用石墨电极的工艺两种方式制成。天然石墨晶体为具有菱形六面体对称性的六方晶系。通常有三种形式:无定形态、鳞片石墨和纯结晶体。无定形石墨(没有形态)和人造石墨在浇注料和泵送料中的应用中其流动性优于鳞片石墨和结晶石墨。

(19)沥青。煤焦油沥青比石油沥青具有较高的残碳量,都能有效地给耐火材料提供碳组分。根据物料的配方设计要求,可以细粉或颗粒形式使用。在不定形耐火材料应用中使用沥青优于其他形式的碳(如石墨),因为沥青熔化温度低,可包裹颗粒,因而提供了良好的抗渣侵蚀的保护层。

(20)铝酸钙水泥。生产高铝水泥的主要方法是烧结法,较纯的石灰石是生产所有铝酸钙水泥的氧化钙原料,烧结氧化铝用于生产高档铝酸钙水泥,而低铁、低硅铝矾土用作中档和低档高铝水泥的氧化铝原料。纯铝酸钙水泥或高铝水泥是用于耐火浇注料和喷补料结合相的最重要的水硬性水泥。在耐火浇注料衬体施工时,必须严格控制水温和加水量、混练强度和时间、温度及升温速率,其中温度是最重要的参数,它显著影响水泥结合相的生成和加热初期水分的排出。

（21）硅溶胶。硅溶胶是一种分散有二氧化硅颗粒的含水胶体，是触摸起来有点黏性的乳白色液体，具有高的比表面。硅溶胶可以通过脱水、改变 pH 值、加入盐或可与水混溶的有机溶剂来胶结。干燥时，通过快速脱水在颗粒表面形成硅氧（Si—O—Si）结合，从而产生聚合和内部结合。硅溶胶由溶液转化成固体通称为胶结。常用于涂料、浇注料、泵送料、捣打料和喷补料。

（22）硅酸钠。常用的硅酸盐是硅酸钠（$Na_2O \cdot mSiO_2 \cdot nH_2O$）、硅酸钾和硅酸锂。硅酸钠的脱水物通常像玻璃一样透明，并可溶于水，所以亦称为水玻璃。工业产品中 $SiO_2/Na_2O$ 的摩尔比（称为水玻璃的模数）在 0.5~4.0 之间，耐火材料用硅酸钠的摩尔比为2.2~3.35。硅酸钠水溶液的黏度受其摩尔比和浓度影响，并随温度显著变化。硅酸钠在水溶液中发生水化，且溶液呈碱性。摩尔比越小，硅酸钠水化越明显，且 pH 值随摩尔比减少而下降。摩尔比较高的硅酸钠水化反应缓慢。选择硅酸钠结合耐火材料的固化剂需根据耐火材料的应用确定。常用的固化剂有氟硅酸钠、聚合氯化铝、磷酸、磷酸钠、聚合磷酸铝、聚合磷酸镁、戊硼酸铵、乙二醛、柠檬酸、酒石酸、乙酸乙酯等。

（23）磷酸和磷酸盐。正磷酸本身并无黏结性。当它与耐火物接触后，由于两者间迅速发生反应生成磷酸盐，才使它表现出良好的黏结性。不同形式的磷酸盐都可用作结合剂。使用与耐火材料最多的盐是磷酸铝，作为结合剂磷酸二氢铝以其在水中的溶解性、结合强度和稳定性而著称。磷酸钠在耐火材料中主要用于凝聚、解聚和用作碱性喷补料的结合剂。聚磷酸钠在浇注料中常被用作减水剂。另外磷酸钠可与碱土金属化合物（如 CaO 和 MgO）发生反应，从而产生凝聚。正是基于磷酸钠的这种性能而使其应用于镁质碱性喷补料。

（24）$\rho\text{-}Al_2O_3$。$\rho\text{-}Al_2O_3$ 是一种活性氧化铝，它与其他晶态的 $Al_2O_3$ 不同，是结晶最差的 $Al_2O_3$ 变体。在 $Al_2O_3$ 的各种晶态中，只有 $\rho\text{-}Al_2O_3$ 在常温下具有自发水化反应，水化生成的三水铝石和勃姆石溶胶可以起到胶结和硬化作用。$\rho\text{-}Al_2O_3$ 在高温下最后都转变成一种优良的耐火物——$\alpha\text{-}Al_2O_3$（刚玉）。所以这种 $\rho\text{-}Al_2O_3$ 结合的浇注料可以看做一种耐火材料自结合的浇注料，既起结合剂的作用，其本身又是高级耐火氧化物，具有显而易见的优良性能。

## 2.3.2 结合系统的组合

结合系统通过将耐火骨料和耐火粉料胶结为一整体，从而使材料具有一定的强度。可见，尽管结合系统的配入量不高，但它们却是构成耐火浇注料的重要组成部分。

通常，结合系统由结合剂、活性填料和外加剂（添加剂）的三个部分组成。每个组成部分的选择都成为控制耐火浇注料流变性能的关键因素，其标准是能保证耐火浇注料达到施工性能的要求。这可通过优化分散剂（表面活化剂）的方法来实施。例如，可以加入多种添加剂，每一种都具有不同的功能，来改善耐火浇注料的流变性能。

结合剂可以是无机、有机或者它们的混合物。在这种情况下，结合剂通过水合、化学、聚合和凝聚等作用，使混合料坯凝固、硬化而获得强度（表2-1、表2-2）。

表2-1　不定形耐火材料常用结合剂（一）

| 结合剂类型 | | 举例 |
|---|---|---|
| 按化学性质分 | 无机结合剂 | 水泥类 | 高铝水泥、氧化铝水泥、ρ-氧化铝 |
| | | 硅酸盐 | 硅酸钠（水玻璃）、硅酸钾、硅酸乙酯 |
| | | 磷酸（盐） | 磷酸、磷酸二氢铝、磷酸铝、磷酸镁、聚磷酸钠、铝铬磷酸盐 |
| | | 硫酸盐 | 硫酸铝、硫酸镁、硫酸铁 |
| | | 氯化物 | 氯化镁、聚合氯化铝、氯化铁 |
| | | 硼酸（盐） | 硼酸、硼砂、硼酸铵 |
| | | 铝酸盐 | 铝酸钠、铝酸钙 |
| | | 溶胶 | 硅溶胶、铝溶胶、硅铝溶胶 |
| | 有机结合剂 | 天然料 | 软质黏土、氧化物超微粉、$SiO_2$、$Al_2O_3$、$Cr_2O_3$、$TiO_2$、$ZrO_2$ |
| | | 树脂 | 酚醛树脂、聚丙烯 |
| | | 天然黏着剂 | 糊精、淀粉、阿拉伯胶、糖蜜 |
| | | 黏着剂或活化剂 | 羧甲基纤维素、聚乙烯乙醇、木质素磺酸盐、聚丙烯酸 |
| | | 石油、煤分馏物 | 焦油沥青、蒽油沥青 |

续表 2 - 1

| 结合剂类型 | | 举　例 |
|---|---|---|
| 按硬化条件分 | 水硬性结合剂 | 硅酸盐水泥、铝酸盐水泥等 |
| | 气硬性结合剂 | 水玻璃加氟硅酸钠、磷酸或磷酸二氢铝加氧化镁、氧化硅微粉加铝酸钙水泥 |
| | 热硬性结合剂 | 磷酸、磷酸二氢铝、甲阶酚醛树脂 |
| 按不同温度下结合作用分 | 暂时性结合剂　水溶性结合剂 | 羧甲基纤维素、糊精、粉状或液状木质素磺酸类材料、聚乙烯乙醇粉状晶体等 |
| | 暂时性结合剂　非水溶性结合剂 | 硬沥青类、石蜡、聚丙烯类等 |
| | 永久性结合剂　炭素结合剂 | 焦油沥青、酚醛树脂等 |
| | 永久性结合剂　铝酸盐水泥 | |
| | 永久性结合剂　硅酸盐 | 硅酸钠（水玻璃）、硅酸钾、硅酸乙酯 |
| | 永久性结合剂　磷酸（盐） | |
| | 永久性结合剂　硫酸盐 | |
| | 永久性结合剂　氯化物 | |

注：不烧砖常用结合剂为磷酸盐、水玻璃、硫酸盐、氯化物、水泥、碳结合树脂、沥青等。

**表 2 - 2　不定形耐火材料常用结合剂（二）**

| 结合方式与特征 | | 举　例 |
|---|---|---|
| 水合结合 | 借助于常温下结合剂与水发生水化反应生成水化产物而产生结合 | 铝酸钙水泥、硅酸盐水泥、ρ-$Al_2O_3$、$MgO$ 等 |
| 化学结合 | 借助于结合剂与硬化剂或耐火材料之间，在常温或加热时发生化学反应生成具有结合作用的化合物而产生结合 | 磷酸或磷酸盐（加或不加硬化剂）、硅酸钠或硅酸钾（加或不加硬化剂） |
| 聚合结合 | 借助于催化剂或交联剂使结合剂发生缩聚形成网络结构而产生结合 | 甲阶酚醛树脂加酸作催化剂或加热时可产生缩聚作用 |
| 陶瓷结合 | 也称低温烧结结合，在材料中加入可降低烧结温度的助剂或金属粉末，以大幅降低液相出现温度，促进低温下固－液反应而形成低温烧结结合 | 烧结助剂有硼酸盐、氟化物和硼玻璃、钠玻璃等，金属粉末有 Al、Mg 等粉末以及 Si 粉 |
| 黏着结合 | 借助于物理吸附（范德华力）、扩散作用、静电作用等物理作用而产生的结合 | 大多为有机结合剂，如糊精、糖蜜、阿拉伯树胶、纸浆废液、羧甲基纤维素、沥青、聚乙烯醇、乙烯基聚合物、酚醛树脂等。无机结合剂，如磷酸二氢铝、水玻璃等 |

| 结合方式与特征 | | 举 例 |
|---|---|---|
| 凝聚结合 | 靠微粒子（胶体粒子）之间相互吸引紧密接触，借助于范德华力而结合在一起。但使用时必须加凝聚剂才能使胶体粒子发生凝聚而产生结合 | 黏土微粉、氧化物超微粉（$SiO_2$、$Al_2O_3$、$TiO_2$、$Cr_2O_3$ 等），硅溶胶、铝溶胶和硅铝溶胶等 |

活性填料是一种细填料，其粒径一般小于 $10\mu m$，如 $5\mu m$、$2\mu m$ 甚至纳米粉料等，具有高活性。如果能在耐火浇注料中加入适当形状和具有活性的超细粉或纳米材料，就能有效地填充气孔、提高密度和强度，而获得性能较佳、使用寿命较长的耐火浇注构件或者衬体。

外加剂是具有强化结合剂作用和提高耐火浇注料（特别是基质）性能的一类材料。按其功能作用可划分为 5 类：（1）改变流动性（作业性）类，包括减水剂（分散剂）、增塑剂（塑化剂）、胶凝剂（絮凝剂）、解胶剂（反絮凝剂）。（2）调节凝结、硬化速度类，包括促凝剂、迟效促凝剂、缓凝剂等。（3）调节内部组织结构类，包括发泡剂（引气剂）、消泡剂、防缩剂、膨胀剂等。（4）保证材料施工性能类，包括抑制剂（防鼓胀剂）、保存剂、防冻剂等。（5）改善使用性能类，包括烧结剂、矿化剂、快干剂等（表 2-3）。

一般情况下，外加剂的作用主要是为了改善作业性和提高强度等性能。选择一种或几种外加剂，则取决于所用耐火浇注料的性能、施工作业和使用要求（见表 2-3）。结合系统的进步和发展是耐火浇注料成功和发展的关键。目前，结合剂向着提高强度、提高熔点、降低水分以及多种结合剂配合使用的方向发展。

表 2-3 不定形耐火材料常用添加剂

| 种类 | 特 性 | 举 例 |
|---|---|---|
| 减水剂 | 只是起着表面物理化学作用，不与材料组成物发生化学反应 | 无机类：焦磷酸钠、三聚磷酸钠、六偏磷酸钠、超聚磷酸钠、硅酸钠等；<br>有机类：木质磺酸钠（钙）、萘系或水溶性树脂类等 |
| 增塑剂 | 是一类具有黏性或表面活性的物质，常用于可塑料和捣打料 | 塑性黏土、膨润土、氧化物超微粉、甲基纤维素、木质磺酸盐等 |

| 种类 | 特　性 | 举　例 |
|---|---|---|
| 促凝剂 | 缩短耐火浇注料凝结和硬化时间，不同的结合剂要使用不同性质的促凝剂 | 以铝酸钙水泥结合的浇注料所用的促凝剂多数为碱性化合物，如 NaOH、KOH、Ca（OH）$_2$、Na$_2$CO$_3$、K$_2$CO$_3$、Na$_2$SiO$_3$、K$_2$SiO$_3$、三乙醇胺；以磷酸和磷酸二氢铝结合的浇注料使用的促凝剂有活性氢氧化铝、滑石、NH$_4$F、氧化镁、铝酸钙水泥、碱式氯化铝等；以水玻璃（硅酸钠）结合的浇注料使用的促凝剂有氟硅酸钠、磷酸铝、磷酸钠、硅粉、石灰、硅酸二钙、聚合氯化铝、乙二醛等 |
| 缓凝剂 | 形成配合物抑制了水化物的生成，或形成薄膜吸附和包裹了水泥颗粒，抑制了水化反应速度 | 主要用于含快硬矿物的铝酸钙水泥结合的浇注料中，如低浓度的 NaCl、KCl、BaCl$_2$、MgCl$_2$、柠檬酸、酒石酸、葡萄糖酸、乙二醇、甘油、淀粉、磷酸盐、木质磺酸盐等 |
| 发泡剂 | 常用于轻质保温材料 | 松香皂等 |
| 膨胀剂 | 利用加入物在高温时发生反应而产生的体积变化，以改善浇注料的高温收缩 | 蓝晶石、红柱石、硅线石等 |
| 烧结剂 | 降低烧结温度，也可提高浇注料中温强度 | 黏土、硅粉等 |
| 保存剂 | 加入物包覆耐火材料颗粒的表面，阻止或延缓结合剂与耐火材料之间的反应 | 磷酸结合的可塑料、捣打料常用保存剂为草酸、乙二醇、柠檬酸、酒石酸、糊精等 |

## 2.3.3　特殊添加材料

　　为了补偿或者提高耐火浇注料的性能，需要向材料中添加与主成分不同的耐火颗粒或者耐火细粉（简称特殊添加材料或者外加剂）。

　　通常，添加 5%（质量分数）以下并能按要求改善基本组成材料性能和施工性能的材料称为外加剂；若添加材料含量高于 5% 时，则称为外加物。实际应用时，外加物也俗称外加剂。外加剂主要对结合剂和基本材料起作用，它们的品种很多，每个品种又都有一定的适用范围，所以应当根据耐火浇注料性能的要求进行外加剂的确定和选择。例如：

（1）对于重烧收缩大的耐火浇注料，应向配料中添加一定数量的膨胀材料以补偿其体积收缩，确保体积稳定，抑制结构剥落损毁。

（2）当需要进一步改善或提高耐火浇注料的抗热震性时，应向配料中添加适量的增韧材料以赐予其非线形性能，提高它们的热震稳定性。

（3）当需要进一步改善和提高耐火浇注料抗渗透性能时，可向配料中加入一定数量的具有抗渗透性能高的组分，以抑制熔渣向其内部渗透。

（4）要进一步提高耐火浇注料的抗侵蚀性能时，可向配料中加入一定数量的能提高该耐火浇注料抗侵蚀能力的材料或者熔入熔渣中能增加熔渣黏度的材料。

（5）通常，复合耐火浇注料都应配入抗氧化剂以抑制材料的氧化损毁，延长使用寿命。

高性能耐火浇注料一般采用复合外加剂，即几种外加剂复合使用，以保证材料的常温指标和高温性能。

例如，为了赐予以矾土熟料为骨料（基质中 $Al_2O_3$ 含量为85%）的低水泥耐火浇注料（LCC）的非线形性能，提高材料抗热震性，则向配料中加入一定数量的钢纤维。图2-1示出了这种含钢纤维的低水泥耐火浇注料的荷载-位移曲线呈现出明显的非线形性状的特征，而未加入钢纤维低水泥耐火浇注料，其非线形性状却非常低。同时，该图还表明：在MOR试验中，前者位移和荷重之间的关系完全不同于后者，尽管其MOR值不高，但钢纤维的显著作用是最终的断裂需要更多的能量。因为添加钢纤维的耐火浇注料具有很强的假塑性性能，也就是加入钢纤维增强的材料在外力作用下进入塑性变形阶段以后，在耐火浇注体的基质中不断产生大量的、分散的微细裂纹（称为多点开裂）使应力集中得以消除，荷载主要由横贯裂纹的钢纤维承担，而材料仍保持一个完整的整体，并显示出较大的延伸能力（这种性状称为假延性）。应当指出，在耐火浇注料中成功应用钢纤维的最重要条件是在使用时钢纤维必须防腐（必须不被氧化）。因此，在不同的使用环境下，钢纤维的用量和型号都必须精心地进行设计。

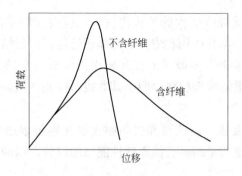

图 2 - 1　添加或不添加钢纤维的耐火浇注料荷载 - 位移图

## 2.3.4　表面活化剂

表面活化剂是指能显著改变流体表面张力或者两相界面张力的材料（物质），有许多外加剂属于表面活化剂。在耐火浇注料混合时，极少量表面活化剂可以显著地改变物料界面间的界（表）面能，起到润湿、塑化、分散、减水、增溶、润滑等作用。

表面活化剂的分子一般是由极性的亲水基团和非极性的亲油基团（碳氢链部分）共同构成的。根据溶入水中的带电状况，分为离子型和非离子型两种。前者又分为阳性、中性和阴性三类。阴离子表面活化剂如烷基苯磺酸盐等，在水中离解成离子，起作用的基团是阴离子；阳离子表面活化剂起作用的基团是阳离子；而两性表面活化剂中的两种离子均起作用。非离子表面活化剂如脂肪醇聚氧乙烯醚等，在水中不离解成离子，不带电，也不发生强烈吸附现象，起作用的为含氧基团。在表面活化剂中，减水剂应用最多。减水剂又称塑化剂，主要有木质素磺酸盐、多环芳香族磺酸盐、腐殖酸盐、糖蜜类、NNO和 NF 等，其作用原理是对物料有吸附分散、润湿和润滑作用，并能影响 ζ 电位的变化等，从而达到减少用水量的目的。

在合理选择含水泥或者无水泥耐火浇注料混合物中的物料组成和颗粒分布以及最佳化成型参数来降低某种耐火浇注料的用水量的前提下，通常需要通过采用表面活化剂，如增塑剂、分散剂、减水剂、散凝剂以及黏性调节剂等来调节其胶体化学性能以及流变学性能，以便保证耐火浇注料能够达到所要求的流动性和便于浇注施工性能，以促进耐火浇注施工衬体形成低气孔和机械强度高的组织结构。

这就是说，为了有效利用所有的细粒基质部分，避免细颗粒的团聚，必须加入合适的表面活化剂（主要是分散剂和减水剂）对细颗粒料（特别是结合剂）进行分散。在耐火浇注料中使用分散剂的优点是：

（1）使耐火浇注料中具有高度的均化效果。

（2）所确定的固化时间的高度再现性。

（3）可在很宽的温度范围内方便地控制固化时间。

采取以上措施便能提高耐火浇注料的性能：

（1）降低硅铝质耐火浇注料中 CaO 的含量（水泥用量），限制低熔点 $CAS_2$ 和 $C_2AS$ 相的形成，从而提高材料的高温机械强度和抗蚀性能。

（2）需水量下降，可使材料气孔率降低，密度增加。由于基质结构更加致密，因而材料的抗蚀性能和耐磨性能得到提高。

（3）材料致密度提高了，结果便改善了其热力学性能。

例如，表 2 - 4 列出了表面活化剂对刚玉质 LCC 中相界面上表面活化剂水溶液的表面张力、水泥浆体的流散性和该种耐火浇注料混合物用水量的测定结果。

表 2 - 4　表面活化剂组成对 LCC 的表面张力、水泥浆体的流散性和耐火浇注料混合物用水量的影响

| 编号 | 三聚磷酸钠 | C - 3 型超级增塑剂 | 表面张力/$J \cdot m^{-2}$ | 表面活化剂扩散能用指标 $\Delta\sigma/J \cdot m^{-2}$ | 水泥浆体的流散性指标/% | 耐火浇注料混合物用水量（质量分数）/% |
|---|---|---|---|---|---|---|
| 1 | 0 | 0 | $72.9 \times 10^3$ | — | 129 | 5.6 |
| 2 | 0.1 | 0 | $61.2 \times 10^3$ | $11.7 \times 10^3$ | 171 | 4.8 |
| 3 | 0.2 | 0 | $64.6 \times 10^3$ | $8.3 \times 10^3$ | 200 | 4.7 |
| 4 | 0 | 0.1 | $66.2 \times 10^3$ | $6.7 \times 10^3$ | 109 | 5.1 |
| 5 | 0 | 0.2 | $65.6 \times 10^3$ | $7.3 \times 10^3$ | 169 | 5.0 |
| 6 | 0.1 | 0.1 | $64.1 \times 10^3$ | $8.8 \times 10^3$ | 214 | 5.0 |
| 7 | 0.1 | 0.2 | $62.8 \times 10^3$ | $10.1 \times 10^3$ | 226 | 4.7 |
| 8 | 0.2 | 0.1 | $63.1 \times 10^3$ | $9.8 \times 10^3$ | 236 | 4.8 |
| 9 | 0.2 | 0.2 | $62.3 \times 10^3$ | $10.6 \times 10^3$ | 240 | 4.7 |

表 2-4 表明，表面活化剂（这里是三聚磷酸钠和 C-3 型超级增塑剂）可降低水溶液的表面张力，但增加三聚磷酸钠的添加量却会导致水溶液表面张力增加（三聚磷酸钠由 0.1% 提高到 0.2%，水溶液表面张力则从 $61.2 \times 10^3 J/m^2$ 增加到 $64.6 \times 10^3 J/m^2$）。其原因是三聚磷酸钠分子从表面层析出并进入溶液中，这对吸附值有负面作用（导致三聚磷酸钠失去活性）。失去活性的三聚磷酸钠的扩散作用降低了，并导致水泥颗粒上的吸附层增厚，散凝作用增大，结果则导致水泥浆体的流散性增加（三聚磷酸钠由 0.1% 提高到 0.2%，水泥浆体的流散性由 171% 增加到 200%）。另外，含有 0.1% 和 0.2% 的 C-3 型超级增塑剂的水溶液表面张力的降低说明表面层中的表面活化剂的浓度大于其在体积相内的浓度，因而吸附值为正值。扩散作用指标值从 $6.7 \times 10^3 J/m^2$ 增加到 $7.3 \times 10^3 J/m^2$ 及稀释效应的强化均表明水泥膏体的流散性指标显著增大，达到 60%。

在同时加三聚磷酸钠和 C-3 型超级增塑剂等综合性加入剂的情况下，对水泥浆体的流散性和溶液的表面张力变化的分析结果表明：这两种加入剂的分子结构和作用机理截然不同，但却产生了协同作用，说明在溶液表面层中三聚磷酸钠和 C-3 型超级增塑剂中的聚合物结构发生了重新组合，在溶液表面层形成了更致密的排列。对比表 2-4 中数据看出，添加三聚磷酸钠和 C-3 型超级增塑剂的数量比不同时（如表 2-4 中 6 号~9 号），溶液表面张力下降，并伴随有水泥浆体的流散性指标增大（其值介于 210%~240% 之间）的情况。

加入表面活化剂可使耐火浇注料混合物用水量降低 0.5%~0.9%（表 2-4）甚至 1% 以上，改善耐火浇注料的流变学性能，促进其凝固时在结合物和骨料颗粒之间形成强化的结晶接触点，对烧成后材料形成低气孔率和高机械强度结构产生正面影响，如图 2-2 所示。

图 2-2 表明，与未加表面活化剂相比，于 110℃干燥和 1450℃烧成后的同材质低水泥刚玉耐火浇注试件的气孔率分别降低 1.5%~5.35% 和 2.04%~4.53%，而机械强度分别提高 9~47MPa 和 7~40MPa。

上述结果说明，表面活化剂对水溶液表面张力变化和水泥浆体流

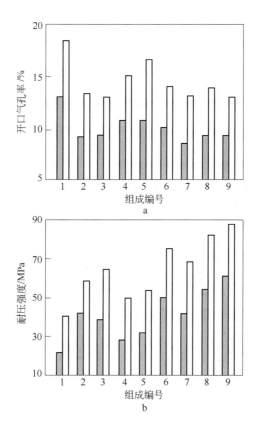

图 2 - 2　经过干燥和烧成后浇注料的开口气孔率（a）
及耐压强度（b）的变化

□—干燥温度为 110℃；▨—烧成温度为 1450℃

变性能的影响程度可以通过其缩水作用进行调节，即采用综合性表面活化剂来降低耐火浇注料混合物用水量（表 2 - 4），同时降低耐火浇注构件或者衬体的气孔率，提高材料的机械强度（图 2 - 2）。也就是说，在耐火浇注料混合物中配入多功能添加剂——分子结构显著不同的表面活化剂时可以调节水硬性黏结剂的流变学性能，保证耐火浇注料具有方便的可浇注性和流动性，从而利于耐火浇注构件或者衬体在烧成过程中的结构形成和强度提高。这是因为配料中各种表面活化剂的综合作用导致出现协同效应，降低水溶液表面张力，强化综合性表面活化剂的散凝作用和增塑作用，从而促进含水泥耐火浇注构件或者衬体形成低气孔率和高强度的结构。

## 2.4　颗粒分布

耐火浇注料的粒度分布（PSD）不但严重影响材料的流变性能，而且也影响到材料的其他性能，如耐火浇注料的混合性、用水量、干燥速度、高温条件下的蠕变率等。因此，耐火浇注料的粒度分布（PSD）需要进行精心设计和严格控制。

耐火浇注料的流变特性或称流变行为与其作业性能和凝固后的物理性能有着密切的关系，因而需要对它进行研究和分析。

影响耐火浇注料的流变行为的因素很多：粒度分布（PSD）、骨料和基质的物理性质、结合剂的性质及用量、分散剂的性质及用量、用水量以及耐火浇注料的混合工艺等。其中粒度分布（PSD）是影响耐火浇注料的流变特性最主要的因素之一。大量的研究结果都表明：耐火浇注料的粒度分布系数 $q$ 值，只要有很少的变动就会对流变行为产生明显的影响。

通常，在配制耐火浇注料时，往往应用 Andreassen 粒度分布方程：

$$CPFT = (D/D_1)^q \qquad (2-1)$$

它是粒度分布方程：

$$CPFT = (D^q - D_s^q)/(D_L^q - D_s^q) \qquad (2-2)$$

中 $D_s \to 0$ 时的特例。式中，CPFT 为粒度小于 $D$ 的粒子累计百分数；$q$ 为粒度分布系数；$D$ 为颗粒粒度；$D_s$ 为最小颗粒的粒度；$D_L$ 为最大颗粒的粒度。

图 2-3 示出的是分别计算得出的耐火浇注料组成中骨料以及基质等流动值（恒定的流动值 FI）等值线图（$D_{mat} = 3mm$）。这个曲面图在选择耐火浇注料浆体流动性和耐火浇注体烧成以后性能之间达到较好的优化组合颗粒级配（图中黑实线标出的位置）。

由颗粒堆积公式 2-1 计算得出：理想的骨料级配 $q \approx 0.17$。图 2-3b 中分别标出了作为最大流动性的颗粒尺寸分布（$q = 0.22$）、最大堆积密度（$q = 0.37$）以及中间条件（$q = 0.30$）的骨料粒度组成

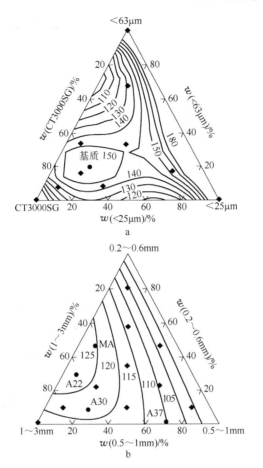

图 2 - 3 根据颗粒尺寸组成计算的理论 FI (%) 常数等值点

(表 2 - 2 中的各个配比混合料的 FI 值均表示于图 2 - 3)

a—基质；b—骨料

的位置。

图 2 - 3b 表明：A22 粒度级配处于流动值 FI 最大的区域位置，而 A37 粒度级配处于流动值 FI 最小的区域位置，A30 粒度级配处于 A22 和 A37 之间的位置，其流动值 FI 亦介于 A22 和 A37 之间。这与安德森方程式预计的流动性是一致的。

图 2 - 3b 显示出从 A22→A37 中，骨料颗粒的加入量有较大的增

加。由此即可预计到，若基质含量保持不变，那粗骨料颗粒之间的内在干扰就会增加，这就有可能引起非线性的剪切增稠流动行为。

另外，如图2-4所示，对于颗粒料和整体耐火浇注料（全铝质，其颗粒尺寸分布见表2-5）来说，采用不连续的颗粒尺寸堆积可以使耐火浇注料具备较高的流动性。

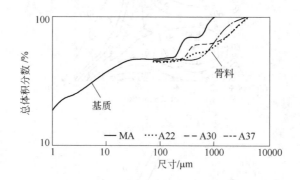

图2-4　浇注料 MA、A22、A30、A37（堆积系数 $q$ 分别为0.17、
0.22、0.30、0.37）累计粒度分布情况

表2-5　全铝质耐火浇注料颗粒尺寸分布　　　（%）

| 混合物 | 基　　质 | | | 骨　　料 | | |
|---|---|---|---|---|---|---|
| | CT3000SG | <25μm | <63μm | 0.6~2mm | 0.5~1mm | 1~3mm |
| MA | 28.5 | 9.5 | 9.5 | 23.63 | 5.25 | 23.63 |
| A22 | 28.5 | 9.5 | 9.5 | 15.125 | 4.25 | 33.125 |
| A30 | 28.5 | 9.5 | 9.5 | 4.25 | 13.25 | 35.00 |
| A37 | 28.5 | 9.5 | 9.5 | 1.00 | 36.5 | 15.0 |

注：CT3000SG 表示活性氧化铝。

不过，有时也发现，虽然耐火浇注料的 PSD 相似，但流动值却不相同，其原因是累计曲线中没有考虑到另外的一些可变因素。

按照李再耕等人的意见：只有当耐火浇注料中的骨料粗颗粒（ $+100\mu m$ ）之间距离被分散的基质（ $-100\mu m$ + 水）隔离开超过一个最小的临界值时，才能使该耐火浇注料具有自流行为。也就是说，只有骨料颗粒（ $+100\mu m$ ）之间具有一定的 MPT 值（隔离距离）

时，该耐火浇注料才具备自流条件。

MPT 参数为骨料表面最大浆体层厚度，其定义为：基质部分除用于包覆骨料颗粒表面外，有一部分用于充填骨料颗粒之间的空隙，最后剩余部分实现骨料之间的隔离作用。

MPT 参数是作为配制耐火浇注料的辅助参数而设置的，按式 2 - 3 计算：

$$\text{MPT} = (2/\text{VSA})[(1/V_s) - 1/(1 - P_0)] \qquad (2-3)$$

式中，VSA 为单位体积粗颗粒的表面积，$m^2/cm^3$；$V_s$ 为粗颗粒的体积浓度；$P_0$ 为粗颗粒最佳堆积时的残存气孔率。

参数 MPT 值与自流值之间有很好的相关关系，如图 2 - 5 所示（相关系数 $R^2 = 0.82$）。说明骨料颗粒之间的距离越大，耐火浇注料的流动值就越高。参数 MPT 值高时可使该耐火浇注料在流动过程中骨料颗粒之间的物理干扰降低。

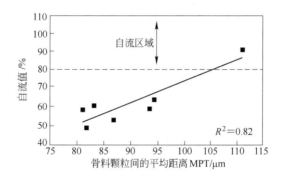

图 2 - 5　浇注料的自流值和 MPT 的线性关系

事实上，采用了 MPT 值和累计 PSD 曲线进行综合分析能较实际地预测耐火浇注料的流变行为，但这还不够充分。因为耐火浇注料的流变行为不仅受到骨料颗粒之间距离的影响，而且还受到基质特性的影响（包括基质中粉体表面积、粒子的形貌、细粉的分散状态、流变状态——胀性或假塑性等），而基质的特性主要表现在基质悬浮液的黏性方面。基质的黏度对该耐火浇注料的流变性状起重要的作用。黏度过低会导致粗颗粒与细粒子之间发生离析（偏析）；而黏度过高，在重力作用下会使耐火浇注料的流动变得更困难。

基质悬浮液的黏度与悬浮液中粒子之间的平均距离有关，因为粒子之间的平均距离增大，会减少运动过程中粒子之间的碰撞概率，从而使黏度降低。Funk 和 Diger 提出用参数 IPS 作为评价悬浮液黏度的参数。IPS 被定义为对具有一定固体载荷 $\varphi$，堆积留下的气孔率 $P_0$ 和单位体积的表面积 VSA 的悬浮液而言，其 IPS 可以用下式计算：

$$IPS = (2/VSA)[(1/\varphi) - 1/(1 - P_0)] \tag{2-4}$$

研究结果证明：用总的固体载荷计算的 IPS 值能够充分表示悬浮液的性质和预测粒子之间的碰撞概率。

当然，耐火浇注料基质的流变行为除了与 IPS 值有关外，还要通过选用适当的分散剂及其添加量和调节 pH 值来调整其黏度与屈服应力以使耐火浇注料浆体获得所要求的流变特性。

根据上述分析，Bondia 等人确定了耐火浇注料配方的扩展方法学，认为现代高性能耐火浇注料的配方设计不仅要考虑拟合的累积粒度分布（PSD），而且也要根据 MPT 分析和基质的流变性状（包括 IPS 的影响）进行调节，如图 2-6 所示。

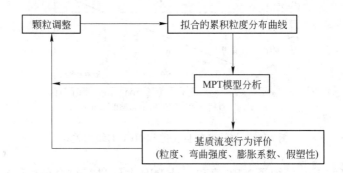

图 2-6 耐火浇注料配方的研究方法

例如，按这种设计思路，认为高性能全铝质自流耐火浇注料（SFRC，80% < FI < 130%）理想的配方是：52.5% 骨料颗粒（+100μm），47.5% 基质（-100μm），与所有的颗粒级配一致，细粉粒度在 40~250μm 之间，比表面积 SSA 大于 2.466m²/g，耐火浇注料浆体厚度值 MPS 在 100~150μm 之间。

另外，耐火浇注料中骨料颗粒对其性能有着重要的影响，特别是对材料抗热震（断裂）性能的影响非常明显。由于材料内应变能的降低与颗粒尺寸的立方成比例，而由断裂引起的表面能的增加却只与颗粒尺寸的平方成比例，因而自发的裂纹主要发生在大颗粒中。这样一来，就可以向耐火浇注料中配入一部分大颗粒来提高材料的非线形性状，因为强度较高的大颗粒会使裂纹转向，改善晶间裂纹性能。以前人们就发现，使用适当体积分数的粗骨料即可阻止裂纹的扩展。例如，在电炉顶部三角区及中心区域使用的刚玉质耐火浇注料中配入约30mm 大颗粒（其用量为 25%）时就能阻止裂纹的扩展。实际使用结果也表明，这种材质大大提高了使用寿命。因为这种材质在一定的应力阶段，在裂纹顶端附近区域可形成许多微裂纹，结果则需要更多的能量才能导致裂纹扩展的发生。其原因是原有裂纹伸长和新裂纹形成所需要的能量同原有裂纹伸长所释放的能量达到平衡时，原有裂纹开始扩展，而微裂纹区域也逐渐扩大。后者也需要消耗一部分能量，因而对原有裂纹的扩展有抑制作用。同时，上述耐火浇注料中骨料颗粒的弹性模量一般都高于基质的弹性模量，所以骨料颗粒对原有裂纹的扩展有阻碍作用。在骨料 $E$ 模数与基质的 $E$ 模数的比值越大时，原有裂纹顶端离骨料表面越近，骨料颗粒尺寸越大时，骨料的阻裂作用也就越大。

骨料颗粒形状对耐火材料非线形性状也有重要影响，如图 2-7 所示。

图 2-7 中 1 号曲线为使用标准颗粒制成的刚玉质耐火浇注料的荷重 - 位移曲线，它几乎不存在非线形性状。而将 1 号曲线中的30% 颗粒用球形颗粒替换（5 号曲线），虽然提高了强度，但却增加了刚性，因而易于断裂。相反，当 1 号曲线中骨料用一部分棒状骨料替换时，就能提高材料的非线形性状（这可通过比较图 2-7 中 1 号曲线与 2 号曲线和 4 号曲线对比看出），棒状骨料替换越多，非线形性状就越显著（棒状骨料替换量：2 号曲线为 10%，4 号曲线为 30%）。

此外，通过在耐火浇注料内弥散一些棒状或片状骨料也有可能提高耐火浇注料的非线形性状，而使材料具有高的抗热震性。

可见，耐火浇注料的粒度分布 PSD 不但严重地影响耐火浇注料

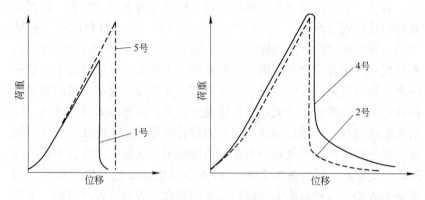

图 2－7 试验耐火浇注料的典型断裂行为

的流变性能，而且也影响到材料的其他性能，如耐火浇注料的混合性、用水量、流动性、假塑性（适合泵送）、干燥速度、高温下的蠕变率和抗热震性能等。因此，耐火浇注料的骨料颗粒度分布 PSD 需要严格控制，而且其中所含超细基质颗粒（<1μm）含量也要加以控制，因为材料中的超细基质颗粒（<1μm）含量过高会导致较高的高温蠕变率等。

## 2.5 耐火浇注料的施工技术

耐火浇注料往往以散状混合料的形式供货，筑衬施工在现场实施。这类耐火材料主要用作窑炉内衬更新材料和旧衬过早蚀损部位的修补材料。由于筑衬和修补窑炉的形状各异，内衬部位不同，材料类型也必然不同（材料多样）。与喷补施工不同，使用耐火浇注浆体筑衬施工时需要有专门的工具与之相适应。

在通常的情况下，振动成型耐火浇注料和耐火捣打料一样，也需要支架模板才能进行筑衬施工。施工体就地养生、硬化，脱模烘干，然后交付使用。

### 2.5.1 用水量的控制

通过向耐火浇注料中加入一定数量的水，将干粉料与适当的水混合制成耐火浇注料－水体系浆体（糊状）以后即可进行施工（浇注）。耐火浇注料浆体的施工性能的好坏，直接决定其流动性（有时也包括触变性）。可见，水也是耐火浇注料中的关键结合剂，它在耐火浇注料的浇注过程中起到媒介作用，可保证耐火浇注料浆体具有一定的触变性和流动性（施工性能），而硬化以后又能获得致密的浇注构件或者衬体，使之具有较好的结合性能和机械强度等。不过，为了获得较佳的耐火浇注构件或者衬体，其用水量需要进行严格控制。因为增加用水量（用水量高）会导致骨料同粉料分离沉积，使耐火浇注构件或者（整体）衬体在干燥过程中由于大量水分在逸出时产生较多的孔隙（气孔），从而会导致其结构疏松，性能下降，以及烧成后一些重要性能，如强度降低，抗侵蚀性下降等。

从原理上看，如果水首先仅填充颗粒之间的空隙的话，那就能通过最大化粉料的堆积密度达到减少用水量的目的。然而，最大的堆积密度会导致最小的流动性。一般认为自流耐火浇注料理想的安德森系数应是 $q$ = 0.22，因为这种颗粒级配可以减少粗颗粒之间的内在干扰（MPS 值高）。这就说明：为了限制用水量，即可通过一种基质细粉来改善耐火浇注料的流动性，这种改善耐火浇注料流动性的组分称为助流剂（细颗粒也是助流剂）。因为这种助流剂增加了粗颗粒之间的距离，减少了粗颗粒之间的内在干扰，从而提高了耐火浇注料浆体的流动性。

用水量对全铝耐火浇注料（表 2 - 6）的基质颗粒之间平均距离 IPS 和骨料之间平均距离 MPT 的影响见表 2 - 7。

表 2 - 6　无水泥全铝（100% $Al_2O_3$）浇注料一般特性

| 物 理 指 标 | $q$ = 0.21 | $q$ = 0.26 | $q$ = 0.31 |
| --- | --- | --- | --- |
| 基质含量（质量分数）[1]/% | 45 | 39 | 31 |
| 骨料含量（质量分数）[2]/% | 55 | 61 | 69 |
| VSA[3]/$m^2 \cdot cm^{-3}$ | 7.36 | 6.73 | 5.81 |
| $P_0$[4]/% | 9.16 | 8.14 | 6.74 |

①烧结氧化铝 A1000SG 和 A3000FL（Alcoa，美国）；
②白色电熔刚玉（Alcoa，巴西）；
③VSA = 比表面积（BET）× 材料体积密度（3.93g/$cm^3$）；
④$P_0$ 是根据 Wcstman 和 Hugill 模型计算出来的数据。

**表 2-7　全铝耐火浇注料中水含量对基质颗粒和骨料之间平均距离的影响**

| $q$ 值 | 体积加水量比例/% | IPS/$\mu$m | MPT/$\mu$m |
|---|---|---|---|
| 0.21 | 15 | 0.032 | 0.605 |
| | 14 | 0.028 | 0.588 |
| | 13 | 0.023 | 0.571 |
| 0.26 | 16 | 0.051 | 0.471 |
| | 15 | 0.044 | 0.455 |
| | 14 | 0.038 | 0.439 |
| 0.31 | 16 | 0.077 | 0.334 |
| | 15 | 0.069 | 0.320 |
| | 14 | 0.061 | 0.306 |

上述情况说明，对耐火浇注料的粒度分布 PSD 进行优化和超细基质颗粒（<1$\mu$m）的含量进行适当控制也是降低其用水量的重要措施。

虽然粗颗粒会降低耐火浇注料浆体的流动性，但它却能提高耐火浇注体烧后的机械强度，减轻烧后收缩，降低材料成本。另外，粗颗粒（骨料）还可以为耐火浇注构件或者衬体在干燥过程中水蒸气逸出时建立安全通道，避免在水蒸气逸出时导致耐火浇注构件或者衬体的组织结构产生严重的破坏，而保证材料结构的完整性。

在限制用水量的条件下，要确保耐火浇注料浆体的施工性能，往往需要使用表面活性剂即减水剂（塑化剂）或者分散剂来提高耐火浇注料浆体的触变性和流动性，以使耐火浇注料浆体能获得性能理想的浇注施工性能。通常，都采用复合表面活性剂来提高耐火浇注料浆体的触变性和流动性以达到最佳的减水效果，提高浆体的浇注施工性能。

## 2.5.2　混合及混合机理

耐火浇注料 + 水混合制成耐火浇注料浆体是其施工中极为重要的工序。混合是在专门的混合设备中以恒定的速度完成的。在混合过程中产生的混合作用力、混合均匀所需要的时间以及耐火浇注料浆体的温度都会提高。

耐火浇注料混合物中都含有一定数量的细粉和微粉，而粉体一般都具有自然团聚倾向。粒子的黏附团聚的作用力是范德华力和水存在下的毛细管力，而且两者在不同组成粉体中的作用更加复杂。

在加水初期，粒子会被所谓的吸附层的液膜覆盖，同时粒子间出现连接"液桥"。吸附层重叠便产生了吸附力而导致粒子聚结。该吸附力随着粒子的接触面扩大而增大，随之便提高了团聚体的强度。

在进一步加水或改善粒子中水使之分开时，又可提高被水包裹粒子的数量，同时增大转矩。

当水含量达到临界（转折）水平时，便会在粒子间形成"液桥"。系统的抗剪切力则急剧增大（此时有毛细管吸引力作用）。通常，抗剪切力是随着粒子表面积的增加（即粉料粒径的减小）而增大（因为有过量的"液桥"形成）。

当耐火浇注料中水正好足以充填粒子间的空隙（气孔），并覆盖粒子表面达到临界值（转折点处）时，毛细管力最强。进一步加水便会导致"液桥"数量急剧减少，随之泥料（浆体）的抗剪切力也会下降。

耐火浇注料在加水混合的初期阶段往往会形成含水的团聚体（有的团聚体内还包裹有大量的自由水即非吸附水），它会严重影响耐火浇注料浆体的流变性能。因此，只有将这些团聚体打散以形成较小的移动单体（粒子或粒子团），耐火浇注料浆体才能具有流变性能。

李再耕等人指出，耐火浇注料的混合历程需要经历以下三个过程：

（1）打破干粉料的团聚体，并使粉料粒子均化。

（2）将水加入粉料中，使其由干粉状转变为流态状，此过程需要有足够的混合能，通常称为耐火浇注料的转折点（转变点）。

（3）加完所需的全部水之后，将材料混合到适宜的稳定状态和均质状态。有时，在最终阶段可施加高的剪切速率以补偿前两过程混合不足的影响。

混合时由于细粒子形成的团聚体，因范德华效应的增强和粒子尺寸的减少产生的毛细管力的作用而变得更强。因此，混合过程中必须克服这些力，才能破坏团聚体，使对应的耐火浇注料浆体均化。

范德华力是一种表面短程引力，它会引起粒子在液体介质中发生絮凝。因此，具有大表面积的细粒子会受到极强的范德华力作用，而导致出现结实的团聚体（料团）。不难预见，具有大表面积的基质耐火浇注料的絮凝趋势比粗基质耐火浇注料大，如图 2 - 8 所示。

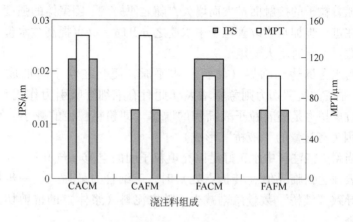

图 2 - 8　计算所得耐火浇注料的 IPS 值和 MPT 值
（水的体积分数为 15%）

用流变仪测定转折点的力矩时，小颗粒的表面积很大，因而力矩则随着耐火浇注料的比表面积和基质含量的增加而增大。就颗粒分布而言，以 $q = 0.21$ 的混合料的力矩最大，$q$ 增加，混合料的力矩便会降低，如图 2 - 9 所示。图 2 - 9 是在转折点处的力矩与混合能及耐火浇注料温度上升的曲线图解，图中显示了与 Andreasen 系数的反向趋势。

通常，制成的耐火浇注料浆体都表现出很明显的屈服应力（$\tau$，它主要取决于浆体不流动时产生的黏结强度以及流动时产生的恒定塑性黏度 $\eta$）。在这种情况下，Bingham 流变行为的典型参数用下式描述：

$$\tau = \tau_0 + \eta\gamma \tag{2-5}$$

式中，$\tau$ 表示剪切应力应变速率 $\gamma$ 时的剪切力。

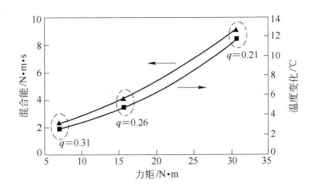

图 2 - 9　转折点处的力矩值与混合能和温度提高之间的关系

（水的体积分数为 15%）

大多数流动行为属于 Herschel-Bulkley 行为：

$$\tau = \tau_0 + k\gamma^n \qquad (2-6)$$

式中，$k$、$n$ 都是常数，与材料特性有关。当 $n = 1$ 时，式 2 - 6 与式 2 - 5 相同，$n > 1$ 时，材料具有一定的剪切厚度或者膨胀行为（随着剪切应变率的增加，流动变得更加困难）。

若采用传统的稳定转速黏度计测定浆体黏度时也可得到类似的流动曲线：

$$T = g + hN \qquad (2-7)$$

$$T = g + aN^n \qquad (2-8)$$

式中，$g$、$h$ 为常数，取决于材料本身的特性，即分别与材料的屈服应力和塑性黏度有关。在 $T$ 与 $N$ 为线性函数关系时，$g$ 值与屈服应力呈比例关系，$h$ 值与塑性黏度呈比例关系。式中 $g$、$h$、$a$、$n$ 值都能由实验数据中得到。

在混合过程中施加于耐火浇注料的混合能，可以用转矩与时间关系曲线下面的面积进行评估。因此，在转折点取得高转矩值的耐火浇注料需要高能混合机。

### 2.5.3　耐火浇注体的干燥

耐火浇注料的施工体（内衬）硬化后需要经过干燥排除其内部

的水分才能交付使用。无水泥全铝质（100% $Al_2O_3$）耐火浇注体
（表2-6）在110℃干燥过程中，因水排出引起的质量减小与时间的
函数关系如图2-10所示。其结果会导致材料的显气孔增大，透气性
（渗透性）上升。理论上认为，不同的 PSD 可能产生不同的气孔率，
但实验结果却表明，以相同的用水量调制的不同 PSD 无水泥全铝
（100% $Al_2O_3$）耐火浇注体（干燥后）却具有相近的显气孔率（用水
量为14%（体积分数），显气率均约为11.9%），开口气孔是耐火浇
注体在干燥过程中水分排除时形成的。

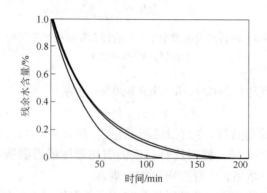

图2-10　耐火浇注料（水的体积分数为14%，$q=0.21$、0.26 和 0.30）
在110℃下干燥240min 后的残余水量

　　上述耐火浇注料的开口气孔率（显气孔率）接近，透气性（渗
透性）的差别应当主要是与每种耐火浇注料的不同粒度分布造成的
气孔分布不同有关。

　　图2-11示出的 Darcian（$k_1$）和非 Darcian（$k_2$）透气（渗透）
系（常）数分别反映固相、液相之间的摩擦作用和扭曲情况，而且
两者均随 Andreasen 分布系数 $q$ 的增大而增大。但从 $q=0.21\rightarrow0.31$，
常数 $k_1$ 只增大6倍，而常数 $k_2$ 却增大55倍（图2-11）。这种结构
是由于附壁效应作用的结果，附壁效应可描述为基质细颗粒对周围骨
料粗颗粒填充不好的情况。含大量骨料的耐火浇注料（$q$ 值较大的耐
火浇注料），在界面处明显受到附壁效应的影响。透气性（渗透性）
高是由弯曲较少的连通气孔含量较高所致的。

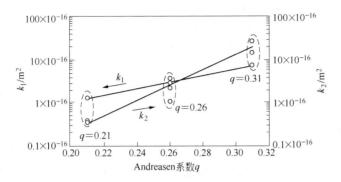

图 2 - 11　由含水量（水的体积分数为 14%）和不同 Andreasen 分布系数
制备的耐火浇注料 Darcian（$k_1$）和非 Darcian（$k_2$）渗透常数

通常，耐火浇注构件或者衬体的透气性（渗透性）都与干燥速度有关。构件或者衬体在干燥过程中的"残余水百分率（材料内部自由水剩余量）"$W_{res}$ 由下式计算：

$$W_{res} = (M - M_d)/(M_i - M_d) \tag{2-9}$$

式中，$M$ 为耐火浇注构件或者衬体质量的变化；$M_d$ 为耐火浇注构件或者衬体干燥后的质量；$M_i$ 为耐火浇注构件或者衬体初始温态耐火浇注体质量。可见，式 2 - 9 描述了在干燥过程耐火浇注构件或者衬体内部自由水的水剩余量。由图 2 - 11 看出，$q = 0.21$ 和 0.31 的耐火浇注体分别达到最低和最高干燥速度，而 $q = 0.26$ 的耐火浇注构件或者衬体干燥速度介于前两者之间，因而估计其透气性（渗透性）也应介于前两者之间。这可能与基质和骨料间的界面区域相连的是弯曲较小的气孔，它们有助于流体进入到耐火浇注体的表面有关。这说明，与透气性（渗透性）类似，$q$ 值较高时，耐火浇注料中骨料含量也高，从而便加快了耐火浇注体的干燥速度。

采用较低 $q$ 值配制耐火浇注料，亦会降低耐火浇注体的干燥速度，从而获得低透气性（渗透性）的耐火浇注构件或者衬体。

浇注料良好性能的获得，在某种程度上取决于干燥和加热条件的适当选择。对于高铝浇注料的干燥和加热，由于浇注料中含有大量水分如自由水和水化水，它们在 100 ~ 550℃ 之间放出。在加热初期，自由水首先排出，然后是水化产物。为了成功地对浇注料进行施工。Subrata Banerjee 提出必须保持以下条件：

（1）施工期间注意保持干料和混合水温度能达到 20℃ 左右，或高于这一温度。

（2）施工后，养护温度不能低于浇注料混练时的干料和混合水的温度。

（3）干燥速度对浇注料性能有显著影响。快速加热由于浇注料内部蒸汽压快速升高，致使蒸汽很快放出，引起材料爆裂。因此可加入金属添加剂（Al）和有机纤维作致密浇注料的干燥剂，且加热速度可按下述程序进行：

以 15℃/h 从环境温度升到 110℃；在 110℃ 下，每 25mm 厚保温 1h。

以 15℃/h 从 110℃ 升到 300℃；在 300℃ 下，每 25mm 厚保温 1h。

以 25℃/h 从 300℃ 升到 550℃；在 550℃ 下，每 15mm 厚保温 1h。

以 75℃/h 从 550℃ 升到使用温度。

## 2.6　高性能耐火浇注料

随着耐火浇注料科学技术的不断进步，自流耐火浇注料、泵送耐火浇注料和喷射耐火浇注料已经常被用来代替传统耐火浇注料的应用。通过粒度分布的优化（PSD）和对超细基质颗粒（<1μm）含量加以控制以及表面活性剂的适当应用便可配制出性能优异的耐火浇注料。这些耐火浇注料具有容易混合、流动性好、用水量低、干燥速度和高温蠕变率均适宜等特点，而被称为高技术耐火浇注料（也称"高性能耐火浇注料"）。

### 2.6.1　自流耐火浇注料

一般，振动型耐火浇注料需通过外部振动来提高耐火浇注料的施工性能。然而，当外部振动施工不可行时，就必须采用自流耐火浇注料（SFRC），进行施工筑衬。自流耐火浇注料是触变性耐火浇注料，是以混合好的具有触变性和流动性的耐火浇注料浆体进行施工的一种高性能耐火材料，基本上不需要外部动力，仅仅依靠自身重量导致流动作用就可以均匀地充满模具空腔，自行脱气，从而制成几何形状复杂或者巨大的施工构件或者整体衬体，而且能够满足结构均匀、整体性好的要求。在施工方面，采用自流耐火浇注料施工的构件或者筑衬的优点是能节省大量的制造（施工）时间和人力。SFRC 的自流机理是：细粉基质作为媒介物包裹着骨料颗粒或者填充在骨料颗粒之间，使其处于悬浮状态，结果则形成了流动系数（80% < FI < 130%）较高的自流耐火浇注料浆体。

影响 SFRC 自流的因素很多，其中主要因素是颗粒分布（特别是粉料种类和含量）以及高效分散剂（塑化剂等高效表面活性剂）的应用。SFRC 自流需要满足两个条件：（1）系统充分搅拌；（2）将粒子之间的摩擦降低到最低值。加水制成的自流耐火浇注料浆体属于固/气/液分散系统，其颗粒级配决定了分散系统的填充状态。Furnnas 认为，连续颗粒分布曲线上最大密度对应的细粉量基本上与自流耐火浇注料基质中对应于流动性最优的细粉量一致。G. Maczra 等人通过应用求最大密度的连续颗粒分布曲线 Furnnas 结果得出：临界颗粒为 5.00mm 的自流耐火浇注料，其密度最大时对应的粒度小于 0.045mm 细粉量（质量分数）为 39%（<5μm 占 7%）。朱存良研究莫来石质自流耐火浇注料所得的结果则表明：当临界颗粒为 8.00mm 时，其颗粒级配为（8.00~5.00mm）:（5.00~3.00mm）:（3.00~1.00mm）= 3:4:3;（8.00~1.00mm）:（1.00~0.045mm）:（<0.045mm）=4:2:4（质量分数比），这与 G. Maczra 等人计算的结果是一致的。虽然颗粒自身重量也能促进自流耐火浇注料的流动，但最终影响自流耐火浇注料浆体流动性的是配料中颗粒分布 PSD。例如，假定粒度大于 1.00mm 粗颗粒太多，细粉量不足以将粗颗粒完全包覆时，那就能很容易地使粗颗粒与细粉基质分离；相反，假定粒度小于 0.045mm 的细粉量过多，那就会导致分散系统向具有黏 - 塑性区域移动，使该自流耐火浇注料具有很强的黏性和塑性，从而导致自由流动值降低。现在研究得出的结果表明：相对于用水量，比表面积的增加对自流耐火浇注料流动系数的影响更加明显，大量细粉存在会

使粗颗粒之间的距离更远（较高的最大浆体厚度），而减少了骨料粗颗粒之间的内在干扰，使自流耐火浇注料的流动性更佳。这就说明，保证最小颗粒的含量是非常重要的工艺（配料）参数。

图 2-12 为氧化铝-尖晶石质浇注料的粒度组成与流动特性的关系，其粗、中、细为 90% $Al_2O_3$ 和 10% $MgO$ 的烧结尖晶石颗粒，细粉中还配加有煅烧氧化铝和铝酸钙水泥超细粉，加水量为 7%。图中分为 5 个区域。在区域①内，会发生粗颗粒与细粉分离偏析；在区域②内，由于粗颗粒含量过多，不流动，粗颗粒突出，表面粗糙；在区域③内，由于中颗粒含量过多，具有较强的塑性；在区域④内，因细粉含量过多，具有强的塑性与黏性，也不具有自流特性；只有在区域⑤内具有较好的自流性。可见具有自流性的粒度组成范围较窄。因此配制自流耐火浇注料时一定要严格控制颗粒级配。

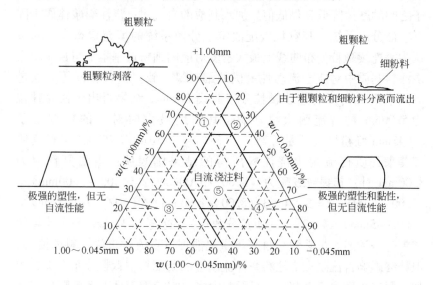

图 2-12　粒度分布不同的各种耐火浇注料的流动特性

仅从流变学的角度考虑，认为将不规则自然颗粒加工成近似球粒状颗粒能大大改善自流耐火浇注料的流变性能。

影响自流耐火浇注料特性的因素是基质的流变特性，同时认为高效减水剂对基质流变性能有明显的影响。众多的研究结果都表明：有机减水剂会降低自流耐火浇注料基质的自流值，而无机减水剂则会增加自流耐火浇注料基质的自流值。在超细粉/细粉 = 1/4 时便能充分发挥超细粉的填充、分散和润滑作用，对应的分散系统成为最紧密堆积结构。此时，自流耐火浇注料基质具有最佳的自流值。

在自流耐火浇注料中加有微量高效减水剂和具有很大比表面积的超细粉含量的情况下，由于它们具有吸附和团聚倾向，不易分散均匀，因而需要较长时间的强力搅拌才能混合均匀，也才能获得流动值最佳的自流耐火浇注料浆体。

根据材质和使用要求，自流耐火浇注料的用水量为 4.5% ~ 8.0%（质量分数，外加），合理的自流值应为 80% ~ 130%。当自流值低于 80% 时，耐火自流浇注料难以找平和脱气；相反，当自流值高于 130% 时，骨料与基质离析（偏析）倾向严重，可施工时间短。较理想的自流耐火浇注料应为组成均匀的流态状态，流动均匀而且骨料颗粒不与流态基质分离，自流值达到 80% ~ 130%。

在用水量一定的情况下，自流耐火浇注料的流变性能决定水的分布状态。有关研究结果表明：在低水分区域，黏 - 塑性行为占主导地位；在高水分区域，黏 - 弹性行为占主导地位。在该区域内，即使水分只有很少变化，也会引起流变性能和力学性能发生较大变化。自流耐火浇注料用水量正好处于这个对水分变化的敏感区域内，由填充状态的变化所致。这说明自流耐火浇注料流变特性深受分散系统的体积分数和空间分布状态的影响。

已经有人通过对比研究由优化的颗粒组成配制的耐火浇注料（MA，见表 2 - 5）浆体和 MA + 0.5% CA25 浆体以及 MA + 1.0% CA25 浆体与按不同的安德森配比系数配制的耐火浇注料（表 2 - 5 中 A22、A30、A37）浆体的流动性和烧后性能得出了以下结论：

（1）随着粗颗粒（对于 $D = 3.0$ mm 的自流耐火浇注料来说，认为粒度大于 0.5mm 的颗粒属于粗颗粒，参见表 2 - 5）含量的增加，全铝耐火浇注料的流动性趋向于非线性，从 Bingham 行为变为 Herschel-Bulkley 行为。以安德森配比系数 $q = 0.17$ 的全铝耐火浇注料（MA）表现出 Bingham 行为，触变性和塑性黏度非常低，屈服应力也降低，见表 2 - 8。这说明屈服应力的存在和最小的黏度（图 2 - 13）可以保证易浇注（施工）性以及耐火浇注料浇注或者喷涂过程对设备的较小的磨损。

表 2 - 8　全铝耐火浇注料的 Bingham 流动性（$T = g + hN$）参数

| 混合料编号 | 安德森配比系数 $q$ | 屈服应力 $g$ /MPa | 塑性黏度 $\eta$ /N · mm · min | $R^2$ |
|---|---|---|---|---|
| MA | 0.17 | 8.243 | 0.364 | 0.991 |
| A22 | 0.22 | 2.590 | 0.620 | 0.994 |
| A30 | 0.30 | 1.294 | 1.127 | 0.989 |
| A37 | 0.37 | -4.919 | 1.420 | 0.983 |

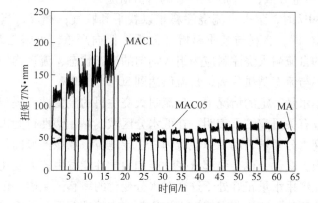

图 2 - 13　耐火浇注料 MA（无 CAC）、MAC 05 和 MAC 1
恒速搅拌试验中浆体流动曲线

（2）优化配比的无水泥耐火浇注料（MA）与同类含水泥耐火浇注料 MAC 05（MA + 0.5% CA25），MAC 1（MA + 1.0% CA25）相比，水泥明显缩短了耐火浇注料的硬化时间，而 MA 的硬化对环境温度很敏感，当温度由 19℃上升到 40℃，其硬化时间从 48h 减少到 6h，而且其硬化速度也与硬化试样暴露的表面与试样体积比值有关。

（3）测定的流变结果表明，无水泥全铝耐火浇注料（MA）表现出较好的施工性能，只要有剪切应力作用，其流动性可以一直保持。相反，相应的含水泥氧化铝耐火浇注料（MA + 0.5% CA25 和 MA + 1.0% CA25）很快就会失去流动性，即使剪切应力依然存在也是如此，如图 2-14 所示。

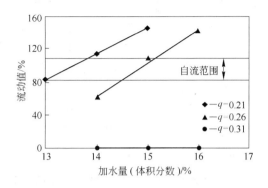

图 2-14  不同 $q$ 值（0.21、0.26、0.31）和不同加水量的耐火
浇注料在混合后的流动值

（4）尽管 CAC 会提高耐火浇注衬体或者构件的干燥力学性能
（更容易脱模和处理），但全铝自流耐火浇注料烧后的高温性能更加
优越。

研究结果进一步证实，自流耐火浇注料（80% < FI < 130%）中
理想的基质含量约为 47.5%，与所有的颗粒级配一致，细粉粒度在
40~250μm 之间，比表面积 SSA > 2.466m$^2$/g，用水量（体积分数）
约为 15%，最大浆体厚度值 MPT 在 100~150μm 之间。

### 2.6.2  泵送耐火浇注料

泵送施工的耐火浇注料包括泵灌耐火浇注料和湿式喷射耐火浇注
料两大类型。泵送施工工艺包括混合、泵送和灌注（或者喷射）三
个不同的过程。其中，混合和灌注过程是在无约束条件下进行的，也
就是耐火浇注料的流动过程不受有限的空间约束。而耐火浇注料的泵
送过程是在一定的压力和流速条件下通过管道线路进行的。在管道线
路内（受空间约束的空间内）耐火浇注料受到强烈的剪切应力作用，
泵送耐火浇注料则表现出假塑性行为，其剪切阻力随该耐火浇注料浆
体流速的增加而降低。

Pileggi 和 Pandolfelli 用粒度为 0.1~1250μm 的颗粒料（表 2-

9），取 Andreasen 方程中 $q = 0.21$，$0.26$ 和 $0.31$ 所配制的三种无水泥刚玉耐火浇注料，研究了其粒度分布对混合行为和对有约束条件下流变行为的影响以及用水量对流动值的影响等问题，由此确定适合泵灌耐火浇注料的最佳工艺参数。由研究结果得到：其中 $q = 0.26$ 的耐火浇注料在不同的用水量条件下具有不同的流变行为（图 2 - 15）。即用水量为 14%（体积分数）时可以达到振动流动值（FI < 80%），而用水量为 15%（体积分数）时便具有自由流动值（FI > 80%），属于多功能（多功用）耐火浇注料，由无限制（无约束）空间和有限制（有约束）空间内进行循环剪切得到（图 2 - 15）。

**表 2 - 9　三种无水泥刚玉耐火浇注料的颗粒组成**

| 配比系数 $q$ 值 | | 0.21 | 0.26 | 0.31 |
|---|---|---|---|---|
| 粒度组成（体积分数）/% | < 100 μm | 45 | 39 | 31 |
| | > 100 μm | 55 | 61 | 69 |
| 试样表面与试样体积比/$m^2 \cdot cm^{-3}$ | | 7.36 | 6.73 | 5.81 |

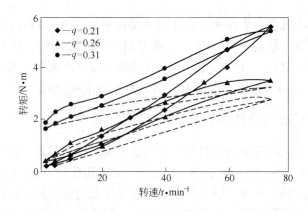

图 2 - 15　三种耐火浇注料（$q = 0.21$，$0.26$，$0.31$，水的体积分数为 14%）在有约束和无约束不循环剪切所取得的转速 - 转矩关系曲线

在无约束条件下，$q = 0.21$ 的无水泥刚玉耐火浇注料具有牛顿型流体行为；而 $q = 0.26$ 的无水泥刚玉耐火浇注料具有假塑性型流体行为，因而较适合于泵送；与此不同，$q = 0.26$ 的无水泥刚玉耐火浇注

料则具有较大的转矩值，在高的剪切速率（转速）下，转矩值高，出现胀性。

在有约束条件下（如同在管道内有限制的空间内），如果在低流速下，这些无水泥刚玉耐火浇注料的流动不会严重受到空间约束的影响；但在高流速下，$q = 0.21$ 和 $q = 0.31$ 的无水泥刚玉耐火浇注料则具有明显的胀性，而 $q = 0.26$ 的无水泥刚玉耐火浇注料受空间约束不大时，却具有假塑性流体型的流体行为。

假塑性行为主要与基质中超细粒子（$<1\mu m$）表面作用力有关。在这种情况下，耐火浇注料的最终流动行为取决于骨料含量，因为大颗粒料会产生与质量有关的力，诸如摩擦力、弹性碰撞、压力等。

此外，高密度固体骨料与液状基质悬浮液（粉料＋水）共存体系在输送过程中，往往存在一种自然的偏析（离析）倾向，这可采用以下方法得到克服：

（1）缩小基质与骨料之间的密度差（但往往因基质组成物较多，实际难以达到目的）；

（2）提高基质中固体浓度或者降低骨料的密度；

（3）提高基质的黏度，以降低基质与骨料的相对流动速度，抑制不同组分的偏析。

通过以上分析认为：上述 $q = 0.26$ 的无水泥刚玉耐火浇注料，在适当的用水量（体积分数为15%）情况下，即具有自流性，在有约束的空间内又具有一定的假塑性型的流体行为，所以是最适合于作为泵灌耐火浇注料的。

# 3  SiO₂-Al₂O₃ 耐火浇注料

$SiO_2$-$Al_2O_3$ 系(图 3 – 1)中的耐火浇注料是十分重要的耐火浇注料系列,它们包括全硅质耐火浇注料(100% $SiO_2$)和硅质耐火浇注料($>95\%$ $SiO_2$)、硅铝耐火浇注料($Al_2O_3$ 含量为 42% ~ 90% 的耐火浇注料)、刚玉耐火浇注料($>90\%$ $Al_2O_3$)和全铝耐火浇注料(100% $Al_2O_3$)。由图 3 – 1 看出,$Al_2O_3$ 含量(质量分数)大于 68% 的硅铝耐火浇注料具有更高的耐火度和高温强度值,属于高性能耐火浇注料系列范畴。

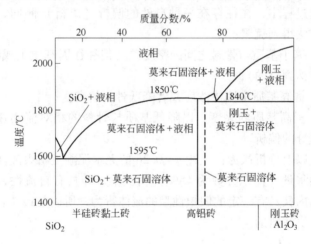

图 3 – 1  $SiO_2$-$Al_2O_3$ 二元系相图

在 $SiO_2$-$Al_2O_3$ 系耐火浇注料中,全硅质耐火浇注料和硅质耐火浇注料仅在硅质窑炉内衬上应用,其使用场合有限,所以常用的为全铝耐火浇注料(100% $Al_2O_3$)、刚玉耐火浇注料($>90\%$ $Al_2O_3$)和硅铝质耐火浇注料。

## 3.1  全铝耐火浇注料

全铝耐火浇注料是 $SiO_2$-$Al_2O_3$ 系中全由端元 $Al_2O_3$($SiO_2$ 含量为 0

时）成分构成的耐火浇注料（图 3-1）。这类耐火浇注料只有采用无水泥配方设计才有可能满足其成分的要求。因此，其主原料和副原料（结合剂和活性填料）均应为 $Al_2O_3$ 成分，不存在其他杂质成分，几乎属于纯 $Al_2O_3$ 耐火材料（纯氧化物系耐火材料），具有特别高的耐火度和化学稳定性而被广泛地应用。研究结果也表明：全铝耐火浇注料，虽然硬化时间较长，干燥强度较低，但材料的气孔率也较低，因而高温强度大，如果材料在无须快速烘干或者无须进行生坯处理的情况下，全铝耐火浇注料便是较好的选择。

### 3.1.1 全铝耐火浇注料的配方设计

通常，选用电熔白刚玉、烧结致密氧化铝或者板状氧化铝等作为全铝耐火浇注料的主原料（骨料颗粒和细粉），而以水合氧化铝（ρ-$Al_2O_3$ 等）和活性 α-$Al_2O_3$（超微粉）等作为结合剂，活性氧化铝（选用 γ-$Al_2O_3$、活性 α-$Al_2O_3$、双峰氧化铝）作为填料，并添加高效外加剂（其用量一般小于 0.5%，如聚烷基苯磺酸盐类和木质素磺酸盐类等）。根据材料目标性能和使用要求选择配比系数 $q$ 值（颗粒分布 PDS），并对细粉（-0.1mm）部分颗粒进行优化。表 2-5 列出的全铝耐火浇注料颗粒尺寸分布是其配方设计的重要例子，可以作为我们在设计全铝耐火浇注料配方时的参考。

结合系统（结合剂、活性填料和外加剂）中水合氧化铝与水发生放热反应生成三羟铝石 [$Al(OH)_3$] 和勃姆石溶胶 [$AlOOH$] 起结合作用，其化学反应如下：

$$Al_2O_3 + 2H_2O \longrightarrow Al(OH)_3 + AlOOH \qquad (3-1)$$

由于水合氧化铝很细，在一定的温度条件下，其水化作用较快，可形成大量的溶胶。因此，加入仅 2% 水合氧化铝，就能使烧成后的全铝耐火浇注料试样（极限颗粒 $D_{max} = 3mm$，骨料与基质料的质量比为 70:30）获得较高的常温强度，如表 3-1 所示。

表 3-1 的结果表明：增加水合氧化铝的配入量达到 3%，由于形成了大量的溶胶，结果则使烧成水合氧化铝结合全铝耐火浇注料试样的强度提高了，但继续增加水合氧化铝的配入却不能明显提高材料的强度。

表 3-1　烧成水合氧化铝结合全铝耐火浇注料试样的性能

| 水合氧化铝加入量（质量分数）/% | | 2 | 3 | 4 |
|---|---|---|---|---|
| 体积密度 /g·cm$^{-3}$ | 1550℃×4h | 3.23 | 3.19 | 3.13 |
| | 1600℃×4h | 3.26 | 3.25 | 3.20 |
| 显气孔率 /% | 1550℃×4h | 15.2 | 16.5 | 18.2 |
| | 1600℃×4h | 14.6 | 15.0 | 16.3 |
| 抗折强度 /MPa | 110℃×24h | 8.42 | 11.13 | 11.33 |
| | 1100℃×4h | 12.44 | 11.20 | 8.63 |
| | 1550℃×4h | 37.60 | 36.08 | 33.81 |
| | 1600℃×4h | 36.32 | 37.37 | 36.18 |
| 耐压强度 /MPa | 1100℃×4h | 45 | 50 | 48 |
| | 1550℃×4h | >188 | 138.8 | 111.9 |
| | 1600℃×4h | >188 | >188 | 125 |
| 线变化率 /% | 1100℃×4h | -0.1 | -0.03 | -0.04 |
| | 1550℃×4h | -0.30 | -0.26 | -0.30 |
| | 1600℃×4h | -0.63 | -0.64 | -0.64 |

　　活性填料（例如活性 α-$Al_2O_3$ 等）对水合氧化铝结合全铝耐火浇注料（$D_{50}$ 约为 3μm）流动性的影响示于图 3-2 中。图中表明，活性填料（α-$Al_2O_3$）理想的添加量对水合氧化铝结合全铝耐火浇注料来说，3%~6%（质量分数）为最佳范围。此时添加的活性填料能全部填充到耐火浇注料的孔隙中而无不足和剩余，致使包覆的 f-$H_2O$ 释放出来，湿润颗粒表面，使之具有良好的触变性，在剪切力的作用下，能使耐火浇注料浆体具有良好的流动性。然而，未添加活性填料（α-$Al_2O_3$）的水合氧化铝结合全铝耐火浇注料的内部颗粒间存在引力，彼此吸附在一起形成凝聚结构，并包覆大量 f-$H_2O$，致使其流动性较差；当添加大量（>6%）的活性填料时，因超微粉表面能很大，而会自发团聚或者吸附（因其吸引能力强），使颗粒吸附在一起，导致内黏滞阻力增大，影响颗粒运动。因此，这种水合氧化铝结合全铝耐火浇注料的流动性变差。

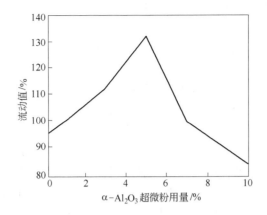

图 3 - 2    α-Al$_2$O$_3$ 用量对全铝耐火浇注料流动性的影响

## 3.1.2    全铝耐火浇注料的施工技术

通过对颗粒分布系数 $q$ 值进行选择和优化（典型配方例子如表2 - 5所示，各配方的基质含量相同，其中 MA 配方的骨料颗粒分布经过了优化，其他各配方骨料颗粒分布的安德森系数 $q$ 分别为 0.22、0.30 和 0.37）。

根据安德森颗粒堆积公式，理想的骨料级配系数应为 $q = 0.17$。而在表 2 - 5 中列出的是最大流动性的骨料级配系数为 $q = 0.22$，最大堆积密度的骨料级配系数为 $q = 0.37$ 以及中间条件骨料级配系数为 $q = 0.30$ 的全铝耐火浇注料（各配方中骨料都由粒度大于 0.1mm 的颗粒组成，参见图 2 - 4）。

在上述前提下，再结合 MPT 和 IPS 参数所配制的全铝耐火浇注料混合物，并向混合物中配入结合系统（铝质结合剂和铝质活性填料以及高效表面活化剂），分别加水混合制成振动型、自流型或者泵送型全铝耐火浇注料浆体即可进行浇注成型或者浇注施工筑衬。

浇注成型的大型构件或者浇注施工筑成的衬体需要经过硬化后进行干燥（烘烤）才能交付使用。其中混合、硬化和干燥工序是全铝耐火浇注料施工的重点。

由研究所得到的结果表明，全铝耐火浇注料具有较佳的流动性，而且只要有剪切应力作用，其流动性亦可一直保持，所以具有较好的施工性能。

采用活性氧化铝（例如 CT3000SG 等）作为结合剂的无水泥全铝耐火浇注料，由于浆体中的结构会被破坏，几乎需要完全重组，所以浇注（施工）件（衬）的硬化时间通常都是从表面开始的，逐渐向浇注（施工）件（衬）内部延伸，材料内部会在一个较长的时间内保持着液态，因为这类活性氧化铝的水化速度很慢，说明活性氧化铝结合全铝耐火浇注料的硬化与浇注成型构件或者浇注施工衬体暴露的表面积与浇注成型构件（或浇注施工衬体）的体积比值有关。

研究结果已经证实，活性氧化铝结合全铝耐火浇注料的硬化对环境温度非常敏感，如图 3-3 所示。它说明，通过提高环境温度可加速硬化过程。

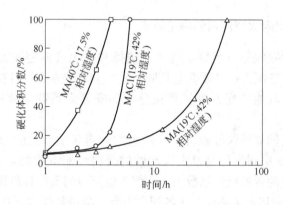

图 3-3　硬化条件对 MA 及 MAC1（1% CAC）初凝体积的影响

一般说来（这可由图 3-3 看出），随着环境温度的升高，耐火浇注料（图 3-3 中 MA 配方）完全硬化的时间缩短。图中表明，在环境温度下，完全硬化的时间需要 48h，而在 40℃ 的条件下，6h 就能完全硬化了。然而，试验研究的结果还表明：在空气中充满水蒸气、温度为 50℃ 的环境中，MA 即使在 24h 以后也没有硬化的迹象，甚至连表面也没有硬化，这说明空气的相对湿度对活性氧化铝结合全铝耐火浇注料的硬化也有重要影响。

上述情况都说明，对于某些应用，活性氧化铝结合全铝耐火浇注料硬化时间偏长的缺点可以通过提高温度来加速其硬化来克服。

经硬化的浇注成型的构件需要经过干燥（至 uf-$H_2O$ < 1%）后才能交付用户，而硬化的浇注施工衬体则需要进行烘烤（至 uf-$H_2O$ < 1%）后才能升温使用。有关干燥更详细的内容可参见 2.5.3 节。

## 3.2 刚玉耐火浇注料

在硅铝耐火浇注料中，$Al_2O_3$ 含量（质量分数）大于90%的耐火浇注料属于刚玉耐火浇注料。

### 3.2.1 刚玉耐火浇注料设计原则

刚玉耐火浇注料的原料组合有多种形式，例如：

（1）用白刚玉作骨料和粉料；

（2）用板状氧化铝和致密（烧结）氧化铝作骨料，用致密（烧结）氧化铝作粉料；

（3）用亚白刚玉/棕刚玉作骨料，用致密（烧结）氧化铝作粉料；

（4）用白刚玉和特级矾土熟料作骨料，用白刚玉作粉料等。

为了提高刚玉耐火浇注料的基质性能，通常用白刚玉粉或者板状氧化铝粉作为其粉料组成。根据刚玉耐火浇注料目标性能的要求，合理选择颗粒分布系数（$q$ 值）作为配方拟合颗粒配比。结合系统中的活性填料，普遍使用 $SiO_2$ 粉（常称硅灰，简写为 uf-$SiO_2$）或者活性 $\alpha$-$Al_2O_3$ 粉（简写为 uf-$Al_2O_3$）等。

根据应用要求，刚玉耐火浇注料一般可按含水泥（LCC 及 UL-CC）或者无水泥（NCC）的组成配制。前者以水泥或者水泥和活性超微粉并用作为结合剂，而后者则采用活性超微粉作为结合剂。同时，添加高效表面活化剂（高效分散剂和减水剂）以分散结合剂和活性填料，减少用水量。

一般说来，刚玉耐火浇注料中的粉料 + 活性填料（超微粉）合量（质量分数）为 30% ~ 34%。材料品种不同时，其活性填料用量也会不相同，但最佳活性填料配入量在 4% ~ 10% 之间。

此外，刚玉耐火浇注料中都需要添加高效表面活化剂（高效分散剂和减水剂）以分散结合剂和活性填料，以便能使刚玉耐火浇注料浆体获得良好的流动性和较佳的施工性能。

在刚玉耐火浇注料中，结合剂、活性填料和添加剂的用量很少，但都是非常重要的相辅相成的三个组成部分，不可缺少。每个组成部分的选择都成为控制刚玉耐火浇注料流变性能的关键因素。选择的标准是能保证相应的刚玉耐火浇注料达到施工性能的要求。这可通过优化添加剂（高效分散剂和减水剂）的方法来实现。例如，可以加入多种添加剂（复合添加剂），每一种添加剂都具有不同的功能，以改变刚玉耐火浇注料的流变性能。

### 3.2.2　活性填料的作用

活性填料的作用机理很复杂，但其根本的作用机理是起填充作用。因为耐火浇注料的级配，堆积密度较大，而且较致密，但仍然有众多的孔隙。若用活性填料（超微粉）来填充这些孔隙，便可使孔隙大大减少，从而明显地降低耐火浇注料的用水量，使浇注构件或者耐火衬体干燥（烘烤）后留下的气孔大为减少。也就是说，在耐火浇注料中配入活性填料，可降低用水量，同时提高其密度，降低气孔率，如图3-4所示［65%骨料，粉料（活性填料的数量为0~9%），3% CA30，0.1%分散剂］。图中表明：耐火浇注料中活性填料（uf-SiO$_2$、α-Al$_2$O$_3$）配入量有最佳范围：5%~7%。其原因是活性填料含量小于5%时，骨料-粉料间的空隙没有填满，因而需要较高的用水量，气孔率较高，密度较低；而活性填料含量大于7%时，活性填料填充气孔有余，剩余的活性填料也需要水，同样也会导致材料气孔率上升，密度下降，但显气孔率却不会有明显的变化。

图3-4还表明，uf-SiO$_2$的填充效果比α-Al$_2$O$_3$好，其用水量也少些。这是因为活性填料填充效果不仅受到颗粒尺寸的影响，而且还受到其粒子形状和活性的影响。uf-SiO$_2$呈球形、有活性，其填充性和减水效果都比粒状无活性的α-Al$_2$O$_3$要好。

### 3.2.3　刚玉耐火浇注料施工性能

表征刚玉耐火浇注料施工性能的基本参数是：

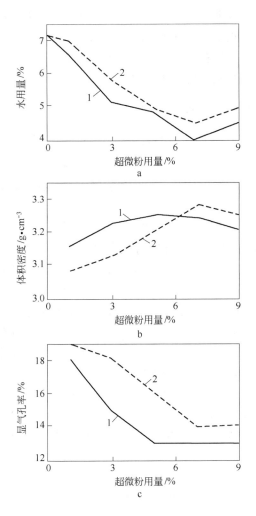

图 3-4 超微粉用量与水用量（a）、体积密度（b）和显气孔率（c）的关系
1—uf-SiO$_2$；2—α-Al$_2$O$_3$

（1）刚玉耐火浇注料 30min 时的流动值。它可以反映现场浇注过程的可行性和可靠性。通常，振动成型整体内衬耐火浇注料，30min 后的流动值应不小于 60%。

（2）刚玉耐火浇注料养护 24h 后的机械强度。它可以反映现场脱模的可行性。通常，1.5MPa 常温抗折强度和 5MPa 常温耐压强度值是整体内衬耐火浇注料能够顺利脱模的最低要求。

当上述要求都能得到满足时，刚玉耐火浇注体的施工就能顺利进行，而且能够获得较理想的脱模衬体。

### 3.2.4　刚玉耐火浇注料硬化机理

#### 3.2.4.1　CAC-$Al_2O_3$ 结合系统

水泥（CAC）结合属于水合结合，它是在一定温度和湿度条件下，通过结合剂与水发生反应，靠生成的水化产物的胶凝作用而产生的结合作用。

CAC 的硬化机理是指具有水硬性的铝酸钙矿物与水发生化学反应而实现凝结硬化的过程。它与水泥的矿物组成、含量和养生制度密切相关，而且也是影响 CAC 结合耐火浇注料常温强度的重要因素。

CAC 的主相是 $CA_2$ 和 CA。因此，CAC 的水化和硬化主要是 $CA_2$ 和 CA 的水化以及水化物的结晶生长过程，也就是它们与水发生反应生成六方片状或者针状的 $CAH_{10}$、$C_2AH_8$ 和立方 $C_3AH_6$ 以及 $Al_2O_3$（aq）凝胶体等水化物，然后在养生和加热过程中形成相互连接的凝聚 – 结晶网络结构。水化反应式为：

$$CA \text{ 的水化：} <21℃ \quad 6CA + 60H \longrightarrow 6CAH_{10} \tag{3-2}$$
$$21 \sim 35℃ \quad 6CA + 33H \longrightarrow 3C_2AH_8 + 3AH_3 \tag{3-3}$$
$$>35℃ \quad 6CA + 24H \longrightarrow 2C_3AH_6 + 4AH_3 \tag{3-4}$$
$$CA_2 \text{ 的水化：} <21℃ \quad 6CA_2 + 78H \longrightarrow 6CAH_{10} + 6AH_3 \tag{3-5}$$
$$21 \sim 35℃ \quad 6CA_2 + 51H \longrightarrow 3C_2AH_8 + 9AH_3 \tag{3-6}$$
$$>35℃ \quad 3CA_2 + 21H \longrightarrow C_3AH_6 + 5AH_3 \tag{3-7}$$

这说明 $CA_2$ 和 CA 的水化产物均可以是 $C_3AH_6$ 和 $AH_3$。其中，CA 的水化反应速度快，水化后强度大；$CA_2$ 则与水反应的速度较慢，但对提高耐火浇注料性能较为有利。

众所周知，由于 CAC 矿物组成中的钙离子在矿物结构中的配位数比正常的少，而且不规则，容易产生"空洞"。具有这种"空洞"结构的铝酸钙则具有水硬性。因此，当 CAC 遇水后，其粒子周围开始形成绒毛状的铝胶，随着时间的延长，绒毛状铝胶数量迅速增加。

同时，水或者氢氧离子（$OH^-$）进入（或者透过铝胶薄膜进入）铝酸钙矿物的结构中，开始形成水化铝酸钙。由于铝胶包裹水泥颗粒和针状或者板状水化铝酸钙交错生长与互相联结，这就导致水泥凝结硬化而获得强度。

在水泥结合耐火浇注料中，其 CAC 的水化产物在加热过程中将会发生以下反应：

$$C_3AH_6 \xrightarrow{400℃} CAH \xrightarrow{550℃} C_{12}A_7 \xrightarrow{900℃} CA_2 \xrightarrow{1000℃} CA$$

$$AH_3 \xrightarrow{300℃} AH \xrightarrow{500℃} \alpha\text{-}A$$

其分解产物为 CA 和 $\alpha$-A。加热温度高于 1100℃ 时又会相互反应生成 $CA_2$。温度高于 1450℃ 可形成 $CA_6$（也有人认为温度高于 1300℃ 时便可形成 $CA_6$）。

由此看来，以 CAC – 活性氧化铝（含高效分散剂和减水剂）为结合系统的刚玉耐火浇注料在不接触侵蚀介质的受热过程将会发生：

（1）在室温条件下，CAC 本身的水化反应和相变（如上所述）；

（2）在高温条件下，CAC 成分同氧化铝反应便会生成 $CA_6$：

$$CA + 5A =\!=\!= CA_6 \tag{3-8}$$

$$CA_2 + 4A =\!=\!= CA_6 \tag{3-9}$$

### 3.2.4.2　CAC-SiO$_2$ 结合系统

多数研究人员认为，在环境温度的条件下，CAC-SiO$_2$ 或者 CAC-Al$_2$O$_3$-SiO$_2$（含高效分散剂）结合刚玉耐火浇注料中的 CAC 不会同 SiO$_2$ 发生直接反应。只有 CAC 本身的水化，其水化反应产物 $C_3AH_6$ 和 $AH_3$ 的数量随着 uf – SiO$_2$ 配入量的增加而下降，但并不出现 CSH 和 $C_2ASH_8$ 等物相。

上述情况说明，以 CAC- uf-SiO$_2$ 或者 CAC-Al$_2$O$_3$-SiO$_2$（含高效分散剂和减水剂）为结合系统的低水泥刚玉耐火浇注料，其凝结硬化机理，应该是由水合结合和凝聚结合共同作用而实现的。

CAC 的水化反应和生成物（见 3.2.4.1 节）以及最后形成的结晶网架使浇注料获得强度；凝聚结合是由于 uf-SiO$_2$ 遇水后形成胶体粒子，与电解质物质（分散剂）缓慢解离出来的离子相遇，因两者表面电荷相反，即胶体粒子表面吸附了反离子，从而使 $\xi$ 电位下降。

当吸附达到"等电点"时便发生凝聚。含 uf-$SiO_2$ 耐火浇注料凝结后，在 $SiO_2$ 表面形成—Si—基经干燥脱水架桥，形成了硅氧烷 ╂Si—O—Si╂ 网状结构，从而发生硬化。

在硅氧烷网状结构中，硅与氧之间的键随着温度的升高而断裂，因此强度也在不断提高。同时，在高温条件下 $SiO_2$ 网状结构还会与其所包裹的 $Al_2O_3$ 发生反应生成莫来石，因此也就提高了材料的中温强度和高温强度。

另外，以 CAC-uf-$SiO_2$（含高效分散剂和减水剂）为结合系统的低水泥刚玉耐火浇注料在不接触侵蚀介质的受热过程中，还将进一步反应生成 CaO-$Al_2O_3$-$SiO_2$ 系化合物，如钙长石（$CAS_2$）和钙铝黄长石（$C_2AS$）。

### 3.2.4.3 ρ-$Al_2O_3$-uf–$SiO_2$ 结合系统

以 ρ-$Al_2O_3$-uf-$SiO_2$ 为复合结合剂的无水泥刚玉耐火浇注料，ρ-$Al_2O_3$ 用量一般为 6.6% 左右，uf-$SiO_2$ 的用量（质量分数）一般可达 2% ~ 8%，添加剂可选择硅酸钠、聚磷酸钠、聚烷基磺酸盐类和木质素磺酸盐类等，用量为 0.03% ~ 0.38%。表 3 – 2 列出了 uf-$SiO_2$ 用量对无水泥刚玉耐火浇注料性能的影响。

表 3 – 2　uf-$SiO_2$ 的用量对无水泥刚玉耐火浇注料性能的影响

| 刚玉耐火浇注料的部分配比（质量分数）/% | | | 常温强度/MPa | |
|---|---|---|---|---|
| uf-$SiO_2$ 用量 | 分散剂用量 | 用水量 | 耐压 | 抗折 |
| 0 | 0.11 | 6.6 | 39 | 6.3 |
| 2.5 | 0.11 | 5.5 | 69 | 10.6 |
| 5.1 | 0.11 | 5.1 | 92 | 11.0 |

表 3 – 2 表明，uf-$SiO_2$ 的用量增加，用水量减少，强度明显提高。显微结构研究表明，以 ρ-$Al_2O_3$-uf-$SiO_2$ 为复合结合剂的无水泥刚玉耐火浇注料，经 1200℃ 烧成后，骨料颗粒的基质紧密结合，基质中已生成了大量的针网状莫来石，交错生长，所以材料的强度大。1500℃ 烧成后，二次莫来石发育长大。

可见，以 ρ-$Al_2O_3$-uf-$SiO_2$ 为复合结合剂的无水泥刚玉耐火浇注料具有致密度高、结构致密、强度大等优点，属于高性能刚玉耐火材料范畴。

### 3.2.5 刚玉耐火浇注体（件）的干燥

刚玉耐火浇注体（件）干燥过程中的升温是一个十分重要的过程，需要精心操作。干燥初期，主要是 f-H₂O 从刚玉耐火浇注体（件）的气孔中排出。继续升温，水化物将会发生一系列的脱水过程和结合相的显微结构变化。下面以低水泥刚玉耐火浇注体（件）为例来说明其在整个加热干燥过程中的脱水过程和结合相的显微结构变化的情况：

（1）室温~100℃之间时，水泥水化产物逐渐转化为较稳定的 $AH_3$ 和 $C_3AH_6$ 相，并排出 f-H₂O。

（2）100~300℃/350℃之间时，$AH_3$ 和 $C_3AH_6$ 相渐渐分解为某些无定形的无水产物，同时排出 f-H₂O(g)。

（3）超过 800~900℃以上时，水泥水化产物分解后的产物与基质某些矿物相继续反应，最终形成陶瓷结合相。

在上述过程中，材料强度不断增加，从而获得理想的耐火浇注体（件）。

### 3.2.6 含水泥刚玉耐火浇注料

$Al_2O_3$-$CA_6$ 耐火材料的重要例子是水泥结合刚玉耐火浇注料和低水泥结合刚玉耐火浇注料。因为这两类耐火浇注料中最普通的结合系统都是基于铝酸钙水泥（简写为 CAC），在环境温度下经过水合反应而凝固。CAC 实际上由 $Al_2O_3$ 含量较高的铝酸盐（CA、$CA_2$ 等）组成。因此在这里所讨论的刚玉耐火浇注料实际是由 $Al_2O_3$ + CA 或 $Al_2O_3$ + CA + $CA_2$ 组成的混合料。它们在高温使用过程中会相互反应，产生高温平衡相——$CA_6$。

在标准的 CAC 中，即化学计算成分实际符合 $CA_2$ 时，相应的反应是：

$$CA + Al_2O_3 \longrightarrow CA_2 \qquad (3-10)$$

那些化学计算成分符合 $CA_6$ 的 $Al_2O_3$ 含量较高的 CAC，其有关的反应如式 3 - 8 和式 3 - 9 所示。

　　显然，含 CAC 的刚玉耐火浇注料（CC/LCC）经高温处理或者在高温使用过程中，其基质的矿物相都会转化为 α-Al$_2$O$_3$ 和 CA$_6$。自然，后者是来自 CAC 中所含 CaO 成分与 Al$_2$O$_3$ 反应的产物。通过进一步研究得出：在 1500℃ 时，CAC 中所含 CaO 成分都会全部转化为 CA$_6$，如图 3 - 5 所示。

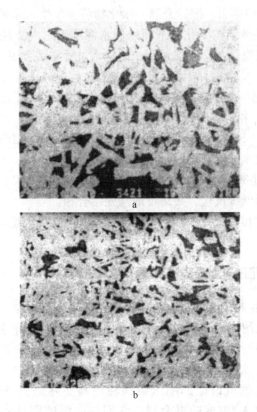

图 3 - 5　交织的结晶"片状"结构（CAC 结合，1500℃ ×2h）
a—WAC-Al$_2$O$_3$ 耐火浇注料；b—WASC-Al$_2$O$_3$-SP 耐火浇注料

　　由此看来，即使是低水泥刚玉耐火浇注料，CA$_6$ 含量也达到 11.9% ~23.8%，而水泥结合刚玉耐火浇注料，其 CA$_6$ 含量就更高，通常高于 23.8% CA$_6$。因此，这些耐火浇注料应属于 Al$_2$O$_3$-CA$_6$ 系列复合耐火材料。

图 3 – 5a 表明，上述耐火浇注料（CC/LCC）在加热过程中反应生成的产物（$CA_6$）显现出六边形片状结构，粒子较大，但不甚致密。由这幅图还可看出，$CA_6$ 是一种相互穿插的六边形"片状"晶体结构，它能将骨料颗粒网络结合起来。因而 $Al_2O_3$-$CA_6$ 复相耐火材料具有比刚玉耐火材料更高的常温机械强度、高温抗折强度和抗热震性能。

对于基质中加入硅微粉的 $Al_2O_3$-$CA_6$ 耐火浇注料会在温度达到 1345℃时开始产生液相，其稳定相为莫来石 – 钙长石 – 方石英。当该材料在高于 1350℃的条件下长期使用时，必须考虑这种情况。然而，在基质中加入硅微粉的 $Al_2O_3$-$CA_6$ 耐火浇注料的优点是在较低温度的条件下产生液相，这可使材料生产具有涂层效应，能有效降低侵蚀介质的渗透或者提高高铝制品的弹塑性性能。

进一步研究还得出：$CA_6$ 同烧结 $Al_2O_3$ 或者板状 $Al_2O_3$ 之间的结合比它同电熔刚玉之间的结合更好，说明烧结 $Al_2O_3$ 骨料表面比电熔刚玉骨料表面具有更高的活性。其结果则是以烧结 $Al_2O_3$ 或者板状 $Al_2O_3$ 为主原料的耐火浇注料比以电熔刚玉为主原料的耐火浇注料具有更高的常温机械强度、高温抗折强和抗热震性能。在抗侵蚀方面，这类 $Al_2O_3$-$CA_6$ 复相耐火材料具有非常高的抵抗煤 – 气化炉熔渣侵蚀的能力。在 1600℃，3h 的条件下进行的抗渣试验（坩埚法）结果表明：虽然发现渣蚀后材料中的刚玉颗粒已受到煤 – 气化炉熔渣的侵蚀，并与熔渣成分反应生成了 CAS，但其本体没有被煤 – 气化炉熔渣所侵蚀，说明这类 $Al_2O_3$-$CA_6$ 复相耐火材料具有非常高的抵抗煤 – 气化炉熔渣侵蚀的能力，是煤 – 气化炉内衬采用的重要耐火材料。

但是，正如抗渣试验结果表明的那样：上述耐火浇注料很容易受到钢包熔渣的侵蚀，因为这类熔渣的 $CaO/SiO_2$ 比较高。同时发现：钢包熔渣同这类耐火浇注料反应产生了 $C_2AS$ 和 $C_2S$。$CA_6$ 在耐火浇注料中的渗透区增长，导致材料产生了膨胀。这表明：CAC 结合普通刚玉 – 矾土耐火浇注料难以同钢包的操作条件相适应。

此外，普通刚玉 – 矾土耐火浇注料基质中较高的 CaO 存在还会导致其高温性能下降。因为这类耐火浇注料中 CaO 会同其成分或者

熔渣成分（某些硅酸盐熔体）反应而降低材料的高温性能，降低抗
渣性。这说明 Al₂O₃-CA₆ 耐火浇注料即使是低水泥类型，其耐用性能
也会远低于 Al₂O₃-Spinel（MgO）耐火浇注料。这就是为什么 CAC 结
合刚玉耐火浇注料在钢包内衬应用中会被 Al₂O₃-Spinel（MgO）耐火
浇注料所取代的原因。

　　另外，俄罗斯学者研究了以工业氧化铝和白垩（98% CaCO₃）
为原料，采用电熔工艺生产的 CaO 含量为 5% ~ 8% Al₂O₃-CA₆ 质熔
铸砖抗侵蚀的结果表明，这种熔铸砖可以保证在 C52 - 1 和 BC - 92
玻璃液中具有足够的抗侵蚀性；而 Al₂O₃-CA₆ 熔铸砖中 CaO 含量超过
这一范围时，在玻璃液情况下均能导致其抗侵蚀性下降，这可能是由
其中铝酸钙含量偏高所致的。

　　为了获得优良的高温性能和较佳的使用性能，含水泥刚玉耐火浇
注料应按低水泥或者超低水泥方案设计。

　　表 3 - 3 列出了水泥用量对以电熔刚玉和 α-Al₂O₃ 作骨料以及粉
料，用水泥（CAC）作结合剂（活性填料为 α-Al₂O₃）并添加外加剂
（分散剂和减水剂）所配制的含水泥刚玉耐火浇注料性能的影响
情况。

表 3 - 3　水泥用量对含水泥刚玉耐火浇注料性能的影响

| 水泥用量（质量分数）/% | 流动值/% | 凝固时间/min | 抗折强度/MPa | | | 显气孔率/% | 体积密度/g·cm⁻³ |
|---|---|---|---|---|---|---|---|
| | | | 110℃ | 1000℃ | 1500℃ | | |
| 3 | 118 | 50 | 4.2 | 4.7 | 22.3 | 20 | 3.12 |
| 5 | 126 | 25 | 6.9 | 6.9 | 15.4 | 24 | 2.93 |
| 7 | 125 | 20 | 9.6 | 8.5 | 15.9 | 26 | 2.86 |

　　表 3 - 3 的结果表明，随着 CAC 用量的增加，耐火浇注料浆体流
动值增大，凝固时间缩短（降低至 30min 以下，导致施工时间不
足）。烘干和 1000℃ 处理的抗折强度则随之增大，而 1500℃ 烧成后的
抗折强度却有下降的趋势，体积密度降低，显气孔率升高。原因是在
活性 α-Al₂O₃ 与水泥成分反应生成 CA₆ 矿物时伴随体积膨胀。

　　水泥用量对含水泥刚玉耐火浇注料抗渣性（抗渗透和抗侵蚀）

的影响如图 3 - 6 所示。图中表明，水泥用量增加，含水泥刚玉耐火浇注料渣渗透指数和侵蚀指数都随之增大。材料抗渣性下降是其显气孔率上升的必然结果，但显气孔率上升能缓冲材料内部的热应力，结果就提高了强度保持率。

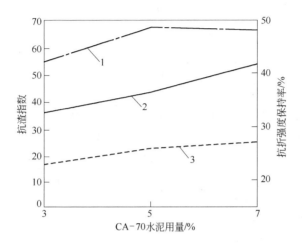

图 3 - 6  水泥用量与刚玉耐火浇注料性能的关系
1—熔渣渗透指数；2—抗折强度保持率；3—熔渣侵蚀指数

上述结果说明，较低的水泥用量虽然可保证含水泥刚玉耐火浇注料的高纯度、高性能，但要保持它们的施工性能，常温强度和高温的反应性、烧结性和膨胀性，含水泥刚玉耐火浇注料中合理的水泥用量（质量分数）应为 3% ~ 6%。

如果低水泥（使用 CA-80 及 CA-70 和高活性水合氧化铝为结合系统）刚玉耐火浇注料出现速凝现象时（因为这类耐火浇注料往往会出现这种速凝现象），即可通过添加缓凝剂（如草酸、柠檬酸钠等）来消除这种速凝现象，从而确保其流动性和密实性，详见表 3 - 4。

表 3 - 4 中数据表明：这些低水泥刚玉耐火浇注料中 $Al_2O_3$ 的含量（质量分数）都大于 90%（在 91.2% ~ 97.0% 之间），$Al_2O_3$ + $CaO$ 合量（质量分数）>95%，说明这些耐火浇注料都属于高纯度刚玉耐火浇注料，其体积密度大，1500℃ 或者 1600℃ 烧成后（除 3 号和 4 号外）的均呈收缩状态。

表3-4 低水泥刚玉耐火浇注料的性能

| 编 号 | | 1 | 2 | 3[①] | 4 | 5[②] | 6 |
|---|---|---|---|---|---|---|---|
| 化学成分 (质量分数)/% | $Al_2O_3$ | 97.0 | 96.4 | 96.0 | 92.2 | 94.1 | 91.2 |
| | $CaO$ | 1.7 | 1.6 | 1.2 | 1.8 | 1.3 | 1.7 |
| 耐压强度 /MPa | 110℃ | 30 | 30 | 78 | 63 | 110 | 145 |
| | 1100℃ | 31 | 36 | 73 | 80 | 120 | 130 |
| | 1500℃ | 63 | 64 | 14 | 92 | 140[①] | 200 |
| 抗折强度 /MPa | 110℃ | 7.0 | 3.1 | 16.6 | 17.2 | 15.7 | 28.5 |
| | 1100℃ | 8.5 | 8.2 | 11.7 | 21.4 | 21.2 | 21.8 |
| | 1500℃ | 19.4 | 18.1 | 39.2 | 32.6 | 25.1 | 34.5 |
| 烧后线变化率 /% | 1100℃ | -0.12 | -0.13 | +0.12 | | -0.20 | +0.10 |
| | 1500℃ | -0.52 | -0.48 | +0.54 | +0.25 | -0.90 | -0.24 |
| 体积密度/g·cm⁻³ | | 3.12 | 3.19 | 3.18 | 3.07 | 3.03 | 3.06 |

注：1~3号以白刚玉为原料；4~5号以板状氧化铝和致密刚玉为原料；6号以烧结矾
土熟料为原料；均以白刚玉为粉料；CAC（1号用 CA-70，余者用 CA-80）-α-
$Al_2O_3$-uf-$SiO_2$ 为结合剂（加有分散剂和减水剂）。
①1550℃烧成后的性能值；
②1600℃烧成后的性能值。

通过对颗粒分布进行优化以及对结合系统进行仔细选择和平衡便
可配制出性能较佳的 CAC-$Al_2O_3$ 结合的低水泥刚玉耐火浇注料。如
图3-7所示，通过减少水泥用量便能提高这类耐火材料的耐火度以
及高温性能（特别是高温机械强度值）。

用水泥（CAC）作结合剂（活性填料为活性 α-$Al_2O_3$）并添加外
加剂的低水泥刚玉耐火浇注料，在高温中反应式3-8和式3-9都将
会发生，使水泥成分 $CaO \cdot Al_2O_3$ 和 $CaO \cdot 2Al_2O_3$ 与 $Al_2O_3$ 反应转化
为 $CaO \cdot 6Al_2O_3$（低水泥刚玉耐火浇注料在反应达到平衡后，$CaO \cdot
6Al_2O_3$ 含量可达到 11.9% ~23.8%）。因此，这类耐火浇注料应属于
$Al_2O_3$-$CaO \cdot 6Al_2O_3$ 耐火材料（严格地讲，这类耐火浇注料属于
$Al_2O_3$-CaO 系中的耐火材料，如图3-7所示）。图3-8示出了这类
$Al_2O_3$-$CaO \cdot 6Al_2O_3$ 耐火浇注料中基质的部分显微照片。由图中看
出，$CaO \cdot 6Al_2O_3$ 的粒子较大，但不甚致密。图中同时还表明，

| 熔点/℃ | |
|---|---|
| CA$_6$ | 1875 |
| C$_2$A | 1745 |
| C$_3$A$_6$ | 1720 |
| CA | 1600 |
| C$_5$A$_3$ | 1360 |
| C$_{12}$A$_7$ | 1390 |
| C$_3$A | 1535 |

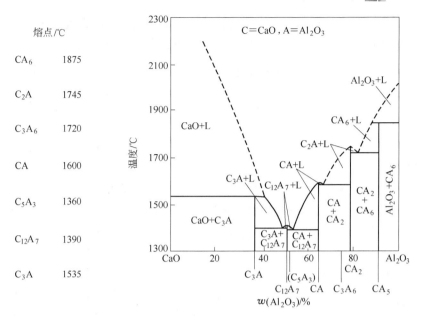

图 3-7 Al$_2$O$_3$-CaO 二元系相图

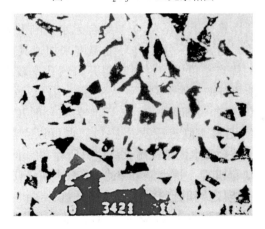

图 3-8 WAC-Al$_2$O$_3$ 耐火浇注料（CAC 结合）交织的

CA$_6$ 结晶"片状"结构

（烧成条件：1500℃，24h）

CaO·6Al$_2$O$_3$是一种相互穿插的六边形"片状"晶体结构，它将骨料颗粒网络结合起来形成整体。因而这类耐火材料具有非常高的常温机械强度、高温抗折强度和优越的抗热震性能以及很好的抵抗煤－气化炉熔渣侵蚀的能力，已经在煤－气化炉内衬上被大量使用。

### 3.2.7　无水泥刚玉耐火浇注料

无水泥刚玉耐火浇注料的制造技术与全铝耐火浇注料的制造技术基本相同，但前者的结合剂除了可用活性氧化铝（α-Al$_2$O$_3$ 超微粉）或者水合氧化铝（ρ- Al$_2$O$_3$）等之外，还可使用 uf-SiO$_2$、活性 Al$_2$O$_3$ 等作为结合剂。

以活性氧化铝（α-Al$_2$O$_3$ 超微粉）作为结合剂的无水泥刚玉耐火浇注料的缺点是需要较长的时间才能硬化（在环境温度下，完全硬化的时间长达48h，图3－3）。不过，这可以通过添加促凝剂（CAC等）得到解决。例如，由图3－3估计，添加少量（约0.5%）CAC时即可明显地缩短无水泥刚玉耐火浇注料在环境温度下的硬化时间，而且干燥后的线变化不会受到明显的影响，干燥后以及烧成后的体积密度也不会受到影响，但却会导致材料的显气孔率升高，常温抗折强度下降。

为了克服活性氧化铝（α-Al$_2$O$_3$）结合无水泥刚玉耐火浇注料所存在的上述缺点，通常是采用提高环境温度来加速其硬化（参见图3－3）。该工艺的优点是可以使材料获得开口气孔率较小、抗折强度更高和使用性能更好的无水泥刚玉耐火浇注料构件或者整体衬体。

使用 uf-SiO$_2$ 或者 uf-SiO$_2$-α-Al$_2$O$_3$ 等作为结合剂（含有高效分散剂和减水剂）的无水泥刚玉耐火浇注料，也可以克服活性氧化铝（包括 α-Al$_2$O$_3$）结合无水泥刚玉耐火浇注料所存在的上述缺点。这类耐火浇注料的硬化机理：是由于 uf-SiO$_2$ 颗粒上有—OH 基存在，即有氢结合，有可能导致絮凝的发生。然而，这种氢键结合的能力较弱，稍加剪切力，就会再分散，黏度也随之降低；当解除剪切力后，uf-SiO$_2$ 之间又形成了凝聚，而水分子固定在 SiO$_2$ 凝聚体的三维网状结构的空间，黏度又增加了。这就说明，uf-SiO$_2$ 具有良好的触变性和一定的凝聚性。因而，使用 uf-SiO$_2$ 或者 uf-SiO$_2$-α-Al$_2$O$_3$ 等作为结合剂（含有高效分散剂和减水剂）的无水泥刚玉耐火浇注料，其流变性能和施工性能较佳，而且硬化和干燥都不成问题。

无水泥刚玉耐火浇注料在加热过程中，uf-$SiO_2$-$\alpha$-$Al_2O_3$ 约从1100℃开始反应生成莫来石基质。因此，使用 uf-$SiO_2$ 或者 uf-$SiO_2$-$\alpha$-$Al_2O_3$ 等作为结合剂（含有高效分散剂和减水剂）的无水泥刚玉耐火浇注料，属于高纯莫来石－氧化铝结合的刚玉耐火材料范畴。正如图 3－1 所表明的，控制 uf-$SiO_2$ 的用量有利于提高这类高纯莫来石－氧化铝结合的刚玉耐火材料（属于 $SiO_2$-$Al_2O_3$ 系中耐火性能非常高的一类耐火材料）的高温性能和使用性能。这类耐火材料的优点是体积密度大，气孔率较低，强度很高，而且还具有很高的抗热震性能，因而具有广泛的用途。

## 3.3 硅铝耐火浇注料

由图 3－1 看出，$Al_2O_3$ 含量大于 68% 的 $SiO_2$-$Al_2O_3$ 原料可以用来配制高性能硅铝（$SiO_2$-$Al_2O_3$）耐火浇注料。通过合理选择颗粒级配、结合系统（包括结合剂、活性填料、添加剂的品种和用量）即可配制出高性能的硅铝（$SiO_2$-$Al_2O_3$）耐火浇注料。

通常，制作高性能硅铝（$SiO_2$-$Al_2O_3$）耐火浇注料都需要选用烧结良好的 $SiO_2$-$Al_2O_3$ 原料作为耐火骨料（按比例采用多级颗粒）和粉料，有时为了提高材料基质的性能，还需要向混合料中配入一定数量的氧化铝粉、白刚玉粉或者棕刚玉粉等高档原料。

高性能硅铝（$SiO_2$-$Al_2O_3$）耐火浇注料都需要按低水泥、超低水泥或者无水泥耐火浇注料进行组方设计。选用纯铝配钙水泥（CA-70或者 CA-80）或者 uf-$SiO_2$、活性 $Al_2O_3$（特别是水合 $Al_2O_3$，如 $\rho$-$Al_2O_3$ 等）作为结合剂。

另外，往往选用 uf-$SiO_2$、$\alpha$-$Al_2O_3$ 超微粉等作为高性能硅铝（$SiO_2$-$Al_2O_3$）耐火浇注料中的活性填料。配料中的耐火粉料＋活性填料的合量（质量分数）约为 28%～32% 较为合适。其中，活性填料的最佳经验用量为 4%～10%。

作为高性能硅铝（$SiO_2$-$Al_2O_3$）耐火浇注料中添加的表面活性剂（外加剂，主要是分散剂和减水剂）可以选用 NNO、MF、JF、SM，腐殖酸、柠檬酸、酒石酸和硼酸等以及三聚磷酸钠、六偏磷酸钠等。试验研究结果表明，在一般情况下，有机外加剂的减水效果优于无机外加剂的减水效果，因而这些有机外加剂便成了我们在配制高性能硅铝（$SiO_2$-$Al_2O_3$）耐火浇注料时首选的外加材料。

低水泥硅铝（$SiO_2$-$Al_2O_3$）耐火浇注料的结合形式为水合结合和凝聚结合的共同作用；超低水泥硅铝质（$SiO_2$-$Al_2O_3$）耐火浇注料的结合形式主要是凝聚结合的作用，水泥仅起促凝剂的作用；无水泥硅铝（$SiO_2$-$Al_2O_3$）耐火浇注料完全是凝聚结合的作用。

采用以上原则和技术所配制的低水泥硅铝（$SiO_2$-$Al_2O_3$）耐火浇注料和无水泥硅铝（$SiO_2$-$Al_2O_3$）耐火浇注料的基本性能分别列入表3-5和表3-6中。

表3-5　低水泥硅铝耐火浇注料的基本性能

| 编　　号 | | 1 | 2 | 3 | 4 |
|---|---|---|---|---|---|
| 化学成分（质量分数）/% | $Al_2O_3$ | 70 | 75 | 80 | 89 |
| | CaO | 1.4 | 1.3 | 1.5 | 1.7 |
| 耐压强度/MPa | 110℃ | 60 | 100 | 80 | 50 |
| | 1000℃ | 70 | 110 | 85 | 65 |
| | 1500℃ | 92 | 130 | 93 | 85 |
| 抗折强度/MPa | 110℃ | 8.4 | 10 | 9.8 | 8.2 |
| | 1000℃ | 14 | 15 | 13.8 | 14.5 |
| | 1500℃ | 17 | 18 | 13 | 10.5 |
| 高温抗折强度/MPa | 1400℃ | 4.0 | 5.0 | 3.5 | 4.5 |
| 烧成后线变化率/% | 1500℃ | +0.4 | +0.2 | +0.1 | ±0.3 |
| 体积密度/g·$cm^{-3}$ | | 2.70 | 2.75 | 2.85 | 3.00 |

表3-6　无水泥硅铝耐火浇注料的基本性能

| 编　　号 | | 1 | 2 | 3 | 4 |
|---|---|---|---|---|---|
| 化学成分（质量分数）/% | $Al_2O_3$ | 70 | 75 | 78 | 85 |
| | CaO | 0.1 | 0.1 | 0.1 | 0.1 |
| 耐压强度/MPa | 110℃ | 11 | 12 | 12 | 13 |
| | 1000℃ | 100 | 100 | 110 | 115 |
| | 1500℃ | 125 | 96 | 90 | 87 |

| 编　号 | | 1 | 2 | 3 | 4 |
|---|---|---|---|---|---|
| 抗折强度/MPa | 110℃ | 2.8 | 3.7 | 2.0 | 5.0 |
| | 1000℃ | 12 | 14 | 14 | 13 |
| | 1500℃ | 17 | 15 | 20 | 18 |
| 烧成后线变化率/% | 1500℃ | +0.2 | +0.1 | +0.5 | +0.1 |
| 体积密度/g·cm$^{-3}$ | 110℃ | 2.73 | 2.76 | 2.79 | 2.80 |
| | 1400℃ | 2.70 | 2.72 | 2.73 | 2.79 |

由表 3 - 5 看出，低水泥硅铝耐火浇注料基本性能的特征是强度高，中温强度不下降（反而升高），原因是水泥脱水是在较大的温度范围内缓慢进行的，因而对材料结构的破坏较小；同时，低水泥硅铝耐火浇注料成型体是带有少量气孔的非均质的组织结构体，其气孔尺寸较小和气孔率较低也是重要原因（表 3 - 7）。表 3 - 7 的结果表明，低水泥硅铝耐火浇注料的孔径不大于 100nm（1000Å）的占 70.7% ~ 73.2%，比普通（水泥结合）硅铝耐火浇注料的高 2 ~ 3 倍；两种硅铝耐火浇注料 110℃ 烘干后的总气孔量基本相近。800℃ 热处理后，低水泥硅铝耐火浇注料总气孔量仅增大约 6%，而普通（水泥结合）硅铝耐火浇注料却增大了将近 39%。这说明低水泥硅铝耐火浇注料的总气孔量少，气孔细化而且分布又比较均匀，即材料具有气孔率低、材料结构好、透气性差、抗渣性能高等优点。说明低水泥硅铝耐火浇注料属于致密高强型耐火浇注料。

**表 3 - 7　两种硅铝质耐火浇注料的孔径分布和总气孔量**

| 项　目 | | 孔径分布/% | | | | | 总气孔量/cm²·g$^{-1}$ |
|---|---|---|---|---|---|---|---|
| | | 5500 ~ 100nm | 100 ~ 50nm | 50 ~ 25nm | 25 ~ 10nm | 10 ~ 5nm | |
| 低水泥 | 110℃ | 26.8 | 14.3 | 16.2 | 29.8 | 12.9 | 0.134 |
| | 800℃ | 29.3 | 15.3 | 16.2 | 27.1 | 12.1 | 0.142 |
| 普通水泥 | 110℃ | 77.5 | 7.94 | 6.15 | 6.15 | 2.29 | 0.140 |
| | 800℃ | 67.8 | 7.46 | 5.92 | 10.2 | 8.64 | 0.194 |

注：采用压汞法测定的结果。

　　超低水泥硅铝耐火浇注料属于凝聚结合的耐火浇注料，水泥在耐火浇注料中主要起促凝剂的作用。显微结构研究的结果表明：材料基质中的物相主要是莫来石相（柱状，交错连接在一起）和刚玉相以及少量的钙长石相等。由于基质中存在着大量的莫来石晶相，因而具有很高的力学强度和较佳的高温性能。

　　无水泥硅铝耐火浇注料的配制技术与无水泥刚玉耐火浇注料的配制技术基本相同，因而也具有与后者相近的显微结构与基本性能。

# 4    Al$_2$O$_3$-MgO 耐火浇注料

Al$_2$O$_3$-MgO 系统整个相组成区域都是高耐火物相的组合区域，见图 4-1。按化学矿物组成，Al$_2$O$_3$-MgO 耐火浇注料可分为 Al$_2$O$_3$ 质、Al$_2$O$_3$-Spinel 质、Spinel 质、Spinel-MgO 质和 MgO 质耐火浇注料几大类型。其中以 Al$_2$O$_3$ 为主成分并含有 Spinel 或者 MgO 或者 Spinel + MgO 的耐火浇注料（按化学成分，它们都是 Al$_2$O$_3$-MgO 耐火浇注料）几类耐火浇注料，统称为 Al$_2$O$_3$-Spinel（MgO）耐火浇注料。这类耐火浇注料在钢包上已经有了较长的使用历史，是目前钢包低蚀区使用的一种内衬耐火材料，下面将重点进行讨论（MgO 质耐火浇注料则在碱性耐火浇注料讨论）。

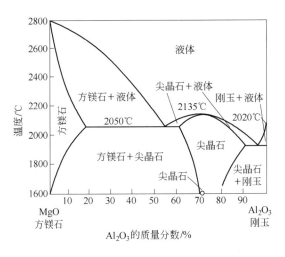

图 4-1    Al$_2$O$_3$-MgO 二元系统相图

## 4.1    Al$_2$O$_3$-Spinel（MgO）耐火浇注料设计原理

Al$_2$O$_3$-Spinel（MgO）耐火浇注料的设计原理是通过向全铝耐火

浇注料和刚玉耐火浇注料中引入 MgO（包括 Spinel 或者 MgO 或者 Spinel + MgO）成分而获得的高性能耐火浇注料［为了讨论方便，都用"Al$_2$O$_3$-Spinel（MgO）耐火浇注料"表示，下同］。

向刚玉耐火浇注料中引入 MgO 的方式包括：

（1）直接引入预合成 Spinel（即 Al$_2$O$_3$ · MgO）；

（2）引入高纯镁砂细粉，通过基质中的 f-Al$_2$O$_3$ 和 f-MgO 在高温下反应形成 Spinel（通常称为"原位 Spinel"）；

（3）引入预合成 Spinel + 高纯镁砂细粉。

图 4 - 2 显示出了这三种系统的主要差别。如图中所表明的，三种 Al$_2$O$_3$-Spinel（MgO）耐火浇注料实际上采用的往往是三种配方原则：含 Spinel 系统采用低水泥耐火浇注料的配方观念；铝镁耐火浇注料采用超低水泥耐火浇注料的配方观念；而 Al$_2$O$_3$-Spinel-MgO 耐火浇注料既可采用低水泥耐火浇注料的配方观念也可采用超低水泥耐火浇注料的配方观念。但三种配方系统的核心都是采用了反絮凝的结合体系。

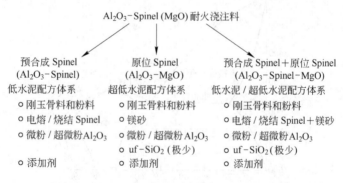

图 4 - 2    Al$_2$O$_3$-Spinel（MgO）耐火浇注料

通过采用活性填料（α-Al$_2$O$_3$、SiO$_2$、Cr$_2$O$_3$ 等）使 Al$_2$O$_3$-Spinel（MgO）耐火浇注料的结构更加致密，由于增加了内部颗粒接触率，才可尽量降低水泥用量直至为零，再采用高效分散剂使颗粒流化，从而在加水量低的情况下也能达到施工浇注的要求。

对于图 4 - 2 中所有的 Al$_2$O$_3$-Spinel（MgO）耐火浇注料的配方体

系来说，由于 Spinel（预合成 Spinel 或/和原位 Spinel）可以吸收熔渣中的 Fe、Mn 等元素而形成复合 Spinel$_{ss}$，从而抑制了熔渣的进一步渗透，提高了材料的耐用性能。这些配方体系由于不含或者含极少量 SiO$_2$，因而在很高的温度下生成的液相量也很少，所以具有极佳的高温机械强度和优异的抗渣性能。

无论采用何种配方设计，在 Al$_2$O$_3$-Spinel（MgO）耐火浇注料施工和使用过程中都面临以下几项关键技术问题：

（1）通过控制 Al$_2$O$_3$-Spinel（MgO）耐火浇注料中的颗粒分布（PSD）和结合系统来调节其施工性能，以获得最佳的施工效果；

（2）通过对 Al$_2$O$_3$-Spinel（MgO）耐火浇注料成分和结合剂以及活性填料的选择，以使材料获得优异的高温性能和使用性能。

Al$_2$O$_3$-Spinel（MgO）耐火浇注料既可以采用 CAC 与水作用产生水合结合，也可以采用以水合氧化铝（$\rho$-Al$_2$O$_3$ 等）或者活性 $\alpha$-Al$_2$O$_3$（超微粉）等与水发生放热反应生成三羟铝石［Al(OH)$_3$］和勃姆石溶胶［AlOOH］的溶胶结合，或者无定形 SiO$_2$ 超微粉与 MgO 和 H$_2$O 作用产生的凝聚结合；或者 CAC 与水作用产生水合结合和溶胶结合/凝聚结合的共同作用。采用 CAC 与水作用机理是靠生成水化物的胶凝而产生水合结合作用；而采用以水合氧化铝（$\rho$-Al$_2$O$_3$ 等）和活性 $\alpha$-Al$_2$O$_3$（超微粉）等结合机理是水合氧化铝与水发生放热反应生成三羟铝石［Al（OH）$_3$］和勃姆石溶胶［AlOOH］所起的结合作用；采用无定形 SiO$_2$ 超微粉与 MgO 和 H$_2$O 作用机理是靠 MgO－SiO$_2$-H$_2$O 系的凝聚结合作用。

这些结合系统都是 Al$_2$O$_3$-Spinel（MgO）耐火浇注料中最合适的结合系统。因为它们可以稳定地控制这类耐火浇注料的施工性能（施工时间、凝结时间、脱模时间和初始强度）的要术，同时对高温强度的发展、高温条件下抵抗熔渣渗透和侵蚀也有重要贡献。

## 4.2 Al$_2$O$_3$-Spinel（MgO）耐火浇注料的类型

### 4.2.1 Al$_2$O$_3$-Spinel 耐火浇注料

由于 Al$_2$O$_3$-Spinel 耐火浇注料中的 MgO 成分来源于预合成Spinel，

它同水之间没有明显的水化反应,所以采用普通配制耐火浇注料的工艺就能很容易地配制出来。

$Al_2O_3$-Spinel 耐火浇注料中 Spinel 具有限制熔渣向材料内部渗透的作用,其原理如图 4-3 所示。

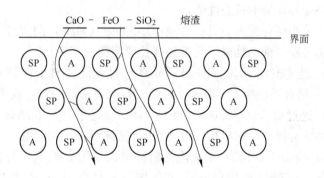

图 4-3　$Al_2O_3$-Spinel 耐火浇注料抗渣渗透模型

(1) CaO 同 $Al_2O_3$ 反应生成高熔点的铝酸钙,如 $CA_6$ 等;

(2) FeO 和 MnO 同 Spinel 形成复合固溶体（$Spinel_{ss}$）:

$$FeO + MnO + Spinel \longrightarrow (Fe,Mn,Mg)O \cdot (Fe,Al)_2O_3 \quad (4-1)$$

使熔渣中 $SiO_2$ 富化而变得非常黏稠,从而限制了熔渣进一步的渗透。

Spinel 的上述作用与其颗粒大小有关,如图 4-4 所示。图 4-4 表明,较粗的 Spinel 粉（预合成 Spinel）防止熔渣渗透的作用有限,因为熔渣能轻易地在颗粒周围游动（图 4-4a）。这可以通过配入超细粉 Spinel 得到改善。研究结果表明:Spinel 越细,在基质中分布越均匀,限制熔渣渗透的作用就越大。

图 4-5 表明,当理论 Spinel 配入量（质量分数）为 10% ~30% 时,$Al_2O_3$-Spinel 耐火浇注料则具有最佳限制熔渣渗透的作用。理论 Spinel 配入量低于 10% 时会使限制熔渣中 FeO 和 MnO 作用下降;而理论 Spinel 配入量高于 30% 时,不利于 $SiO_2$ 集留,结果则限制了熔渣黏度的提高,从而导致其限制熔渣渗透的作用降低。

此外,Spinel 限制熔渣渗透的作用与 Spinel 类型相关,如图 4-6

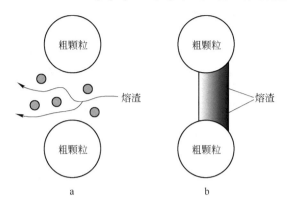

图 4 - 4 原位 Spinel 和预合成 Spinel 抗渣渗透的比较

a—预合成尖晶石添加物；b—原位生成尖晶石

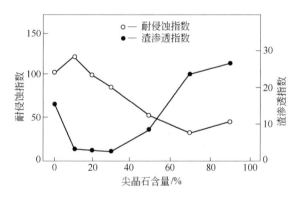

图 4 - 5 外加 Spinel 对高铝耐火浇注料抗渣性的作用

所示。图 4 - 6 示出：采用含 90% $Al_2O_3$ 的 Spinel 和增加其配入量都有利于阻止熔渣渗透。

然而，$Al_2O_3$-Spinel 耐火浇注料的抗侵蚀性却取决于 Spinel 中 MgO 含量，如图 4 - 7 所示。图 4 - 7 示出：Spinel（化学和矿物组成见表 4 - 1）中 MgO/ $Al_2O_3$ 比值越大，材料的抗侵蚀性能就越高。这就说明：$Al_2O_3$-Spinel 耐火浇注料的配方设计中选用何种类型 Spinel，需要根据使用条件权衡抗侵蚀性和抗渗透性。使用富 $Al_2O_3$ 的 Spinel 生产 $Al_2O_3$-Spinel 耐火浇注料的优点是可以减少材料的热膨胀。

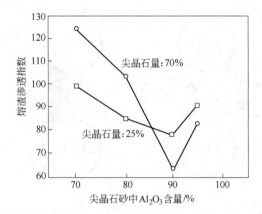

图 4 - 6　熔渣渗透指数与 Spinel 砂中 Al$_2$O$_3$ 含量之间的关系

（LD 渣，1650℃，4h）

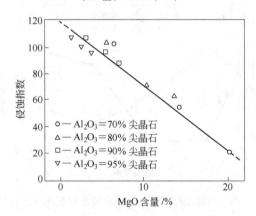

图 4 - 7　Al$_2$O$_3$-Spinel 耐火浇注料中 MgO 含量与耐蚀性的关系

（LD 渣为侵蚀剂，试验条件：1650℃，4h）

**表 4 - 1　Spinel 砂的化学成分和矿物相**

| 原　　料 | 化学成分（质量分数）/% | | | 矿物相 |
|---|---|---|---|---|
| | Al$_2$O$_3$ | MgO | SiO$_2$ | |
| Spinel（70% A） | 70.2 | 28.6 | <0.1 | Spinel |
| Spinel（80% A） | 80.3 | 18.8 | <0.1 | Spinel |
| Spinel（90% A） | 89.6 | 10.1 | <0.1 | Spinel |
| Spinel（95% A） | 95.4 | 3.8 | <0.1 | Spinel |

注：A = Al$_2$O$_3$。

$Al_2O_3$-Spinel 耐火浇注料 1500℃，3h 烧成后显气孔率随 uf-$SiO_2$ 添加量的变化见图 4 – 8。

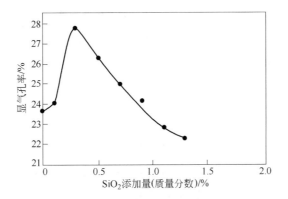

图 4 – 8　$Al_2O_3$-Spinel 耐火浇注料烧成后显气孔率
随 uf-$SiO_2$ 添加量的变化
（1500℃，3h 烧成）

$Al_2O_3$-Spinel 耐火浇注料的热膨胀却可以通过添加 uf-$SiO_2$ 进行调节。uf-$SiO_2$ 对 $Al_2O_3$-Spinel 耐火浇注料的烧成线变化和常温抗折强度以及高温抗折强度的影响分别见图 4 – 9 ～图 4 – 11。这说明 uf-$SiO_2$ 用量需要根据材料的性能要求进行严格选择和控制。

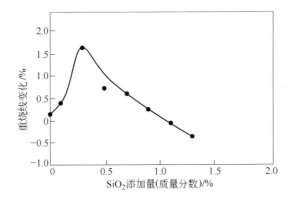

图 4 – 9　$Al_2O_3$-Spinel 耐火浇注料烧成后线变化率随 uf-$SiO_2$ 添加量的变化
（1500℃，3h 烧成）

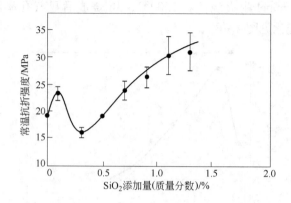

图 4 - 10　Al$_2$O$_3$-Spinel 耐火浇注料烧成后常温抗折强度
随 uf-SiO$_2$ 添加量的变化

（1500℃，3h 烧成）

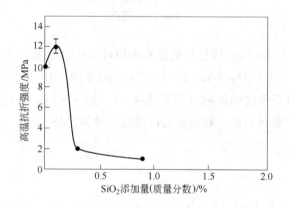

图 4 - 11　Al$_2$O$_3$-Spinel 耐火浇注料烧成后高温抗折强度
随 uf-SiO$_2$ 添加量的变化

（1500℃，3h 烧成）

　　为了克服 Al$_2$O$_3$-Spinel 耐火浇注料抗侵蚀性和抗渗透性较低的缺点，可将基质中 Spinel 用 uf-Spinel 替换，使之在基质中均匀分布，获得近似于原位 Spinel 的结构，以得到能有效地发挥出结构稳定性高，抗侵蚀性和抗渗透性也高的 Al$_2$O$_3$- uf-Spinel 耐火浇注料，如图 4 - 12 所示。

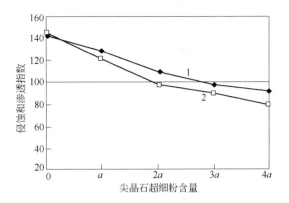

图 4-12　Al$_2$O$_3$-Spinel 耐火浇注料抗渣性随 Spinel 细粉含量的变化

（$a$ = 6%）

1—侵蚀；2—渗透

　　不过，当 uf-Spinel 配入量过高时，或者水泥粒径过细时即会导致 Al$_2$O$_3$- uf-Spinel 耐火浇注料在使用过程中由过烧结而引起抗热震性下降，从而导致剥落损伤的问题产生。但这可通过控制 uf-Spinel 配入量和正确选择水泥粒径得到解决，由此获得比传统 Al$_2$O$_3$-Spinel 耐火浇注料性能高的 Al$_2$O$_3$-uf-Spinel 耐火浇注料。

　　由研究结果得出：在 Al$_2$O$_3$ 耐火浇注料中配入 12% ~ 16% uf-Spinel 时（图 4-12），即可获得 uf-Spinel 在基质中充填非常均匀、组织更加致密、抗渣性高的 Al$_2$O$_3$-Spinel 耐火浇注料。研究结果还表明：当水泥结合剂粒径由 1.6μm 提高到 11.2μm 时便可控制该材料由于过烧结所产生的高强度和高弹性率等问题，提高其抗热震性能和抗渣性能。

　　如果在 Al$_2$O$_3$-uf-Spinel 耐火浇注料中再用 1mm 以下 Spinel 颗粒替换同等数量的同等粒径 Al$_2$O$_3$ 颗粒即可配制出高性能 Al$_2$O$_3$-Spinel-（uf-Spinel）耐火浇注料。在这类耐火浇注料中，由于 Al$_2$O$_3$ 颗粒能捕捉熔渣中的 CaO，而 Spinel 颗粒能固溶熔渣中的 FeO 和 MnO 生成复合 Spinel$_{ss}$，同时提高熔渣熔点温度和熔渣黏度，使熔渣渗透得到抑制。如果这两种作用达到最佳平衡，就能够使 Al$_2$O$_3$-Spinel-（uf-Spinel）耐火浇注料的抗熔渣渗透性的下降控制在最小的范围之内。

现在已经确认：当 uf-Spinel 配入量（质量分数）为 12%～16%，而 1mm 以下 Spinel 颗粒替换量（质量分数）为 4%～6% 时就能获得抗侵蚀性和抗渗透性均高的 Al$_2$O$_3$-Spinel-(uf-Spinel) 耐火浇注料。

### 4.2.2　Al$_2$O$_3$-MgO 耐火浇注料

为了提高 Al$_2$O$_3$-Spinel 耐火浇注料的抗渗透性，可将材料中 Spinel 细粉由 MgO 细粉取代，而获得 Al$_2$O$_3$-MgO 耐火浇注料。在使用过程中，Al$_2$O$_3$-MgO 反应生成极细的 Spinel（也称原位 Spinel）。如图 4-4 所示，原位 Spinel 能有效地阻止熔渣的渗透。

Al$_2$O$_3$-MgO 耐火浇注料具有如下优点：

（1）残余膨胀大；

（2）抗侵蚀性和抗渗透性能高；

（3）由于添加了 uf-SiO$_2$，基质中液相对较多，具有蠕变性。

图 4-13 表明，随着 MgO 细粉配入量增加，Al$_2$O$_3$-MgO 耐火浇注料抗侵蚀性升高；图 4-14 则表明，MgO 细粉含量为 5%～10% 时，熔渣渗透量最小。

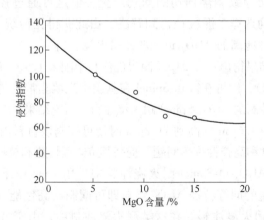

图 4-13　MgO 含量与熔渣侵蚀指数之间的关系

不过，研究结果也表明：若 Al$_2$O$_3$-MgO 耐火浇注料中存在大量 MgO 细粉时，由于 Al$_2$O$_3$-MgO 反应生成过多的原位 Spinel 和伴随过度的膨胀，会导致材料体积不稳定性增加，热应力增大，抗渣性下

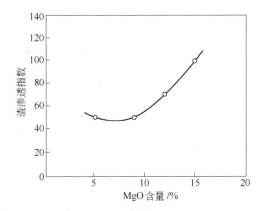

图 4 – 14　MgO 含量与熔渣渗透指数之间的关系

降。但这可以通过如下方法得到控制：

（1）向配料中配入 MgO 颗粒可降低材料的热应力（图 4 – 15）；

（2）向 Al$_2$O$_3$-MgO 耐火浇注料中添加不锈钢纤维亦可降低材料的热应力（图 4 – 15）；

（3）通过向 Al$_2$O$_3$-MgO 耐火浇注料中添加 uf-SiO$_2$ 也可降低材料的热应力。

通常，Al$_2$O$_3$-MgO 耐火浇注料过度的膨胀可通过 uf-SiO$_2$ 来控制。正如图 4 – 16 所表明的那样：当 Al$_2$O$_3$-MgO 耐火浇注料基质中 MgO/SiO$_2$（质量比）= 4 ~ 8 时，便可以获得较为满意的结果（PLC = 0 ~ 2%）。

生产 Al$_2$O$_3$-MgO 耐火浇注料中，有时也会存在以下问题，配料中的 MgO 有可能在养生特别是在干燥过程中发生水化反应：

$$MgO + H_2O(g, l) \longrightarrow Mg(OH)_2 \qquad (4-2)$$

并伴有 40% 的体积膨胀而导致材料产生裂纹甚至破裂报废。现在已经确认：uf-SiO$_2$ 是控制这类材料中 MgO 水化最佳的添加剂。

总之，uf-SiO$_2$ 作为 Al$_2$O$_3$-MgO 耐火浇注料中的一种重要添加剂，它具有如下作用：

（1）改进浇注料的流变性能；

（2）控制 MgO 的水化；

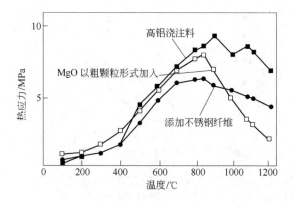

图 4 - 15　几种 Al$_2$O$_3$-Spinel（MgO）耐火浇注料热应力的比较

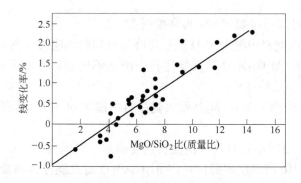

图 4 - 16　Al$_2$O$_3$-MgO 耐火浇注料中细粉部分 MgO/SiO$_2$ 比（质量比）
对线变化的影响（1500℃，3h）

（3）提高 Al$_2$O$_3$-MgO 耐火浇注料的低温强度；

（4）控制材料中 CaO-Al$_2$O$_3$ 系矿物的生成；

（5）通过生成高温液相补偿在 Spinel 生成时的膨胀反应，从而控制材料的热膨胀，进而达到控制材料的永久线变化；

（6）调节材料的蠕变。

而且不同类型和不同性能的 Al$_2$O$_3$-MgO 耐火浇注料所要求的 uf-SiO$_2$ 添加量是不相同的。因此，在设计 Al$_2$O$_3$-MgO 耐火浇注料时需要根据具体的使用条件所要求的主要性能来确定 uf-SiO$_2$ 的添加量。

### 4.2.3 Al₂O₃-Spinel-MgO 耐火浇注料

为了保持 Al₂O₃-Spinel 耐火浇注料和 Al₂O₃-MgO 耐火浇注料的优点，克服各自的缺点，根据基质混合料搭配的原则，认为其组成为 Al₂O₃-MgO-Spinel 系统可能更加有益。它们亦可按图 4 - 2 所示出的含 MgO 的 Al₂O₃-Spinel 耐火浇注料配方原则进行设计。当基质中 MgO/Spinel 的比例较理想时即可获得综合性能更佳的 Al₂O₃-MgO-Spinel 耐火浇注料。

## 4.3 Al₂O₃-Spinel（MgO）耐火浇注料在钢包上的应用

由于不同品种的钢在炼钢过程中的处理方法不同，钢包熔渣组成会有很大的差别。因此，不同的钢包内衬需要选用不同的耐火材料才能与之相适应。当选择 Al₂O₃-Spinel（MgO）耐火浇注料作为钢包内衬耐火材料时，应根据不同的钢包或者同一钢包不同部位的使用条件，选择能与之相适应的 Al₂O₃-Spinel（MgO）耐火浇注料品种。

对于连铸钢包来说，使用 Al₂O₃-Spinel（MgO）耐火浇注料时，由于减少了来自耐火材料中的"O"和"Si"（过去，"O"和"Si"都来自 Al₂O₃-SiO₂ 耐火材料）所造成的钢水污染，从而大幅度地降低了钢中的夹杂物。

对于精炼钢包来说，由于主要精炼洁净钢，钢包的使用条件变得更加苛刻。因此，钢包熔池低蚀区（侧壁和包底）主要选用 Al₂O₃-Spinel（MgO）/Al₂O₃-Spinel（MgO）-C 和 MgO-ZrO₂（ZrO₂·SiO₂）质耐火材料以及 MgO-CaO/MgO-CaO-C 质耐火材料。

图 4 - 17 和图 4 - 18 示出了可作为我们选择钢包内衬用 Al₂O₃-Spinel（MgO）耐火浇注料的依据。其中高纯的 Al₂O₃- MgO 耐火浇注料，由于采用了原位反应形成的 Spinel 技术，因而它对中等碱性渣（表 4 - 2 中 CaO/SiO₂ 比为 3.5）的抗侵蚀性与 MgO-C 砖不相上下，甚至优于后者。这就表明，在这种条件下 Al₂O₃-Spinel（MgO）耐火浇注料能够用于低碱性甚至中等碱性钢包渣线部位，并有可能达到常用碱性耐火材料的水平。

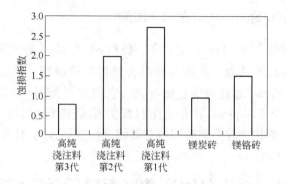

图 4 - 17　对中等碱性渣的渣蚀试验

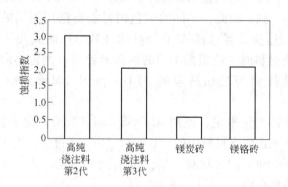

图 4 - 18　对高碱性渣的渣蚀试验

表 4 - 2　试验熔渣的化学性质

| 性　质 | 中等碱性 | 高碱性 | 性　质 | 中等碱性 | 高碱性 |
|---|---|---|---|---|---|
| CaO 含量/% | 35 | 63 | Fe$_2$O$_3$ 含量/% | 25 | 16 |
| MgO 含量/% | 5 | 1 | MnO 含量/% | 10 | 0 |
| SiO$_2$ 含量/% | 10 | 12 | CaO/SiO$_2$ 比 | 3.5 | 5.3 |
| Al$_2$O$_3$ 含量/% | 15 | 10 | (C+M)/(S+A) 比 | 1.6 | 2.9 |

　　然而，当 Al$_2$O$_3$-Spinel（MgO）耐火浇注料接触到高碱性渣时，却难以达到 MgO-C 砖的水平，如图 4 - 18 所示，因为 Spinel 容易被

CaO 熔渣所熔蚀。不过，高纯度 Al$_2$O$_3$-Spinel（MgO）耐火浇注料仍然可以用于这类钢包下部侧壁、包底、冲击区和浇注水口处，而且都能获得优异的使用寿命。

Al$_2$O$_3$-Spinel（MgO）耐火浇注料用于钢包，基本上都是以 Spinel 复合氧化物区间或者与应用 Al$_2$O$_3$ 和 MgO 反应（利用或者抑制膨胀）有关。因为 Al$_2$O$_3$-MgO 系耐火材料在使用过程中，Al$_2$O$_3$ 和 MgO 反应生成 Spinel 时伴有体积膨胀，所以对它们在钢包内衬上的应用特别有益。

通过蚀损机理研究得出，由于熔渣与钢包内衬 Al$_2$O$_3$-Spinel（MgO）耐火浇注料反应形成了一个保护层带，可使其不再被熔渣所侵蚀。在这个保护层带中，与内衬材料接触的熔渣中大部氧化物（FeO 和 MnO）嵌入到晶格结构形成 Spinel$_{ss}$。熔渣中氧化铁同 Al$_2$O$_3$ 反应生成 FeO · Al$_2$O$_3$ 所引起的膨胀并不显著。虽然渣中 CaO 同 Al$_2$O$_3$ 反应生成 CA$_6$ 时会产生很大的膨胀，但却被渣中 CaO 同 SiO$_2$ 和 Al$_2$O$_3$ 反应生成 CAS$_2$ 和/或 C$_2$AS（取决于渣中 SiO$_2$ 含量）等熔点温度低于 1600℃（低于钢包操作温度）的反应给均衡了。因此，钢包内衬 Al$_2$O$_3$-Spinel（MgO）耐火浇注料同熔渣反应生成高熔点和低熔点物相的这种结合，为钢包工作衬提供了一个热面保护层带，从而可以使工作衬的侵蚀减至最小，实验结果表明不同熔渣组成对该类工作衬的使用寿命的影响差别并不十分明显，而且都取得了较好的效果。

低蚀区内衬 Al$_2$O$_3$-MgO-Spinel 耐火浇注料的蚀损机理如下：

（1）熔渣通过可行的路径（气孔、裂纹、晶界等）渗透进入 Al$_2$O$_3$-MgO-Spinel 耐火浇注料中，渗透的有效性依赖于材料的物理参数，如显气孔率和气孔孔径。

（2）Al$_2$O$_3$-MgO-Spinel 耐火浇注料基质（包括细晶粒）被部分或完全溶解，提高了熔渣中 Al$_2$O$_3$、MgO 和 SiO$_2$ 的含量，改变了其组成和黏度。

（3）如果熔渣-(Al$_2$O$_3$-MgO-Spinel 耐火基体）系统没有被 Al$_2$O$_3$ 饱和，该耐火浇注料骨料就会产生表面溶解，而导致熔渣成分同 Al$_2$O$_3$ 的反应，以及铝酸钙相的产生。

（4）$CA_2$ 相和 $Al_2O_3$ 接触时的热力学不兼容性会导致稳定性高的 $CA_6$ 形成。

（5）在铝酸钙相形成的同时，耐火浇注料基质中的 Spinel 晶粒与熔渣接触时将会产生溶解，重结晶，捕获熔渣中铁和锰等离子，提高了 $SiO_2$ 浓度，进而提高了熔渣黏度，从而阻止了熔渣进一步的渗透。

为了使 $Al_2O_3$-Spinel（MgO）耐火浇注料能够适用于钢包的使用条件，其浆体需要满足初始流量大，流量衰减稳定，工作时间最短为 45~60min 的施工要求。即这类耐火浇注料配制的关键因素是在需水量很少的情况下也能保证其具有良好的浇注（施工）性能，以便能获得高密度、低气孔率的浇注结构。

### 4.3.1　包壁用 $Al_2O_3$-Spinel（MgO）耐火浇注料

早期，在推广应用耐火浇注料时期，包壁主要使用 $Al_2O_3$-Spinel 耐火浇注料，因为它们的膨胀性和结构稳定性都非常好，故未发现较多的剥落现象。但为了进一步提高使用寿命，则使用了 $Al_2O_3$-MgO 耐火浇注料。在抗渣性方面，后者优于前者。表 4-3 列出了 $Al_2O_3$-MgO 耐火浇注料主原料组成，图 4-19 和图 4-20 分别示出了用于包壁的 $Al_2O_3$-MgO 耐火浇注料的抗侵蚀性和抗渗透性同配料细粉中 MgO 含量的关系（试验渣组成：$CaO/SiO_2$ = 3.7，10% FeO；1650℃，4h）。图 4-19 表明，随着 MgO 细粉含量的增加，材料的耐侵蚀性提高。图 4-20 则表明，在 MgO 含量为 5%~10% 时，可使熔渣渗透量减至最小。由这两幅图估计：MgO 含量为 5%~9% 时具有较佳的抗渣性能。

表 4-3　$Al_2O_3$-MgO 耐火浇注料主原料组成

| 烧结氧化铝 | 作为主要原料之一 | | | | | |
| --- | --- | --- | --- | --- | --- | --- |
| MgO 细粉量（质量分数）/% | 0 | 3 | 5 | 7 | 9 | 12 |

$Al_2O_3$-MgO 耐火浇注料由于存在原位反应的 Spinel，所以在 1200℃之后产生了较大的热膨胀。MgO 含量越高，其热膨胀量就越

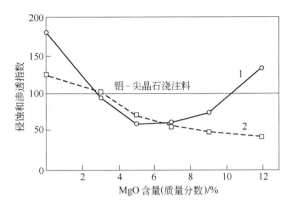

图 4 - 19　侵蚀和渗透指数随 MgO 含量而变化（CaO/SiO₂ = 3.7 渣）
1—渗透；2—侵蚀

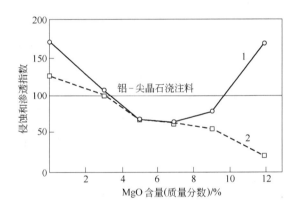

图 4 - 20　侵蚀和渗透指数随 MgO 含量而变化（CaO/SiO₂ = 1.3 渣）
1—渗透；2—侵蚀

大。但用于包壁的 Al₂O₃-MgO 耐火浇注料由于受到金属壳的控制，因而不会发生自由膨胀。

AlO-MgO 耐火浇注料存在的另一个问题是永久线变化大。其结果则导致了高气孔率、低强度，甚至断裂和剥落。不过，这可通过调节镁砂粒度和数量以及添加 uf-SiO₂ 得到解决。

为了提高包壁内衬的使用寿命，当增加钢包容量而将包壁变薄时，又会导致裂纹产生，在裂纹产生部位可观察到膨胀现象。这表明较薄的包衬容易导致钢包外壳变形，最终导致裂纹的产生和扩展。在这种情况下，应通过降低膨胀应力以改进 Al$_2$O$_3$-MgO 耐火浇注料的抗剥落性能。根据图 4-16，正确选择 MgO/SiO$_2$ 比值，即可设计低膨胀 Al$_2$O$_3$-MgO 耐火浇注料作为包壁内衬材料，如表 4-4 所示。正如实际使用结果所表明的那样，这种低膨胀材料经高温处理后，其线变化不大（PLC = +1.0%），因而不剥落，耐侵蚀，使用寿命长。

**表 4-4　包壁用 Al$_2$O$_3$-MgO 耐火浇注料的性能**

| 特　　　性 | | 传统材料 | 改进材料 1 | 改进材料 2 |
|---|---|---|---|---|
| Al$_2$O$_3$ 含量（质量分数）/% | | 92.7 | 89.9 | 91.6 |
| MgO 含量（质量分数）/% | | 4.9 | 6.7 | 4.8 |
| SiO$_2$ 含量（质量分数）/% | | 0.1 | 0.5 | 0.5 |
| 体积密度/g·cm$^{-3}$ | 110℃，24h | 3.03 | 3.01 | 3.02 |
| | 1500℃，3h | 2.91 | 2.90 | 2.85 |
| 显气孔率/% | 110℃，24h | 16.4 | 18.1 | 17.9 |
| | 1500℃，3h | 20.9 | 22.7 | 24.2 |
| 耐压强度/MPa | 110℃，24h | 11.9 | 21.8 | 22.0 |
| | 1500℃，3h | 46.6 | 71.6 | 59.3 |
| 抗折强度/MPa | 110℃，24h | 7.9 | 10.7 | 8.1 |
| | 1500℃，3h | 30.2 | 29.9 | 36.3 |
| 重烧线变化率/% | | -0.34 | +0.87 | +1.16 |
| 蚀损指数 | | 100 | 68 | 70 |

### 4.3.2　包底用 Al$_2$O$_3$-Spinel（MgO）耐火浇注料

与包壁不同，包底约束力小，高膨胀材料由于存在膨胀上浮的缺点，难以在此处使用。为了防止拱起和抑制熔渣渗透，体积稳定性高的 Al$_2$O$_3$-Spinel 耐火浇注料便成为包底使用的首选材料，如图 4-21 所示。

包底内衬损毁形式是结构剥落，所以其改进方向就是改进材料的抗熔渣的渗透性能。这可通过添加 uf-Al$_2$O$_3$ 或者 uf-Spinel 来实现。表 4-5 列出了包底用 Al$_2$O$_3$-Spinel（MgO）耐火浇注料中添加 uf-Al$_2$O$_3$

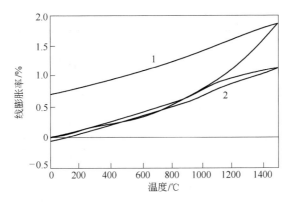

图4－21 $Al_2O_3$-Spinel 和 $Al_2O_3$-MgO 耐火浇注料的膨胀性

1—$Al_2O_3$-Spinel 耐火浇注料；2—$Al_2O_3$-MgO 耐火浇注料

和/或 uf-Spinel 平均颗粒尺寸、化学成分和矿物相。

表4－5 细粉的性能

| 原料 | $d_{50}/\mu m$ | 化学成分（质量分数）/% | | | | | | 矿物相 |
|---|---|---|---|---|---|---|---|---|
| | | $Al_2O_3$ | MgO | CaO | $SiO_2$ | $Fe_2O_3$ | Ig | |
| uf-Spinel | 1.1 | 73.47 | 25.47 | 0.41 | 0.24 | 0.14 | — | Spinel |
| uf-$Al_2O_3$ | 1.4 | 99.86 | 0.04 | 0.04 | 0.02 | 0.02 | — | 刚玉 |

表4－6 列出了改进后的 $Al_2O_3$-Spinel 耐火浇注料和传统 $Al_2O_3$-Spinel 耐火浇注料的性能比较。表4－6 结果表明，两者物理指标几乎相同，但改进后的 $Al_2O_3$-Spinel 耐火浇注料的抗渗透性能比后者高，说明应用 uf-Spinel 改进的 $Al_2O_3$-Spinel 耐火浇注料有助于包底内衬寿命的提高。

表4－6 包底用 $Al_2O_3$-Spinel 耐火浇注料的性能

| 材 料 | | 铝－尖晶石 | |
|---|---|---|---|
| | | 改进材料 | 传统材料 |
| 化学成分（质量分数）/% | $Al_2O_3$ | 93 | 93 |
| | MgO | 6 | 5 |
| | $SiO_2$ | 0.1 | 0.1 |

续表 4 - 6

| 材　　料 | | 铝 - 尖晶石 | |
|---|---|---|---|
| | | 改进材料 | 传统材料 |
| 显气孔率/% | 110℃，24h | 17.3 | 17.7 |
| | 1500℃，3h | 20.6 | 21.2 |
| 体积密度/g·cm$^{-3}$ | 110℃，24h | 3.07 | 3.08 |
| | 1500℃，3h | 3.02 | 3.01 |
| 耐压强度/MPa | 110℃，24h | 24.8 | 25.8 |
| | 1500℃，3h | 57.6 | 55.4 |
| 高温抗折强度（1400℃）/MPa | | 7.0 | 6.9 |
| 线变化率（1500℃，3h）/% | | +0.08 | +0.07 |
| 侵蚀试验（CaO/SiO$_2$） | 侵蚀指数 | 98 | 100 |
| | 渗透指数 | 90 | 100 |

若选用 Al$_2$O$_3$-MgO 耐火浇注料作为包底内衬耐火材料时，为了控制 Spinel 的形成速度，降低膨胀量和提高热塑性，可向基质料中添加 uf- Al$_2$O$_3$ 和 uf- SiO$_2$，如图 4 - 22 和图 4 - 23 所示。还两幅图都表明，当 Al$_2$O$_3$-MgO 耐火浇注料中添加 7% uf-Al$_2$O$_3$ 和 1% uf-SiO$_2$ 时即可将它们的膨胀控制在很低的范围之内，表明这类 Al$_2$O$_3$-MgO 耐火

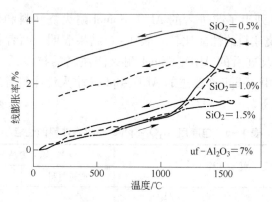

图 4 - 22　热膨胀曲线

（uf-Al$_2$O$_3$ 一定时）

浇注料用作包底内衬耐火材料时便能获得高的使用寿命。按照图4-16，如果将 Al$_2$O$_3$-MgO 耐火浇注料基质中按 MgO/SiO$_2 \approx 4$（质量比）配制时，即可获得微膨胀钢包内衬耐火材料，从而适应了包底的使用条件，如表4-7所示。表中同时与包壁使用同类材料的组成和性能作了比较，明显看出了两者的区别。

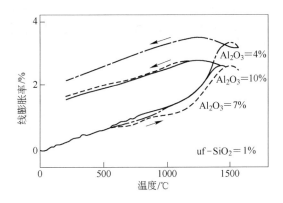

图4-23　热膨胀曲线（uf-SiO$_2$ 一定时）

**表4-7　包壁和包底用 Al$_2$O$_3$-MgO 耐火浇注料的性能比较**

| 项　目 | | 包壁 | 包底 |
|---|---|---|---|
| 化学成分（质量分数）/% | Al$_2$O$_3$ | 88.9 | 83.9 |
| | MgO | 8.1 | 12.6 |
| | SiO$_2$ | 1.5 | 2.5 |
| | CaO | 1.2 | 0.6 |
| 体密度/g·cm$^{-3}$ | 110℃，24h | 3.05 | 3.05 |
| | 1500℃，3h | 2.95 | 3.07 |
| 耐压强度/MPa | 110℃，24h | 24.5 | 23.5 |
| | 1500℃，3h | 137.5 | 158.5 |
| 线变化率（1500℃，3h）/% | | +0.66 | +0.19 |
| 基质中 MgO 颗粒的百分比/% | | — | 6 |
| 基质中 MgO/SiO$_2$ 比（质量比） | | 6.2 | 4.7 |

### 4.3.3 冲击区用 $Al_2O_3$-Spinel（MgO）耐火浇注料

冲击区的使用条件是最苛刻的。现在已经由使用传统 $Al_2O_3$-Spinel 耐火浇注料过渡到使用 $Al_2O_3$-MgO 耐火浇注料。冲击区内衬要求对钢水热震应具有缓冲性。

图 4-24 示出了 $Al_2O_3$-MgO 耐火浇注料的应力-应变曲线，表明它们具有较高的吸收应力的能力，因而材料的抗热震性能高，可作为冲击区使用的冲击垫板材料。

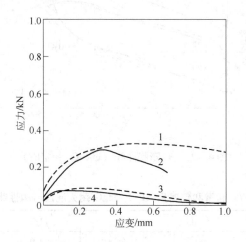

图 4-24 $Al_2O_3$-MgO 耐火浇注料应力-应变曲线（1500℃）

1, 3—200℃干燥样品；2, 4—1500℃烧成样品

传统经验认为，对于像冲击垫板这样的可能受到机械损伤的部件，在使用中高温强度是关键因素。但是，如表 4-8 所示，虽然 $Al_2O_3$-Spinel 耐火浇注料（A）有很好的物理指标，当出钢温度很高（1670℃）和钢水停留时间过长时，由于使用条件苛刻，其使用效果并不理想。

水合氧化铝（HAB）结合的电熔白刚玉-电熔镁砂耐火浇注料（B，用 uf-$SiO_2$ 控制膨胀）的性能与 uf-$SiO_2$ 用量的关系如图 4-25 所示。虽然它的高温抗折强度不高，而且物理指标也不能令人满意（表 4-8），但现场使用结果却表明，在不经修补的情况下，冲击垫板的

**表4-8　用作预制件的 Al₂O₃-Spinel 和 Al₂O₃-MgO 耐火浇注件（B）的性能**

| 材　　料 | | A | B |
|---|---|---|---|
| 化学成分（质量分数）/% | Al₂O₃ | 91 | 92.7 |
| | MgO | 6 | 5.9 |
| | CaO | 2.25 | 1.1 |
| | 其他 | 余量 | 余量 |
| 120℃, 24h | 体积密度/g·cm⁻³ | 2.95 | 3.17 |
| | 耐压强度/MPa | 41.9 | 35.7 |
| | 开口气孔率/% | 16.3 | 18.7 |
| 1093℃, 5h | 体积密度/g·cm⁻³ | 2.85 | 3.14 |
| | 耐压强度/MPa | 53.4 | 8.0※ |
| | 体积变化率/% | +1.3 | 0.0 |
| | 开口气孔率/% | 20.4 | 16.3 |
| 1600℃, 5h | 体积密度/g·cm⁻³ | 2.95 | 3.16 |
| | 耐压强度/MPa | 116.0 | 28.5 |
| | 体积变化率/% | -2.7 | -0.07 |
| | 开口气孔率/% | 18.6 | 16.0 |
| 1370℃高温抗折强度/MPa | | 21.0 | 1.96 |

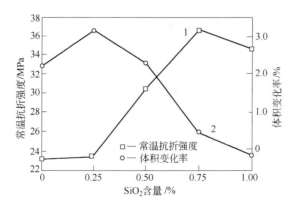

图4-25　uf-SiO₂ 对 Al₂O₃-MgO 耐火浇注料性能的影响

1—1093℃；2—1600℃

使用寿命可提高 30% 以上。原因是附于表面的渣和富铝 Spinel 固溶体使结构致密，从而有效地阻止了 FeO 的渗透（图 4-26）。

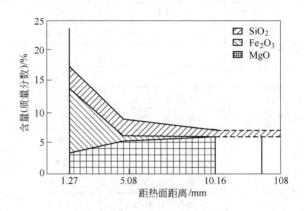

图 4-26　$Al_2O_3$-MgO 耐火浇注料在冲击板使用 100 次后
距热面不同部位的化学成分

　　用高 $CaO/SiO_2$ 比的 $CaO$-$Al_2O_3$ 熔渣做坩埚抗渣试验的结果表明，其残衬表面形成了 $CaO$-$Al_2O_3$（$CA_6$ 和 $CA_2$）物相和发育良好的富铝 Spinel 相挡墙，有利于阻止熔渣渗透。

　　在 HAB 结合的含原位 Spinel 耐火浇注料的发展前期一直被一些很厚的部件（冲击板和其他厚度为 400mm 左右的部件）的炸裂问题所困扰。但是，我们却发现降低加热速度也是解决这一问题的有效方法。由于在预制件制备时干燥设备利用率是生产成本方面必须考虑的问题，所以需要对添加剂进行研究，见表 4-9 和表 4-10。而 MgO 含量对这类材料性能的影响见图 4-27 和表 4-11。

**表 4-9　添加剂对 HAB 结合的含原位 Spinel 耐火浇注料抗炸裂性能的影响**

（质量分数,%）

| 组　成 | A | B | C | D | E | F | G | H | I |
|---|---|---|---|---|---|---|---|---|---|
| HAB 结合 | 100 | 100 | 100 | 100 | 100 | 100 | 100 | 100 | 100 |
| 分散剂 | 0.05 | 0.05 | 0.05 | 0.05 | 0.05 | 0.75 | 0.10 | 0.125 | 0.20 |
| 添加剂 "T" | — | — | — | — | 0.02 | 0.02 | 0.02 | 0.02 | 0.02 |

| 组 成 | A | B | C | D | E | F | G | H | I |
|---|---|---|---|---|---|---|---|---|---|
| 添加剂 "A" | 0.04 | 0.08 | 0.10 | 0.12 | 0.12 | 0.12 | 0.12 | 0.12 | 0.12 |
| 抗炸裂性 | × | × | × | × | × | 〇 | 〇 | 〇 | 〇 |

注：×—炸裂；〇—不炸裂。

**表 4 - 10 优选调整后原位 Spinel 耐火浇注料的物理指标**

| 组 成 | | E | F | G | H | I |
|---|---|---|---|---|---|---|
| HAB 结合 | | 100 | 100 | 100 | 100 | 100 |
| 分散剂 | | 0.05 | 0.75 | 0.10 | 0.125 | 0.20 |
| 添加剂 "T" | | 0.02 | 0.02 | 0.02 | 0.02 | 0.02 |
| 添加剂 "A" | | 0.12 | 0.12 | 0.12 | 0.12 | 0.12 |
| 120℃, 24h | 体积密度/g·cm$^{-3}$ | 3.09 | 3.09 | 3.09 | 3.07 | 3.08 |
| | 耐压强度/MPa | 19.9 | 28.7 | 23.3 | 21.6 | 23.7 |
| | 开口气孔/% | 18.1 | 16.2 | 18.2 | 18.5 | 19.1 |
| 1093℃, 5h | 体积密度/g·cm$^{-3}$ | 3.06 | 3.07 | 3.05 | 3.04 | 3.04 |
| | 耐压强度/MPa | 29.2 | 35.0 | 31.0 | 27.0 | 31.3 |
| | 体积变化率/% | +0.1 | -0.4 | -0.1 | -0.2 | +0.3 |
| | 开口气孔率/% | 22.2 | 21.4 | 21.7 | 22.0 | 20.8 |
| 1600℃, 4h | 体积密度/g·cm$^{-3}$ | 3.08 | 3.08 | 3.06 | 3.02 | 3.02 |
| | 耐压强度/MPa | 73.8 | 67.3 | 51.2 | 55.2 | 53.4 |
| | 体积变化率/% | -0.7 | -0.4 | 0.0 | +0.4 | +0.9 |
| | 开口气孔率/% | 20.2 | 19.8 | 19.3 | 20.2 | 20.4 |

**表 4 - 11 含原位 Spinel 耐火浇注料性能随 MgO 含量的变化情况**

| Al$_2$O$_3$ 基 MgO 浇注料中 MgO 含量（质量分数）/% | | 100 | 100 | 100 | 100 | 100 | 100 | 100 |
|---|---|---|---|---|---|---|---|---|
| MgO 含量（质量分数）/% | | 0.98 | 1.96 | 3.94 | 5.88 | 6.86 | 7.84 | 8.82 |
| 120℃, 24h | 体积密度/g·cm$^{-3}$ | 3.23 | 3.22 | 3.21 | 3.18 | 3.15 | 3.15 | 3.15 |
| | 抗折强度/MPa | 31.0 | 30.8 | 34.7 | 28.6 | 30.5 | 23.1 | 33.6 |
| | 开口气孔率/% | 10.7 | 20.4 | 19.2 | 19.8 | 19.6 | 20.4 | 20.7 |

| | | | | | | | | |
|---|---|---|---|---|---|---|---|---|
| 982℃, 4h | 体积密度/g·cm$^{-3}$ | 3.19 | 3.19 | 3.18 | 3.15 | 3.13 | 3.11 | 3.13 |
| | 抗折强度/MPa | 33.4 | 26.2 | 28.6 | 25.9 | 25.4 | 24.7 | 32.0 |
| | 体积变化率/% | +0.3 | +0.4 | -0.1 | -0.1 | +0.3 | 0.0 | 0.0 |
| | 开口气孔率/% | 20.8 | 21.1 | 21.8 | 22.5 | 22.1 | 23.6 | 23.4 |
| 1316℃, 4h | 体积密度/g·cm$^{-3}$ | 3.21 | 3.20 | 3.16 | 3.10 | 3.07 | 3.03 | 3.03 |
| | 抗折强度/MPa | 73.8 | 65.5 | 85.9 | 91.4 | 53.7 | 44.7 | 70.8 |
| | 体积变化率/% | -0.4 | -0.2 | +0.1 | +1.5 | +2.0 | +2.7 | +2.9 |
| | 开口气孔率/% | 20.6 | 20.4 | 21.4 | 22.4 | 21.8 | 22.4 | 23.5 |
| 1600℃, 4h | 体积密度/g·cm$^{-3}$ | 3.27 | 3.26 | 3.24 | 3.7 | 3.16 | 3.12 | 3.09 |
| | 抗折强度/MPa | 42.0 | 48.5 | 50.9 | 70.8 | 46.7 | 49.4 | 56.8 |
| | 体积变化率/% | -0.6 | -2.1 | -1.5 | -0.6 | -0.6 | -0.1 | +0.9 |
| | 开口气孔率/% | 18.3 | 19.2 | 17.6 | 17.6 | 17.7 | 18 | 166.9 |

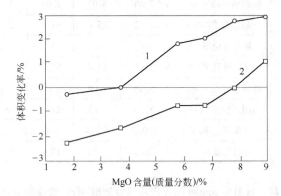

图 4 – 27　Al$_2$O$_3$-MgO 耐火浇注料中 MgO 含量与体积变化的关系

1—1316℃；2—1600℃

### 4.3.4　钢包用铝矾土 – Spinel（MgO）耐火浇注料

　　由我国率先研发的以铝矾土熟料或/和电熔棕刚玉为骨料颗粒而以矾土基铝镁尖晶石（Spinel）和/或镁砂以及少量 α-Al$_2$O$_3$ 为基质，

采用 uf-SiO₂ 作为结合剂所配制的铝矾土 – Spinel（MgO）耐火浇注料在钢包上取得了较好的使用效果。这类耐火浇注料中 MgO 含量（质量分数）都达到12% 以上，其价格仅为高纯 Al₂O₃-Spinel（MgO）耐火浇注料的1/10 ~ 1/5，具有明显好的性价比。

铝矾土熟料/电熔棕刚玉 – Spinel（MgO）耐火浇注料，其基质料中 MgO/Al₂O₃ 比值高于 0.4（质量比），而且基质料的组成处于 MgO-Al₂O₃-SiO₂ 系相图（图 4 – 28）的 MgO-Spinel-2MgO·SiO₂ 系相区内。这类耐火浇注料在增加 MgO 含量时便可提高抗侵蚀性能，同时也会降低其抗渗透性能。抗渗透性能的恶化会导致包衬剥落而加大损毁。不过，这可通过添加适量微粉级原料得到解决。

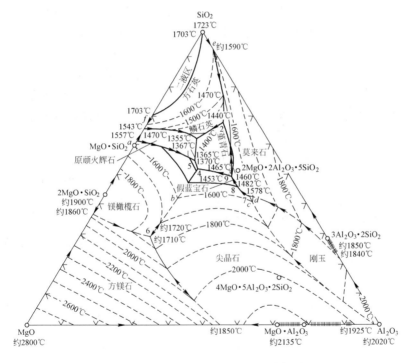

图 4 – 28　MgO-Al₂O₃-SiO₂ 三元系相图

铝矾土熟料/电熔棕刚玉 – Spinel（MgO）耐火浇注料，主要用作中、小型钢包的浇注整体包衬，其使用寿命在 100 炉次左右，可大力推广应用。

## 4.4   $Al_2O_3$-Spinel-$CA_6$ 耐火浇注料

向 $Al_2O_3$-$CA_6$ 耐火浇注料中配入 Spinel 或者 Spinel + MgO 即可获得 $Al_2O_3$-Spinel- $CA_6$ 或者 $Al_2O_3$-（Spinel + MgO ） – $CA_6$ 耐火浇注料（为了讨论方便用 $Al_2O_3$-Spinel（MgO）-$CA_6$ 耐火浇注料表示）。显然，这类耐火浇注料的基质为 $Al_2O_3$-Spinel （MgO） – CAC 系统，在高温条件下，下述反应以及反应 4 – 3 ~ 反应 4 – 4 便会发生：

$$Al_2O_3 + MgO \longrightarrow Spinel \qquad\qquad (4-3)$$

$$Spinel + (n-1)Al_2O_3 \longrightarrow MgO \cdot nAl_2O_3（富铝尖晶石）(4-4)$$

使基质转化为 $Al_2O_3$- MgO · $nAl_2O_3$-$CA_6$ 系统 （在平衡条件下）。由于上述反应伴有体积膨胀，可使材料致密化。也就是说，$Al_2O_3$-Spinel（Spinel + MgO） – $CA_6$（耐火浇注料）的浇注体在受到高温时会因 $CA_6$ 的产生和晶体长大以及富铝尖晶石的形成而获得更加密实的"片状"结构，如图 3 – 5b 所示。图 3 – 5b 表明：$CA_6$ 与骨料颗粒结合具有相互穿插的网络结构，因而其常温强度都较高，抗热震性能优良，气孔率和残余线变化低，而具有最好的高温性能。

由图 3 – 5a 和图 3 – 5b 对比看出：由于 Spinel （Spinel + MgO） 的配入而导致 $CA_6$ 晶体尺寸减小了，因而可使含 Spinel （Spinel + MgO） 的 $Al_2O_3$-$CA_6$ 耐火浇注料比含 Spinel（Spinel + MgO） 的 $Al_2O_3$-$CA_6$ 耐火浇注料具有较低的残余线变化率。

另外，由图 3 – 5a、b 估计：$CA_6$ 细晶体随着温度上升将会逐渐增长，从而减少孔洞，降低膨胀率，而且强度也逐渐增加。

采用坩埚法进行抗渣试验所获得的结果表明：同含 CAC 的刚玉质耐火浇注料相比，含 CAC 的 $Al_2O_3$-Spinel （Spinel + MgO） 耐火浇注料试样抗煤 – 气化炉熔渣侵蚀的能力最高，渗透和侵蚀深度都最小。虽然这类耐火浇注料同煤 – 气化炉熔渣反应生成了 $CAS_2$，但并没有发现有 Spinel 颗粒有明显的变化。经过对渣蚀试样进行测定得出：与无 Spinel （Spinel + MgO） 的 $Al_2O_3$-$CA_6$ 耐火浇注料试样相比，含有 Spinel （Spinel + MgO） $Al_2O_3$-$CA_6$ 耐火浇注料试样抗煤 – 气化炉熔渣侵蚀的能力高约 25%，而且熔渣渗透深度也只有前者的一半。

由此得出结论：

$Al_2O_3$-Spinel（Spinel + MgO）– $CA_6$ 耐火浇注料同无 Spinel（Spinel + MgO）的 $Al_2O_3$-$CA_6$ 耐火浇注料相比，更能与煤 – 气化炉的使用环境相适应。

另外，渣试结果还表明：由于钢包渣 $CaO/SiO_2$ 比较高，$Al_2O_3$-Spinel（Spinel + MgO）– $CA_6$ 质耐火浇注料试样被钢包渣侵蚀比被煤 – 气化炉熔渣的侵蚀严重。但从抗渣性方面观察，与无 Spinel（Spinel + MgO）的 $Al_2O_3$-$CA_6$ 耐火浇注料相比，前者抗钢包渣侵蚀的能力较高，钢包熔渣渗透也更低些（前者熔渣渗透深度不到后者的一半）。

上述研究结果说明：$Al_2O_3$-Spinel（Spinel + MgO）– $CA_6$ 耐火浇注料同 $Al_2O_3$-$CA_6$ 耐火浇注料相比，具有较高的抵抗钢包熔渣侵蚀的能力，从而说明使用 Spinel（Spinel + MgO）添加剂改进了 $Al_2O_3$-$CA_6$ 耐火浇注料的抗侵蚀性能和抗渗透性能。

众多研究成果都表明：当 $Al_2O_3$-Spinel（Spinel + MgO）– $CA_6$ 耐火浇注料以板状 $Al_2O_3$ 为骨料时，其物理指标和抗渣性都比用致密烧结刚玉和电熔刚玉为骨料好，因而认为板状 $Al_2O_3$ 是 $Al_2O_3$-Spinel（MgO）-$CA_6$ 耐火浇注料较好骨料材质。同时认为：采用 MgO 含量大于 78% 的 Spinel（富镁 Spinel）作为耐火骨料的 $Al_2O_3$-Spinel（Spinel + MgO）-$CA_6$ 耐火浇注料对于煤 – 气化炉熔渣的侵蚀具有最佳的抵抗能力，侵蚀最少，渗透深度也最浅。

含 CAC 的 $Al_2O_3$-Spinel（Spinel + MgO）耐火浇注料的基质经受高温时将会发生如下物相的变化：

（1）$Al_2O_3$-Spinel（Spinel + MgO）-CAC 细粉系统中，$Al_2O_3$-CAC 反应形成 $CA_6$ 和 $CA_2$，$Al_2O_3$-Spinel（MgO）反应则生成富镁 Spinel。因此，在含细颗粒 Spinel 的 $Al_2O_3$-Spinel 耐火浇注料（结合系统含有 CAC）中，主要用于抗熔渣渗透的 $Al_2O_3$ 颗粒在使用时（高温中）将会被侵蚀掉。

（2）配入的 Spinel 的颗粒越细，在高温下将会有更多的 $Al_2O_3$ 固溶于 Spinel 中。

（3）为了提高 $Al_2O_3$-Spinel 耐火浇注料的抗渗透性，其基质组成中必须含有足够数量的 $Al_2O_3$ 以提高材料抑制熔渣渗透能力。

# 5 特殊应用耐火浇注料

## 5.1 氧化气氛熔融炉用含 $Cr_2O_3$ 耐火浇注料

氧化气氛熔融炉主体内衬耐火材料，需要选用氧化物系耐火材料。含 $Cr_2O_3$ 的耐火材料中 $Cr_2O_3$ 在熔渣中溶解度非常小，因而当 $Cr_2O_3$ 熔于熔渣时可使其黏度增大，从而降低 $Cr_2O_3$-$Al_2O_3$ 耐火材料的熔解蚀损反应的这一机理，认为该类耐火材料特别是 $Cr_2O_3$-$Al_2O_3$ 耐火浇注料通常都被选来作为氧化气氛熔融炉内衬上主要使用的一类重要的耐火材料。

下面将就 $Cr_2O_3$-$Al_2O_3$ 耐火浇注料作为氧化气氛熔融炉内衬上使用的有关问题作些简单介绍和说明。

### 5.1.1 含 $Cr_2O_3$ 耐火浇注料的选择

在 $Cr_2O_3$、$Al_2O_3$ 和 MgO 等耐火氧化物－低碱度熔渣系中，$Cr_2O_3$ 的饱和浓度（用 $C_s$ 表示）最小。例如，在 1600℃ 时，MgO-$Al_2O_3$-CaO/$SiO_2$（0.5）和 MgO-$Al_2O_3$-CaO/$SiO_2$（1.0）的等温截面分别如图 5 - 1 和图 5 - 2 所示，而 $Cr_2O_3$-CaO-$SiO_2$ 的等温截面则如图 5 - 3 所示。这三幅图表明，$Cr_2O_3$、$Al_2O_3$ 和 MgO 在 CaO/$SiO_2$ = 0.5 ~ 1.0 的熔渣中的溶解度（$C_s$）的顺序是：$Cr_2O_3 \ll MgO < Al_2O_3$。说明 $Cr_2O_3$ 的溶解度（$C_s$）是极小的。

图 5 - 4 和图 5 - 5 分别示出 1500℃ 时 CaO-$SiO_2$-MgO 系熔渣的黏度曲线和 CaO-$Cr_2O_3$-$SiO_2$ 系渣的黏度曲线。对比这两幅图可知，$Cr_2O_3$ 可显著地增加 CaO·$SiO_2$ 熔渣的黏度。例如，1500℃ 时，CaO·$SiO_2$ 熔渣吸收 8% $Cr_2O_3$ 便可达到 10Pa·s，但它却需要吸收 25% 以上的 MgO 才能达到 10Pa·s。

正如图 5 - 1 ~ 图 5 - 3 所表明的，当 CaO·$SiO_2$ 熔渣中 MgO 和 $Cr_2O_3$ 含量超过溶解度（$C_s$）时,其物相组成便进入异相（固－液相）

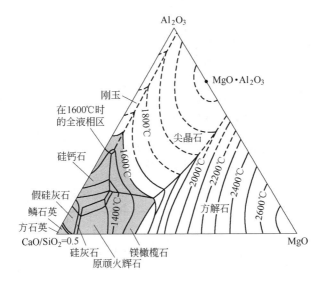

图 5-1 $MgO$-$Al_2O_3$-$CaO/SiO_2$(0.5)系相图

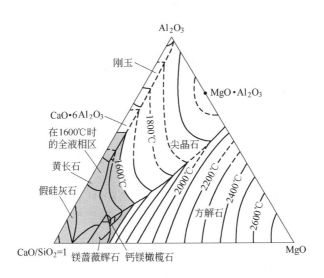

图 5-2 $MgO$-$Al_2O_3$-$CaO/SiO_2$(1.0)系相图

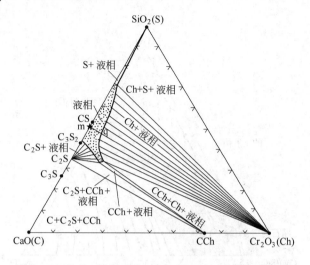

图 5－3　$Cr_2O_3$-CaO-$SiO_2$ 系在 1600℃时的等温截面图

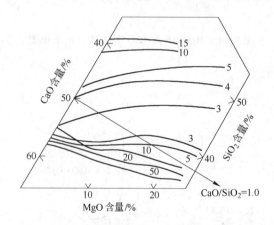

图 5－4　CaO-$SiO_2$-MgO 在 1500℃时的等黏度曲线

平衡相区，多出溶解度的氧化物（MgO 和 $Cr_2O_3$）量则以固相微粒状悬浮于熔渣中。其黏度变化量可由 Einstein 黏度公式计算：

$$\eta = \eta_0(1 + \alpha\Phi) \tag{5-1}$$

式中，$\eta$、$\eta_0$ 分别为有固相微粒状悬浮于熔渣中的黏度和无固相微粒状悬浮于熔渣中的黏度；$\Phi$ 为分散（固）相的体积分数；$\alpha$ 为常数。

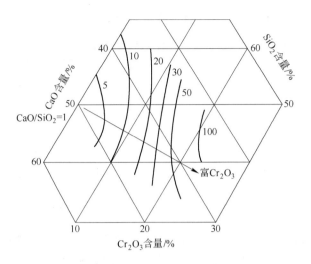

图 5 - 5　CaO-Cr₂O₃-SiO₂ 系渣在 1500℃时的黏度曲线（Pa·s）

由式 5 - 1 可知，$Cr_2O_3$、$Al_2O_3$ 和 $MgO$-$CaO/SiO_2$（= 0.5 ~ 1.0）熔渣系统中，只有含 $Cr_2O_3$ 的熔渣黏度最大。这表明含 $Cr_2O_3$ 的耐火材料对于 $CaO/SiO_2$ = 0.5 ~ 1.0 熔渣的侵蚀具有极佳的抵抗能力。

抗渣性试验研究结果表明：$Cr_2O_3$-$Al_2O_3$ 材料的抗渣性随材料中 $Cr_2O_3$ 含量的提高而增强，如图 5 - 6 所示（回转侵蚀试验，试验试样

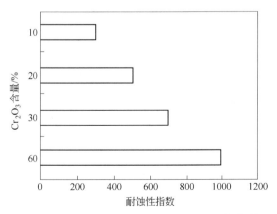

图 5 - 6　$Cr_2O_3$-$Al_2O_3$ 耐火浇注料的耐蚀性指数

见表 5 - 1，侵蚀剂为氧化气氛熔融炉熔渣）。

表 5 - 1　实验用试样的性能

| 试　样 | | A | B | C | D | E | F |
|---|---|---|---|---|---|---|---|
| 种　类 | | 烧结 | 烧结 | 烧结 | 烧结 | 烧结 | 电熔 |
| 显气孔率/% | | 14.0 | 14.3 | 15.8 | 17.1 | 15.8 | 13.8 |
| 化学成分（质量分数）/% | $Cr_2O_3$ | 14.5 | 26.5 | 45.1 | 64.3 | 75.5 | 77.2 |
| | $Al_2O_3$ | 82.8 | 70.1 | 48.1 | 25.2 | 18.0 | 18.7 |
| | $ZrO_2$ | — | — | 3.8 | 7.8 | 4.3 | 3.8 |
| | $SiO_2$ | 1.3 | 1.8 | 1.6 | 1.1 | 0.7 | 0.5 |
| | $CaO$ | 1 | 1 | 0.9 | 0.9 | 0.9 | 0.3 |

　　由于高纯 $Cr_2O_3$ 材料非常昂贵，而高纯 $Cr_2O_3$ 耐火材料的抗热震性较差，所以几乎都需要与其他耐火氧化物搭配制备含 $Cr_2O_3$ 的复相耐火材料。图 5 - 7 示出的是几种含 $Cr_2O_3$ 的复相耐火材料抗渣性（渣中 $CaO/SiO_2 = 0.4 \sim 2.0$，氧化性气氛，丙烷气为热源，$1650℃ \times 5h$）的情况。图中表明，$Cr_2O_3$-$Al_2O_3$ 耐火材料中 $Cr_2O_3$ 含量不同时，其损毁速度也不同，但随熔渣碱度的增加，其损毁速度有增大的趋势；相反，$MgO$-$Cr_2O_3$ 耐火材料即使熔渣碱度增加到 2.0，其损毁速度也有减小的趋势。

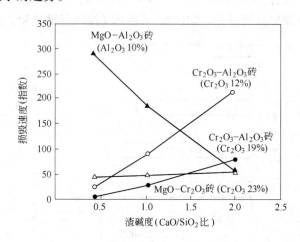

图 5 - 7　渣碱度与各种耐火材料损毁速度的关系（氧化气氛）

图 5-7 的结果表明，当熔渣碱度小于 1.0 时，应选用 $Cr_2O_3$-$Al_2O_3$ 耐火材料作为氧化气氛熔融炉内衬材料；而当熔渣碱度大于 1.0 时，则应选用 MgO-$Cr_2O_3$ 耐火材料作为氧化气氛熔融炉内衬材料。

## 5.1.2  关于 $Cr_2O_3$ 含量

由回转抗渣试验的结果（图 5-8）得出， 随着 $Cr_2O_3$ 含量的提

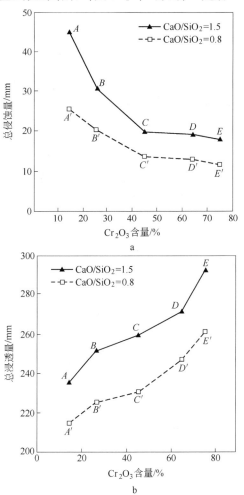

图 5-8  $Cr_2O_3$ 含量对抗渣性的影响（1700℃，10h）

a—侵蚀量；b—浸透量

高，$Cr_2O_3$-$Al_2O_3$ 耐火材料的抗侵蚀性也提高，但当 $Cr_2O_3$ 含量（质量分数）超过 45% 时，材料抗侵蚀性趋于平稳。相反，抗渗透性却随着 $Cr_2O_3$ 含量的提高而下降。

当使用电熔 $Cr_2O_3$-$Al_2O_3$ 材料生产 $Cr_2O_3$-$Al_2O_3$ 耐火浇注料时，其抗侵蚀性比用同材质的烧结 $Cr_2O_3$-$Al_2O_3$ 材料生产的 $Cr_2O_3$-$Al_2O_3$ 耐火浇注料高约 1 倍，而抗渗透性也明显提高了（图 5-9）。

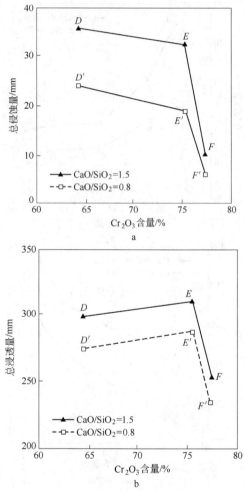

图 5-9　$Cr_2O_3$ 含量对抗渣性的影响（1700℃，18h）
a—侵蚀量；b—浸透量

在实际的熔融炉内，侵蚀比较轻微的部位使用 $Cr_2O_3$ 含量为 10% 的 $Al_2O_3$-$Cr_2O_3$ 耐火浇注料，而侵蚀严重的部位使用 $Cr_2O_3$ 含量 为 20% ~30% 的 $Al_2O_3$-$Cr_2O_3$ 耐火浇注料，侵蚀特别严重的部位则使 用 $Cr_2O_3$ 含量为 60% 的 $Cr_2O_3$-$Al_2O_3$ 耐火浇注料。图 5-10 示出了具 有代表性的热分解气化熔融炉内衬耐火材料的构成图，可为我们设计 热分解气化熔融炉综合筑衬时的参考。

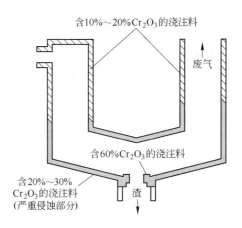

图 5-10   熔融炉用典型耐火浇注料内衬

应当指出，熔融炉用高 $Cr_2O_3$ 的 $Cr_2O_3$-$Al_2O_3$ 耐火浇注料中应添 加约 5% 的单斜 $ZrO_2$，其目的主要是为了提高材料的抗热震性，延长 炉衬使用寿命。

由于熔融炉的结构往往都比较复杂，考虑到成本和施工，所以内 衬主要采用耐火浇注料砌筑。

目前，熔融炉本体使用以含 $Cr_2O_3$ 的耐火浇注料为主，其中大量 使用最典型的含 $Cr_2O_3$ 的耐火浇注料是 $Cr_2O_3$-$Al_2O_3$ 耐火浇注料。

$Cr_2O_3$-$Al_2O_3$ 耐火浇注料之所以被广泛选作废弃物熔融炉用耐火 浇注料是因为其自身对高温熔渣具有优良的耐蚀性，而且 $Cr_2O_3$ 含量 越高抗侵蚀性就越强。因此，为了获得高寿命，废弃物熔融炉用 $Cr_2O_3$-$Al_2O_3$ 耐火浇注料中的 $Cr_2O_3$ 含量趋向选用 50% ~70% 的 $Cr_2O_3$-$Al_2O_3$ 耐火浇注料。然而，为了降低炉衬费用，也为了获得抗蚀性和抗热震性兼备的耐火浇注料，则趋向低铬化。

### 5.1.3 $Cr_2O_3$-$Al_2O_3$ 耐火浇注料的配制

为了能够同熔融炉的操作条件相适应，配制熔融炉用 $Cr_2O_3$-$Al_2O_3$ 耐火浇注料需使用高质量（结构致密，高强度）的 $Cr_2O_3$-$Al_2O_3$ 材料 [ $Cr_2O_3$-$Al_2O_3$ 砂即 $Cr_2O_3$、$Al_2O_3$ 构成的固溶体（$Cr_{(1-x)}$Al$)_xO_3$]。

理论上认为，采用任何比例的 $Cr_2O_3$-$Al_2O_3$ 混合料都可以制备 $Cr_2O_3$-$Al_2O_3$ 耐火材料。然而，以刚玉和 $Cr_2O_3$ 粉体搭配直接制备 $Cr_2O_3$-$Al_2O_3$ 耐火浇注料时，$Cr_2O_3$ 粉体配置量则受到限制。如果需要提高材料中 $Cr_2O_3$ 的含量，那就需要将 $Cr_2O_3$ 和 $Al_2O_3$ 混合料事先进行合成以获得 $Cr_2O_3$-$Al_2O_3$ 材料 [ $Cr_2O_3$-$Al_2O_3$ 砂，实际为（$Cr_{1-x}$Al$)_xO_3$ 固溶体材料]，然后制粒配入配料中以配制 $Cr_2O_3$ 含量高的 $Cr_2O_3$-$Al_2O_3$ 耐火浇注料。

$Cr_2O_3$-$Al_2O_3$ 耐火浇注料虽然可以采用任何比例的 $Cr_2O_3$/$Al_2O_3$ 比例的混合料进行配制。但需要配制高 $Cr_2O_3$ 含量的 $Cr_2O_3$-$Al_2O_3$ 耐火浇注料，同时考虑到制造成本时，通常都以刚玉和（$Cr_{1-x}$Al$_x)_2O_3$ 固溶体材料以及 $Cr_2O_3$ 粉体搭配起来配制 $Cr_2O_3$-$Al_2O_3$ 耐火浇注料（因为 $Cr_2O_3$ 粉体难以大量掺入配料中）。

韩行禄曾经比较细致地介绍过在高纯刚玉耐火浇注料中掺入适量（$0\sim10\%$）工业 $Cr_2O_3$ 粉体，按低水泥技术配制 $Al_2O_3$-$Cr_2O_3$ 耐火浇注料时，$Cr_2O_3$ 含量对材料高温抗折强度的影响情况（图5-11）。图5-11表明，随着 $Cr_2O_3$ 含量的增加，材料在1400℃时的高温抗折强度显著提高。原因显然是 $Al_2O_3$-$Cr_2O_3$ 反应生成了（$Cr_{1-x}$Al$_x)_2O_3$ 固溶体。

图5-12为 $Cr_2O_3$ 含量对 $Al_2O_3$-$Cr_2O_3$ 耐火浇注料性能的影响。由该图看出，$Cr_2O_3$ 含量增加，材料耐压强度提高，烧后线变化由收缩变为膨胀。

表5-2列出了 $Al_2O_3$-$Cr_2O_3$ 耐火浇注料基质组成同抗渣性（坩埚法，LF炉渣为侵蚀剂，$CaO/SiO_2 = 1.86$）的关系。它表明，随着 $Cr_2O_3$ 含量的增加，材料抗渣性提高，特别是抗渣渗透性显著提高

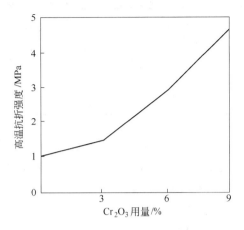

图 5 – 11　$Cr_2O_3$ 含量对铬刚玉耐火浇注料高温抗折强度的影响

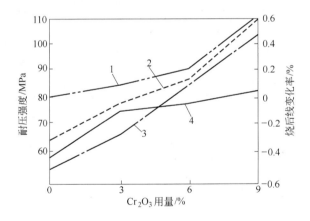

图 5 – 12　$Cr_2O_3$ 含量与铬刚玉耐火浇注料性能的关系

1 ~ 3—1500℃、1100℃和110℃时的耐压强度；4—1500℃烧后线变化率

（1 号试样的 CAC 用量比含 $Cr_2O_3$ 试样高 1 倍），这可用 $Al_2O_3$-$Cr_2O_3$
二元相图来解释。

可见，为了提高 $Al_2O_3$-$Cr_2O_3$ 耐火浇注料的抗渣性，就应提高配
料中的 $Cr_2O_3$ 含量。

表5－2　$Al_2O_3$-$Cr_2O_3$ 耐火浇注料基质组成同抗渣性的关系

| 编号 | 基质组成（质量分数）/% | | | 渣蚀、渣渗透深度/mm | | 坩埚内残渣厚度/mm |
|---|---|---|---|---|---|---|
| | $Cr_2O_3$ | $Al_2O_3$ | CaO | 渣蚀 | 渣渗透 | |
| 1 | 0 | 96.67 | 3.33 | 22 | 21 | 1 |
| 2 | 16.67 | 81.67 | 1.67 | 17 | 17 | 8 |
| 3 | 30.00 | 68.33 | 1.67 | 20 | 13 | 14 |

　　研究结果表明，采用高质量（结构致密，高强度）的 $Cr_2O_3$-$Al_2O_3$ 材料（砂）为骨料生产 $Al_2O_3$-$Cr_2O_3$ 耐火浇注料便能够提高抗渣性。例如，汪哲和原口纯一等人以表5－3中的不同高质量（结构致密，高强度）的 $Cr_2O_3$-$Al_2O_3$ 材料（粒料），按表5－4的配方设计研究了高 $Cr_2O_3$ 含量的 $Cr_2O_3$-$Al_2O_3$ 耐火浇注料（LCC）的耐蚀性和抗热震性，表5－5示出了研究结果。

表5－3　$Cr_2O_3$ 颗粒的性能

| $Cr_2O_3$-$Al_2O_3$ 材料 | | A | B | C |
|---|---|---|---|---|
| 化学成分（质量分数）/% | $Cr_2O_3$ | 91 | 91 | 91 |
| | $Al_2O_3$ | 6 | 6 | 6 |
| 显气孔率/% | | 10.6 | 7.8 | 5.2 |
| 体积密度/g·$cm^{-3}$ | | 4.25 | 4.53 | 4.77 |

表5－4　试样组成　　　　　（质量分数，%）

| 试样 | A | B | C | D | E |
|---|---|---|---|---|---|
| 颗粒A | 70 | 49 | 7 | 0 | 0 |
| 颗粒B | 0 | 0 | 0 | 0 | 70 |
| 颗粒C | 0 | 21 | 63 | 70 | 0 |
| 细粉 | 30 | 30 | 30 | 30 | 30 |

表5－5　测试结果

| 试样 | | A | B | C | D | E |
|---|---|---|---|---|---|---|
| 化学成分（质量分数）/% | $Cr_2O_3$ | 77 | 77 | 77 | 77 | 77 |
| | $Al_2O_3$ | 15 | 15 | 15 | 15 | 15 |

| 试 样 | A | B | C | D | E |
|---|---|---|---|---|---|
| 加水量（质量分数）/% | 4.8 | 4.5 | 4.3 | 4.0 | 4.4 |
| 显气孔率（110℃ ×24h）/% | 19.6 | 17.3 | 14.9 | 13.8 | 16.9 |
| 体积密度（110℃ ×24h）/g·cm$^{-3}$ | 3.81 | 3.94 | 4.10 | 4.15 | 3.98 |
| 冷态耐压强度（110℃ ×24h）/MPa | 44 | 45 | 36 | 50 | 46 |
| 抗热震性（1400℃，水冷） | ◎ | ◎ | ○ | △ | △ |
| 抗侵蚀指数（$CaO/SiO_2 = 1$）（1600℃ ×15h） | 100 | 73 | 61 | 48 | 70 |
| 抗渗透指数（$CaO/SiO_2 = 1$）（1600℃ ×15h） | 100 | 88 | 71 | 61 | 83 |

注：◎—大于 15 次；○—15 次；△—小于 15 次。

由以上各数据看出，配方中致密 $Cr_2O_3$-$Al_2O_3$ 材料（粒料）越多，材料的显气孔率就越低。结果，材料的抗侵蚀和抗渗透能力都趋于更好。然而，低气孔率则导致抗热震性降低，这就解释了为什么通常还要向 $Cr_2O_3$-$Al_2O_3$ 耐火浇注料中添加少量（质量分数约 5%）单斜 $ZrO_2$ 的原因。

### 5.1.4 $Cr_2O_3$-$Al_2O_3$ 耐火浇注料在熔融炉上的应用

原则上，熔融炉虽然可以采用 $Cr_2O_3$-$Al_2O_3$ 砖砌衬，也可以采用 $Cr_2O_3$-$Al_2O_3$ 耐火浇注料筑衬。但对于结构复杂的炉子来说，当考虑到成本和施工性（方便性）时，却往往采用 $Cr_2O_3$-$Al_2O_3$ 耐火浇注料筑衬，尤其像热分解气化熔融炉，由于炉壁多为锅炉水管，采用耐火砖砌筑是很困难的，而采用 $Cr_2O_3$-$Al_2O_3$ 耐火浇注料筑衬却非常方便。

当熔融炉使用掺入 $Cr_2O_3$ 粉体和 $Al_2O_3$ 粉的刚玉质耐火浇注料筑衬时，认为基质料中 $Cr_2O_3$ 含量高的 $Cr_2O_3$-$Al_2O_3$ 耐火浇注料，其耐用性能也会高。

为了确认这一点，比较研究了表 5 - 6 中四种耐火浇注料的抗蚀性能。侵蚀试验采用旋转式侵蚀试验炉进行（1750℃）。结果确认这些耐火浇注料的耐蚀性能都随着基质中 $Cr_2O_3$ 含量的提高而增强，见图 5 - 13。这是因为在高温条件下，$Cr_2O_3$ 同 $Al_2O_3$ 反应都生成了

$(1-x)Cr_2O_3 \cdot xAl_2O_3$ 固溶体［即 $(Cr_{1-x}Al_x)_2O_3$，$0 < x < 1$；$x$ 越大，耐火度就越高］，结果则提高了该类材料基质的高温强度，进而也就提高了其耐蚀性能。

表 5-6　侵蚀试验用 $Cr_2O_3$-$Al_2O_3$ 耐火浇注料的组成

| 浇注料 | A | D | E | F |
|---|---|---|---|---|
| 基质（结合剂除外，质量分数）/% | 30 | 26 | 30 | 26 |
| 基质中 $Cr_2O_3$ 含量（质量分数）/% | 10 | 10 | 15 | 15 |
| 基质中 $Al_2O_3$ 含量（质量分数）/% | 20 | 16 | 15 | 11 |
| $Cr_2O_3 / (Cr_2O_3 + Al_2O_3) / \%$ | 33 | 38 | 50 | 58 |

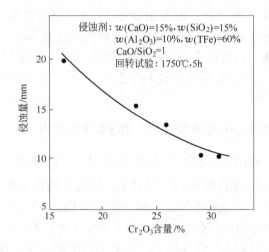

图 5-13　$Cr_2O_3$ 含量对 $Cr_2O_3$-$Al_2O_3$ 材料抗侵蚀性的影响

通过对抗渣试验研究的结果可以得出以下结论：

（1）根据 $Cr_2O_3$-$Al_2O_3$ 耐火浇注料工作表面附近 $Cr_2O_3$ 的浓度下降的事实确认 $Cr_2O_3$ 已向熔渣中转移。熔渣熔有 $Cr_2O_3$ 而提高了黏度，抑制了熔渣对 $Al_2O_3$-$Cr_2O_3$ 耐火浇注料的进一步渗透和侵蚀。

（2）在高温下，$Cr_2O_3$ 同 $Al_2O_3$ 反应生成固溶体，在提高材料高温性能的同时也提高了材料的抗侵蚀性能。

（3）由于熔有 $Cr_2O_3$ 的熔渣黏度高，这也提高了 $Al_2O_3$-$Cr_2O_3$ 耐

火浇注料的抗渣性（侵蚀和抗渗透能力）。

通过对用后 Al₂O₃-Cr₂O₃ 耐火浇注料进行 X 射线衍射结果得出，这类内衬工作层附近生成了（Al₂O₃-Cr₂O₃）$_{ss}$，说明较高的 Cr₂O₃ 含量的 Al₂O₃-Cr₂O₃ 耐火浇注料具有较高的抗渣性能。

显然，当将预合成 Al₂O₃-Cr₂O₃ 砂作为颗粒配入材料生产 Al₂O₃-Cr₂O₃ 耐火浇注料用作熔融炉时，材料中的 Cr₂O₃ 含量越高，其抗渣性就越好。但 Cr₂O₃ 含量超过一定水平后，材料的抗渣性与其说取决于 Cr₂O₃ 含量，不如说取决于低熔成分（CaO、SiO₂ 等）的含量和 Al₂O₃-Cr₂O₃ 砂的致密度。通过尽量减少配料中所含低熔成分（CaO、SiO₂ 等）便可提高材料的抗渣性。

图 5-14 示出了回转抗渣试验的结果。图中表明，随着 Cr₂O₃ 含量的提高，Al₂O₃-Cr₂O₃ 耐火浇注料的抗侵蚀性增强，但 Cr₂O₃ 含量（质量分数）超过 45% 时，材料抗侵蚀性的改善效果变小。使用电熔 Al₂O₃-Cr₂O₃ 砂，并控制其低熔成分（CaO、SiO₂ 等）所配制的 Al₂O₃-Cr₂O₃ 耐火浇注料的抗侵蚀性比使用烧结 Al₂O₃-Cr₂O₃ 砂也控制其低熔成分（CaO、SiO₂ 等）所配制的 Cr₂O₃ 含量相同的 Al₂O₃-Cr₂O₃ 耐火浇注料的抗侵蚀性好 1 倍以上（见图 5-9a、b），熔渣渗透量也大幅减少了。

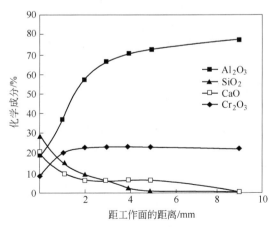

图 5-14　化学成分的变化

（使用过的含 20% Cr₂O₃ 的耐火浇注料）

　　因此，现代熔融炉本体使用以含 $Cr_2O_3$ 的耐火材料为主，其中大量使用最典型的 $Cr_2O_3$-$Al_2O_3$ 耐火浇注料。

　　$Cr_2O_3$-$Al_2O_3$ 耐火浇注料之所以被广泛选作废弃物熔融炉用耐火材料是因为其自身对高温熔渣具有优良的耐蚀性，而且 $Cr_2O_3$ 含量越高抗侵蚀性就越强。因此，为了获得高寿命，废弃物熔融炉用 $Cr_2O_3$-$Al_2O_3$ 耐火浇浇料中的 $Cr_2O_3$ 含量趋向选用 50% ~ 70% 的 $Cr_2O_3$-$Al_2O_3$ 耐火浇注料。然而，为了降低炉衬费用，也为了获得抗蚀性和抗热震性兼备的耐火材料，则趋向低铬化。

　　在这种情况下，要注意降低 $Cr_2O_3$-$Al_2O_3$ 耐火浇注料中 $Cr_2O_3$ 的含量会降低熔融炉内衬的使用寿命的问题。如果要达到在明显降低 $Cr_2O_3$ 含量（< 50% $Cr_2O_3$）时又不降低材料的使用寿命的话，那就必须使 $Cr_2O_3$-$Al_2O_3$ 耐火浇注料的基质中 $Cr_2O_3$ 富化。因为耐火材料是从基质部位开始与熔渣发生反应、产生蚀损的，所以通过提高基质部位中的 $Cr_2O_3$ 含量即可提高材料耐用性能。基于这种思路，研究了基质中 $Cr_2O_3$ 含量与材料耐蚀性的关系，其结果示于图 5-9 中。该图表明：$Al_2O_3$-$Cr_2O_3$ 耐火浇注料基质组成的 $Cr_2O_3/(Al_2O_3 + Cr_2O_3)$ ≥40%（相当于全部配料中的 15% ~ 20% $Cr_2O_3$）时，其蚀损速度明显降低。这说明以刚玉为骨料而以 $Cr_2O_3$-$Al_2O_3$ 粉料为基质的 $Al_2O_3$-$Cr_2O_3$ 质耐火浇注料，当材料中 $Cr_2O_3$ 含量为 15% ~ 20%，并通过材料中颗粒分布进行优化便可获得高的使用寿命。

　　另外，在热分解气化熔融炉中使用 $Cr_2O_3$ 含量较低的 $Al_2O_3$-$Cr_2O_3$ 耐火浇注料筑衬时，也同样具有 $Cr_2O_3$ 含量相对越高时，其抗渣性就越好的倾向（图 5-6）。图 5-6 中的耐侵蚀指数是指在回转抗渣试验炉中，将碱度为 1.0 的城市垃圾渣在 1500℃ 侵蚀 6h 后的结果，它是将侵蚀量的倒数作为指数，数值越大，耐侵蚀性就越好。

　　根据气化熔融炉中使用 $Al_2O_3$-$Cr_2O_3$ 内衬损毁图形的分析结果，可以认为这种损毁主要是扩散速率型的熔解反应。图 5-14 示出的是含 20% $Cr_2O_3$ 的 $Al_2O_3$-$Cr_2O_3$ 耐火浇注料使用后化学成分的变化。由该图可见，渣渗透非常小，只有几毫米，而且没有出现因低熔物生成而产生的损毁。另外，由于工作面 $Cr_2O_3$ 减少，向熔渣中熔出，增加了熔渣的黏度，抑制了材料同熔渣的进一步反应。

气化熔融炉用 $Al_2O_3$-$Cr_2O_3$ 耐火材料损毁的主要原因是：

（1）扩散（内衬耐火材料成分向渣中扩散和熔出）速度（$u$）公式：

$$u/S_0 = K_c(C_s - C) \qquad (5-2)$$

式中，$S_0$ 为耐火材料与熔渣接触的表观表面积；$C_s$、$C$ 分别为耐火材料的饱和浓度（溶解度）和 $t$ 时的浓度；$K_c$ 为耐火材料溶解蚀损反应常数。按式 5-2，耐火材料的溶解速度（$u$）与熔渣黏度成反比，这表明含 $Cr_2O_3$ 的耐火材料是气化熔融炉内衬耐火材料的最佳选择。

（2）反应生成低熔物质和耐火材料在熔渣中的熔解导致的损毁。

（3）由工作面变质层的结构剥落所导致的损毁。

（4）由加热冷却产生热震所导致的损毁。

（5）由热膨胀应力所导致的断裂损毁。

（6）由腐蚀性气体所造成的损毁。

由此不难得出结论：不管是何种废弃物熔融炉内衬，只要使用 $Al_2O_3$-$Cr_2O_3$ 耐火材料都能获得高寿命。同时认为，在熔融炉运转条件最苛刻的部位采用 $Al_2O_3$-$Cr_2O_3$ 耐火材料筑衬也是较好的选择。

事实上，现在许多熔融炉（包括焚烧灰熔融炉、气化熔融炉）中，特别是炉内为氧化性气氛的熔融炉一般都使用了含 $Cr_2O_3$ 的耐火浇注料。

通常，在熔融炉中，侵蚀较轻微的部位使用 $Al_2O_3$-$Cr_2O_3$（10%）耐火浇注料；侵蚀严重的部位使用 $Al_2O_3$-$Cr_2O_3$（20% ~ 30%）耐火浇注料；侵蚀特别严重的渣口部位使用 $Cr_2O_3$ 含量为 60% 的 $Cr_2O_3$-$Al_2O_3$-$ZrO_2$ 耐火浇注料。表 5-7 列出了这些耐火浇注料的性能。

表 5-7 $Al_2O_3$-$Cr_2O_3$ 耐火浇注料的性能

| 项　　目 | | $Al_2O_3$-$Cr_2O_3$ (10%) | $Al_2O_3$-$Cr_2O_3$ (20%) | $Al_2O_3$-$Cr_2O_3$ (30%) | $Al_2O_3$-$Cr_2O_3$ (60%) |
|---|---|---|---|---|---|
| 化学成分（质量分数）/% | $Al_2O_3$ | 86.2 | 77.0 | 62.0 | 17.0 |
| | $Cr_2O_3$ | 9.9 | 20.0 | 30.0 | 62.0 |
| | $ZrO_2$ | — | — | — | 11.4 |
| | $SiO_2$ | 0.4 | 0.4 | 1.8 | 5.5 |

| 项　　目 | | $Al_2O_3$-$Cr_2O_3$ (10%) | $Al_2O_3$-$Cr_2O_3$ (20%) | $Al_2O_3$-$Cr_2O_3$ (30%) | $Al_2O_3$-$Cr_2O_3$ (60%) |
|---|---|---|---|---|---|
| 要求的水含量（质量分数）/% | | 4 ~ 5 | 4 ~ 5 | 4.5 ~ 5.5 | 4.8 |
| 体积密度 /g·cm$^{-3}$ | 110℃ × 24h | 3.40 | 3.45 | 3.50 | 3.60 |
| | 1000℃ × 3h | 3.35 | 3.36 | 3.40 | 3.50 |
| | 1500℃ × 3h | 3.30 | 3.35 | 3.40 | 3.50 |
| 显气孔率/% | 110℃ × 24h | 13 | 10 | 15 | 12 |
| | 1000℃ × 3h | 16 | 16 | 18 | 16 |
| | 1500℃ × 3h | 17 | 17 | 18 | 16 |
| 常温耐压强度 /MPa | 110℃ × 24h | 65 | 70 | 59 | 78 |
| | 1000℃ × 3h | 95 | 80 | 78 | 93 |
| | 1500℃ × 3h | 195 | 200 | 177 | 59 |
| 常温抗折强度 /MPa | 110℃ × 24h | 13 | 18 | 10 | 11 |
| | 1000℃ × 3h | 17 | 20 | 13 | 17 |
| | 1500℃ × 3h | 35 | 40 | 29 | 12 |
| 永久线性变化 率/% | 1000℃ × 3h | 0.0 | 0.0 | 0.0 | 0.0 |
| | 1500℃ × 3h | 0.3 | 0.4 | 0.1 | 0.1 |
| 热导率 /W·(m·K)$^{-1}$ | 500℃ | 2.1 | 2.3 | 2.6 | 3.0 |
| | 1000℃ | 2.3 | 2.6 | 2.8 | 3.0 |
| 线膨胀率/% | | 0.80 | 0.80 | 0.70 | 0.70 |
| 热剥落性（DIN，1400℃ 水冷却）/次 | | 7 | 7 | 6 | 6 |
| 耐蚀性指数 | | 300 | 500 | 700 | 1000 |
| 应　　用 | | 一般部位 | 苛刻部位 | 苛刻部位 | 出渣口，回转 窑，提/下料口 |

## 5.1.5　$Al_2O_3$-$Cr_2O_3$ 耐火浇注料在炭黑反应炉中的应用

　　$Al_2O_3$-$Cr_2O_3$ 耐火浇注料另一重要应用领域是炭黑反应炉中的应用，现在简单介绍如下。

**5.1.5.1 在温度高于1800℃时使用的 $Al_2O_3$-$Cr_2O_3$ 质耐火浇注料**

为了能在适用温度高于 1800℃ 的炭黑反应炉的燃烧带等部位使用，而且抗侵蚀性能好、抗热震性能高，通常的做法是向刚玉质耐火材料中配入一定数量的工业 $Cr_2O_3$ 粉以改善材料的高温性能。图 5-9 示出了工业 $Cr_2O_3$ 粉含量对 $Al_2O_3$-$Cr_2O_3$ 耐火浇注料高温抗折强度的影响。图中表明，$Al_2O_3$-$Cr_2O_3$ 耐火浇注料高温抗折强度随工业 $Cr_2O_3$ 粉含量的增加而提高。研究结果同时表明，工业 $Cr_2O_3$ 粉含量的增加还改善了材料的抗热震性能和耐磨性能。

这类 $Al_2O_3$-$Cr_2O_3$ 耐火浇注料（含 10% $Cr_2O_3$）用作炭黑反应炉的燃烧带、喉管以及反应带等接触高温气体部位的内衬时，可确保炭黑反应炉在温度高于 1800℃ 的操作条件下安全运行。

**5.1.5.2 在超高温条件下使用的 $Cr_2O_3$-$Al_2O_3$ 耐火浇注料**

在温度超过 1925℃，即 2000~2100℃ 的条件下，刚玉砖（$Al_2O_3$ 的熔点温度为 2030℃）已经不能胜任。例如，生产用于制造低滚动摩擦轮胎的硬质炭黑的反应炉，其操作温度高达 2000℃。在这种情况下，需要根据超高温的使用条件，开发更耐火的材料来与之相适应。

研究和开发炭黑反应器超高温条件下使用的内衬耐火材料的性能要求如下：

（1）高耐火度，以避免熔融和允许更高的操作温度；

（2）抗热震性好，以减少裂纹和剥落损坏；

（3）低气孔率（高密度），以提高抗腐蚀/侵蚀能力。

根据炭黑反应炉内衬耐火材料的研究结果和在高温（1750~1925℃）条件下使用 $Al_2O_3$-$Cr_2O_3$ 砖（含 10% $Cr_2O_3$）的经验，认为开发在超高温条件下使用的炭黑反应器内衬耐火材料应从 $Cr_2O_3$-$Al_2O_3$ 系统中去选择。

由 $Cr_2O_3$-$Al_2O_3$ 二元系（图 5-15）可知，富 $Cr_2O_3$ 或者高 $Cr_2O_3$ 耐火材料是最佳的选择。

由图 5-15 看出，$Al_2O_3$-$Cr_2O_3$ 混合物可以形成连续固溶体，其熔化温度从 $Al_2O_3$ 的 $T_e$ = 2045℃ 连续上升到 $Cr_2O_3$ 的 $T_e$ = 2275℃。这说明高 $Cr_2O_3$ 含量的 $Cr_2O_3$-$Al_2O_3$ 内衬耐火浇注料可同炭黑反应器的

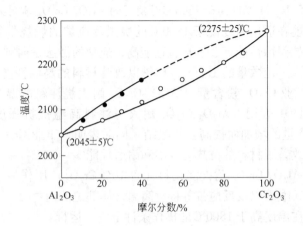

图 5 - 15　$Cr_2O_3$-$Al_2O_3$ 二元系相图

超高操作条件相适应。

高 $Cr_2O_3$ 含量的 $Cr_2O_3$-$Al_2O_3$ 耐火浇注料是以合成 $Cr_2O_3$-$Al_2O_3$ [实际是 $Cr_2O_3$-$Al_2O_3$ 固溶体即（$Cr_2O_3$-$Al_2O_3$）$_{ss}$] 砂为原料生产的高性能复相耐火浇注料。

高 $Cr_2O_3$ 含量的 $Cr_2O_3$-$Al_2O_3$ 耐火浇注料（往往 $Cr_2O_3$-$Al_2O_3$ 合成混合料中添加 $Cr_2O_3$ 微粉和 $Al_2O_3$ 微粉按 LCC 或 UCC 方案制成）作为炭黑反应器内衬耐火浇注料应用时，在高温条件下可延长寿命，即使在超高温条件下也能确保反应器的正常运转。另外，实际使用结果表明：在使用高灰分或者高钒燃烧油的限流带和由间断高温而引起熔融的限流带使用固溶[（$Cr_2O_3$-$Al_2O_3$）$_{ss}$] 结合的高 $Cr_2O_3$ 含量的 $Cr_2O_3$-$Al_2O_3$ 耐火浇注料时，都延长了使用寿命，而且可以使炭黑反应炉中的操作温度比以前的极限温度提高 150 ~ 170℃。

通常，由于高 $Cr_2O_3$ 含量的 $Cr_2O_3$-$Al_2O_3$ 耐火浇注料非常昂贵，所以只有在约 2100℃ 操作的炭黑反应器（即在生产硬质炭黑）中才选用，而且采用综合砌筑方案（$Cr_2O_3$ 含量不小于 70% 的 $Cr_2O_3$-$Al_2O_3$ 耐火浇注料砌筑最高温度部位，而 $Cr_2O_3$ 含量较低的 $Cr_2O_3$-$Al_2O_3$ 耐火浇注料砌筑较低温度部位时），才可能获得较好的性价比。

## 5.2 Spinel-$Cr_2O_3$ 耐火浇注料

图 5 – 16 示出的是 $MgO$-$Al_2O_3$-$Cr_2O_3$ 三元系相图，该三元系 1700℃等温截面示于图 5 – 17 中，液相出现的温度高达 1925℃。这两幅图都表明：$MgO$-$Al_2O_3$-$Cr_2O_3$ 三元系中没有三元化合物，但存在 $MgO \cdot Al_2O_3$（Spinel）和 $MgO \cdot Cr_2O_3$（Cpinel）以及 $MgO \cdot Al_2O_3$（Spinel）-$MgO \cdot Cr_2O_3$（Cpinel）连续固溶体。

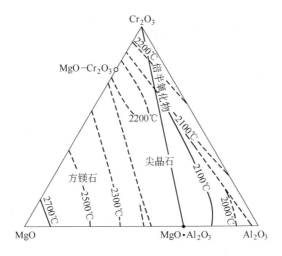

图 5 – 16  $MgO$-$Al_2O_3$-$Cr_2O_3$ 三元系相图

考虑到 Spinel 对于低 $CaO/SiO_2$ 比 $CaO$-$SiO_2$ 系熔渣的侵蚀具有很高的抵抗能力，因而认为用 Spinel 代替 $Al_2O_3$-$Cr_2O_3$ 耐火浇注料中部分 $Cr_2O_3$ 所生产的 $Al_2O_3$-Spinel-$Cr_2O_3$ 耐火浇注料（包括 Spinel-$Cr_2O_3$ 耐火浇注料）肯定能够与熔融炉的使用条件相适应。

现在已有用 Spinel 作骨料而以 Spinel-$Cr_2O_3$ 混合料作基质生产低铬含量的复合尖晶石耐火浇注料，并与含 10% $Cr_2O_3$ 的 $Al_2O_3$-$Cr_2O_3$ 耐火浇注料进行了对比抗渣研究（回转抗渣试验，$CaO/SiO_2 = 1.0$ 的熔融炉渣，1650℃ ×24h），表 5 – 8 列出了各试样的性能，抗渣研究结果则示于图 5 – 18 中。

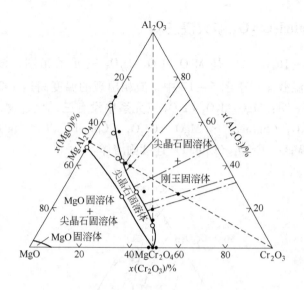

图 5 - 17　1700℃ MgO-Al$_2$O$_3$-Cr$_2$O$_3$ 三元系等温截面图

表 5 - 8　试样性能

| 试　样 | | A | B | C | D | E | F |
|---|---|---|---|---|---|---|---|
| 化学成分（质量分数）/% | Al$_2$O$_3$ | 78 | 71 | 69 | 59 | 47 | 55 |
| | Cr$_2$O$_3$ | 7 | 15 | 20 | 30 | 50 | 20 |
| | MgO | | | | | | 15 |
| 显气孔率/% | | 19.1 | 18.3 | 17.3 | 18.5 | 19.0 | 16.2 |
| 常温耐压强度/MPa | | 80 | 85 | 110 | 100 | 60 | 96 |

　　图 5 - 18 表明，Al$_2$O$_3$-Cr$_2$O$_3$ 耐火浇注料的抗渣（低 CaO/SiO$_2$ 比的 CaO-SiO$_2$ 系熔渣）性能随材料中 Cr$_2$O$_3$ 含量增加几乎成比例提高。而 Spinel-Cr$_2$O$_3$ 耐火浇注料(试样 F)虽然仅含 20% Cr$_2$O$_3$，但其抗蚀性能却与含 50% Cr$_2$O$_3$ 耐火浇注料的抗蚀性能接近。在抗热震性(回转抗渣试验，CaO/SiO$_2$ = 1.0 熔融炉渣，1650℃ × 24h。在此期间每隔 8h 进行一次急速升温和急速降温操作，用试验后试样的龟裂状态判断热震性，见图 5 - 18)方面，含 20% Cr$_2$O$_3$ 的 Spinel-Cr$_2$O$_3$ 耐火浇注料也比

| 试样 | A | B | C | D | E | F |
|---|---|---|---|---|---|---|
| 断面 | 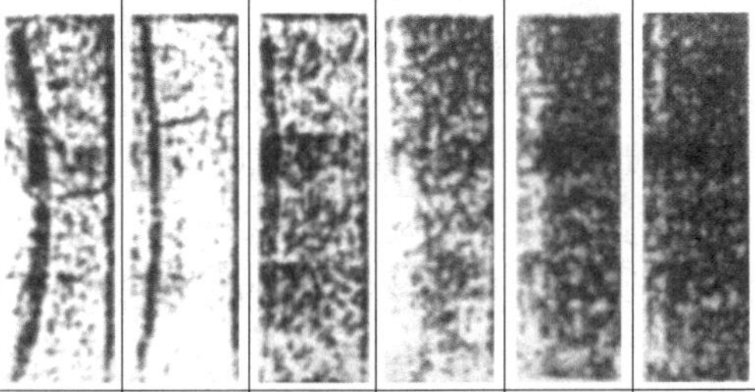 | | | | | |
| 侵蚀指数[①] | 100 | 51 | 22 | 9 | 4 | 5 |
| 耐剥落性[②] | ○ | ○ | △ | × | × | △ |

图 5 – 18 试验结果

(①数值越小，耐蚀性越好；②耐剥落性从○、△到×依次为从好到不好)

含 50% $Cr_2O_3$ 耐火浇注料(图 5 – 18 中试样 F)更优良。

这种 $Cr_2O_3$ 含量相对较低的 Spinel-$Cr_2O_3$ 耐火浇注料，由于是以 Spinel 为主原料，并向配料中添加 $Cr_2O_3$ 粉体生产出来的，因而其生产工艺相对简单。在烧成过程中，Spinel-$Cr_2O_3$ 反应形成高熔点复合尖晶石的结合基质，因而材料具有更高耐火度和抗渣性能。

上述研究成果表明，通过使用 Spinel 骨料和 $Cr_2O_3$ 粉体，成功开发出 Spinel-$Cr_2O_3$ 耐火浇注料。这种耐火浇注料虽然 $Cr_2O_3$ 含量相对较低，但却具有非常高的抗渣性和优良的抗热震性，而且其成本也比 $Cr_2O_3$ 含量高的 $Cr_2O_3$-$Al_2O_3$ 耐火浇注料低得多。这种 $Cr_2O_3$ 含量低的 Spinel-$Cr_2O_3$ 耐火浇注料是废弃物熔融炉内衬使用的较为理想的耐火材料。

## 5.3　$Al_2O_3$-$Cr_2O_3$-$ZrO_2$ 耐火浇注料在熔融炉上的应用

$Al_2O_3$-$Cr_2O_3$-$ZrO_2$ 耐火浇注料材料（$ZrO_2$ 含量高）被大量选作氧化气氛熔融炉内衬耐火材料。P. Tassot 等人的研究结果表明：在 $(Al_x，Cr_{1-x})_2O_3(0 < x < 1)$ 相中，若 $ZrO_2$ 含量低于 2% 时，$ZrO_2$ 几乎不会固溶于 $(Al_2O_3$-$Cr_2O_3)_{ss}$ 中。因此，在 $Al_2O_3$-$Cr_2O_3$ 耐火浇注料

中引入少量 $ZrO_2$ ，其平衡物相为（$Al_2O_3$-$Cr_2O_3$）$_{ss}$ 和 u-$ZrO_2$。由于存在 u-$ZrO_2$，便有利于提高 $Al_2O_3$-$Cr_2O_3$ 耐火浇注料的高温性能、抗热震性能和抗侵蚀性能。因为这种耐火浇注料的特点是在接近固相线温度时 u-$ZrO_2$（不稳定 $ZrO_2$）同（$Al_x$，$Cr_{1-x}$）$_2O_3$ 固溶体共存，当向配料中配置大量 $ZrO_2$ 替代同等数量 $Cr_2O_3$ 时，便可获得低铬 $Al_2O_3$-$Cr_2O_3$ 耐火浇注料（实际为 $Al_2O_3$-$Cr_2O_3$-$ZrO_2$ 耐火浇注料）。这类耐火浇注料的特征是在 1600～1900℃ 温度范围内，（$Al_2O_3$-$Cr_2O_3$）$_{ss}$ 和 u-$ZrO_2$ 共存。

现在，$Al_2O_3$-$Cr_2O_3$-$ZrO_2$ 耐火浇注料已经成为氧化气氛熔融炉使用的一种重要的低铬 $Al_2O_3$-$Cr_2O_3$ 耐火浇注料，这不仅实现了耐火浇注料低 $Cr_2O_3$ 化，而且减少了对环境的危害。

## 5.4　$ZrO_2$ 耐火浇注料

$ZrO_2$ 耐火浇注料为炭黑反应器中超高温区域内衬的重要耐火材料品种。这种耐火浇注料以 PZS-$ZrO_2$ 为主原料而以铝酸钡水泥为结合剂。现就 $ZrO_2$ 耐火浇注料及其有关的问题说明如下。

### 5.4.1　$ZrO_2$ 原料的类型

纯 $ZrO_2$ 是由含锆矿石中提炼出来的。其熔点温度为 2700℃，化学性质非常稳定。因此，$ZrO_2$ 质耐火材料是高温炉衬中一类重要的高级氧化物耐火材料。但是，$ZrO_2$ 存在多晶转变：

$$m\text{-}ZrO_2 \longrightarrow t\text{-}ZrO_2 \qquad (5-3)$$

在约 1000℃ 下发生相变，由 m-$ZrO_2$（$d_0 = 5.56g/cm^3$）转变为 t-$ZrO_2$（$d_0 = 6.10g/cm^3$）。该转变是可逆的快速转变，并伴有 7%～9% 的体积变化。这会导致在加热时，约在 1200℃ 产生明显的收缩，如图 5-19 所示。所有这些会很容易地使 $ZrO_2$ 制品产生裂纹，导致剥落，难以制出制品。但可通过添加稳定剂（如 CaO、MgO、$Y_2O_3$、$Nb_2O_3$、$CeO_2$、$SeO_2$ 等）得到解决（使 $ZrO_2$ 稳定而获得 c-$ZrO_2$）。倘若要生产热震稳定性高的 $ZrO_2$ 制品，则需要将 c-$ZrO_2$ 和 m-$ZrO_2$ 搭配生产部分稳定（PZS）的 $ZrO_2$（PZS）制品，如图 5-20 所示。

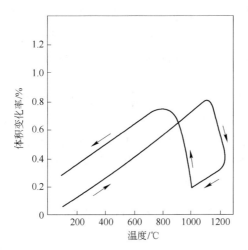

图 5 – 19   ZrO₂ 的热膨胀曲线

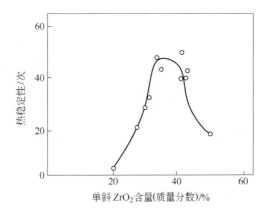

图 5 – 20   ZrO₂ 相组成和抗热震性的关系

图 5 – 20 表明，当 m-ZrO₂ 含量为 30%、c-ZrO₂ 含量为 70% 时，部分稳定（PZS）的 ZrO₂ 制品的抗热震性能最高。这可以用微裂纹学说来解释：在加热和冷却过程中由于 ZrO₂ 相转化时导致材料内微裂纹密度增加，颗粒间接触减少，当温度急变时微裂纹可以缓冲颗粒的膨胀（吸收应力）和抑制裂纹扩展。同对，具有这种结构的 ZrO₂

制品与致密的微裂纹密度低的 $ZrO_2$ 制品相比，在加热/冷却过程中强度降低缓慢。虽然材料中 m-$ZrO_2$ 含量增加会使材料强度降低，但弹性模量和线膨胀系数下降得更快，结果则导致材料的抗热震性能显著提高。

根据已有的资料，认为具有高耐蚀性和高 WTB 的 PZS-$ZrO_2$ 耐火浇注料可以通过减少稳定剂的配入量所制得的不稳定 $ZrO_2$（u-$ZrO_2$）含量（质量分数）为 30% 和 c-$ZrO_2$ 含量（质量分数）为 70% 搭配来生产。这种 PZS-$ZrO_2$ 耐火浇注料用作炭黑反应器中超高温区域内衬耐火材料可获得高的使用寿命。

### 5.4.2　铝酸钡（锆）水泥结合 $ZrO_2$ 耐火浇注料

在 $Al_2O_3$-BaO 二元系（图 5-21）中，仅有 BaO·$Al_2O_3$ 和 3BaO·$Al_2O_3$ 具有水化能力，而 BaO·6$Al_2O_3$ 却没有这种特性。

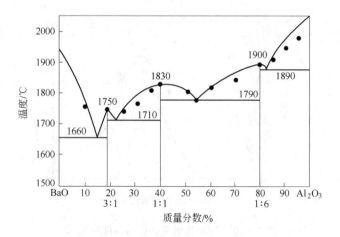

图 5-21　按熔融曲线绘制的 $Al_2O_3$-BaO 二元系相图

但是，以单铝酸钡作为结合剂时，因为在合成中通常有 f-BaO 出现，它会导致水泥体积不稳定，容易使水泥组织结构受到破坏，致使结合剂迅速凝结，产生发育不良的细小晶质的低强度结构。为此，则向配料中添加 $ZrO_2$，即合成 $Al_2O_3$-BaO-$ZrO_2$ 质水泥结合剂。在

$Al_2O_3$-BaO-$ZrO_2$ 三元系中，仍然只有 BaO·$Al_2O_3$ 和 3BaO·$Al_2O_3$ 具有水化能力，而 BaO·6$Al_2O_3$、BaO·$ZrO_2$ 和 2BaO·$ZrO_2$ 却不具备水化能力。向铝酸钡中掺入锆酸钡后，能促进水泥水化过程的活化：除了 BaO·$Al_2O_3$·6$H_2O$ 和 BaO·$Al_2O_3$·7$H_2O$ 以外，同时还有 2BaO·$ZrO_2$·8$H_2O$ 及 3BaO·$Al_2O_3$·6$H_2O$ 的参与，这可保证在加热时，水泥有更高的强度。

铝酸钡（锆）水泥的特性，依铝酸钡和锆酸钡的比例（BaO·$Al_2O_3$/ BaO·$ZrO_2$）而变化，如表 5-9 所示。因为 BaO·$Al_2O_3$ 的熔点温度为 1815℃，而 BaO·$ZrO_2$ 的熔点温度为 2600℃，所以 BaO·$Al_2O_3$/ BaO·$ZrO_2$ 比例下降，水泥物料的耐火度上升。

表 5-9　铝酸钡（锆）水泥结合剂的特性

| 铝酸钡和锆酸钡的含量（质量分数）/% | | 耐火度/℃ | 耐压强度/MPa | | 化学成分/% | | |
|---|---|---|---|---|---|---|---|
| BaO·$Al_2O_3$ | BaO·$ZrO_2$ | | 3d | 28d | $Al_2O_3$ | BaO | $ZrO_2$ |
| 60 | 40 | 2050 | 88 | 110 | 24 | 58 | 18 |
| 40 | 60 | 2250 | 54 | 90 | 16 | 57 | 27 |
| 30 | 70 | 2320 | 40 | 53 | 12 | 56.5 | 31.5 |
| 20 | 80 | 2420 | 28 | 39 | 8 | 56 | 36 |
| 10 | 90 | 2450 | 5~9 | 20~26 | 4 | 55.5 | 40.5 |

对于使用温度为 2200~2400℃ 的高耐火的锆质耐火材料来说，可选用铝酸钡（BaO·$Al_2O_3$，$T_e$ = 1815℃）为含量 20%~30% 和锆酸钡（BaO·$ZrO_2$，$T_e$ = 2600℃）含量为 80%~70% 的水泥作为结合剂，其用量为 10%~20% 较为理想。如图 5-22 所示，$Al_2O_3$ 和 $ZrO_2$ 的最低共熔点温度为 1845℃，说明前者是后者的熔剂。

表 5-10 列出了以 $ZrO_2$（骨料颗粒组成 $D$ = 0.1~6mm）为原料和以 10%~20% 铝锆酸钡水泥为结合剂所配成的 $ZrO_2$ 质耐火浇注料的性能。

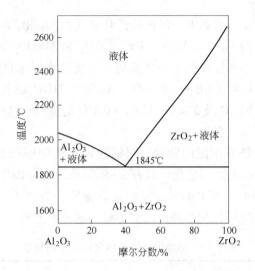

图 5 – 22  $Al_2O_3$-$ZrO_2$ 系相图

表 5 – 10  $ZrO_2$ 耐火浇注料的性能

| 热处理温度/℃ | 铝锆酸钡水泥用量为 10% | | | 铝锆酸钡水泥用量为 20% | | |
|---|---|---|---|---|---|---|
| | 开口气孔率/% | 体积密度/g·cm⁻³ | 耐压强度/MPa | 开口气孔率/% | 体积密度/g·cm⁻³ | 耐压强度/MPa |
| 120 | 14.9 | 4.54 | 22.0 | 17.5 | 4.40 | 23.0 |
| 300 | 17.5 | 4.47 | 21.7 | 17.6 | 4.41 | 33.0 |
| 800 | 20.6 | 4.43 | 28.8 | 19.1 | 4.44 | 38.6 |
| 1000 | 18.3 | 4.51 | 24.7 | 18.5 | 4.54 | 28.3 |
| 1200 | 19.3 | 4.49 | 20.5 | 19.0 | 4.40 | 28.0 |
| 1750 | 17.0 | 4.57 | 39.8 | 17.5 | 4.50 | 32.4 |

表 5 – 10 中的结果表明，铝锆酸钡水泥用量为 10% 时，$ZrO_2$ 耐火浇注料已具有足够高的强度，而铝锆酸钡水泥用量为 20% 时，材料的强度并没有显著改善，说明铝锆酸钡水泥的适宜用量为 10%。

上述 $ZrO_2$ 耐火浇注料在气流温度为 2000～2600℃ 和气流速度为 400m/s 的炭黑炉高温燃烧带上使用的结果是：在温度为 2600℃ 和更大热流（$8 \times 10^{-6} \sim 33 \times 10^{-6} \text{W/m}^2$）的汽油热分解反应器上以及在

炭黑反应器的 2100℃ 区域使用时均取得了良好的使用效果。

## 5.5 Al$_2$O$_3$-SiO$_2$-ZrO$_2$ 耐火浇注料

图 5 – 23a 是早期的 Al$_2$O$_3$-SiO$_2$-ZrO$_2$ 三元系相图，而图 5 – 23b 则是修正的 Al$_2$O$_3$-SiO$_2$-ZrO$_2$ 三元系相图。图 5 – 23 表明，这个三元系中没有三元化合物，而只存在 3Al$_2$O$_3$·2SiO$_2$ 和 ZrO$_2$·SiO$_2$ 两个二元化合物。

图 5 – 23 划定了锆刚玉和锆莫来石相分布区域，为生产 Al$_2$O$_3$-3Al$_2$O$_3$·2SiO$_2$-ZrO$_2$、3Al$_2$O$_3$·2SiO$_2$-ZrO$_2$ 和 Al$_2$O$_3$-ZrO$_2$ 质耐火材料提供了基本的理论依据。由于这些类型耐火材料都含有 ZrO$_2$，故可作为氧化气氛熔融炉内衬耐火材料。由于它们都不含 Cr$_2$O$_3$（属于无铬耐火材料），所以不必担心 Cr$_2$O$_3$ 对生态的危害。

关于使用含 ZrO$_2$ 的 Al$_2$O$_3$-SiO$_2$ 合成原料的类型，认为采用 ZrO$_2$-Al$_2$O$_3$-3Al$_2$O$_3$·2SiO$_2$ 合成原料而应避免采用 ZrO$_2$-3Al$_2$O$_3$·2SiO$_2$ 合成原料。正如图 5 – 23 所表明的，后者在高温时会产生较多的液相，从而导致含 ZrO$_2$ 的 Al$_2$O$_3$-3Al$_2$O$_3$·2SiO$_2$ 耐火浇注料高温性能降低、抗蚀性能下降等。

当向配料配入含 ZrO$_2$ 的 Al$_2$O$_3$-SiO$_2$ 合成原料的颗粒（0.12 ~ 1.0mm）时，会使含 ZrO$_2$ 的 Al$_2$O$_3$-3Al$_2$O$_3$·2SiO$_2$ 耐火浇注料的性能得到优化，如图 5 – 23b 所示。该图表明，含 0.12 ~ 1.0mm 的 Al$_2$O$_3$-3Al$_2$O$_3$·2SiO$_2$-ZrO$_2$ 合成颗粒的耐火浇注料，抗热震损毁参数 $R_{st}$ 值（图 5 – 24）和经过 1100℃、一次热震后的抗折强度值都随 0.12 ~ 1.0mm 的 Al$_2$O$_3$-3Al$_2$O$_3$·2SiO$_2$-ZrO$_2$ 合成颗粒配入量的增加而提高，并在配入量为 30% 时达到最大值，而且抗热震损毁参数 $R_{st}$ 值和一次热震后的抗折强度值的变化规律非常一致。

配入 0.12 ~ 1.0mm 的合成颗粒料的 Al$_2$O$_3$-3Al$_2$O$_3$·2SiO$_2$-ZrO$_2$ 耐火浇注料抗热震性的改善是配入材料与基质之间热膨胀搭配不当以及颗粒因初始 ZrO$_2$ 产生微裂纹而引起热应力释放的结果。

然而，研究结果却表明，0.12 ~ 1.0mm 的 Al$_2$O$_3$-3Al$_2$O$_3$·2SiO$_2$-ZrO$_2$ 合成颗粒配入量的增加，却会导致蠕变性能和 1400℃ 时高温抗折强度下降，如图 5 – 25 所示。

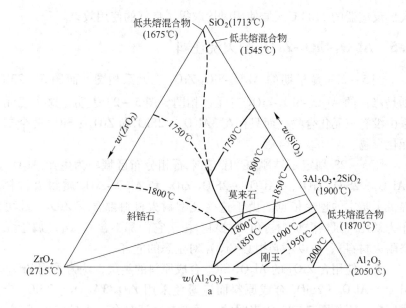

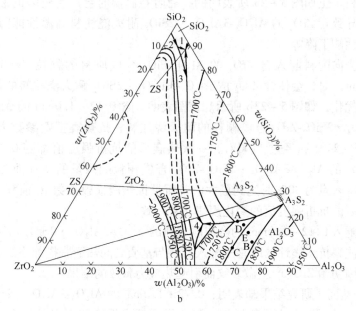

图 5 - 23  Al$_2$O$_3$-SiO$_2$-ZrO$_2$ 三元系相图

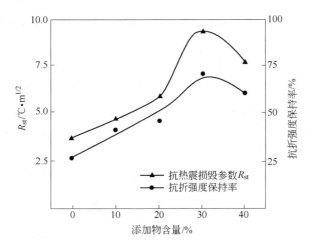

图 5 - 24    热震参数 $R_{st}$ 和 1 次热震后（$\Delta T = 1000℃$）
的常温抗折强度

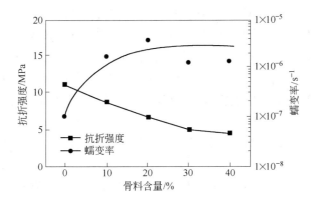

图 5 - 25    MZA 含量对抗折强度和 1400℃下蠕变率的影响
（1400℃，3MPa）

上述情况说明，要获得综合性能较佳的 Al$_2$O$_3$-3Al$_2$O$_3$·2SiO$_2$-ZrO$_2$ 耐火浇注料，颗粒料中 Al$_2$O$_3$-3Al$_2$O$_3$·2SiO$_2$-ZrO$_2$ 合成料应受到限制。在这种情况下，如果还需要进一步提高材料的抗蚀性能，那就应向配料中添加少量的微粉。

另外，将刚玉颗粒料或者铝矾土熟料和锆英石搭配或者将 $Al_2O_3$-$3Al_2O_3 \cdot 2SiO_2$-$ZrO_2$ 合成料和锆英石搭配都能生产 $Al_2O_3$-$3Al_2O_3 \cdot 2SiO_2$-$ZrO_2$ 耐火浇注料。

以铝基混合料和锆英石搭配生产 $Al_2O_3$-$3Al_2O_3 \cdot 2SiO_2$-$ZrO_2$ 耐火浇注料时，锆英石颗粒度和配入量对材料性能有较大的影响。锆英石颗粒增大时，材料的烧成收缩随之减少，表明大颗粒锆英石将使锆英石因产生膨胀而使材料难以烧结，导致材料密度下降，抗蚀性能降低，使用性能恶化。

按上述配方设计的材料在烧成过程中，锆英石将分解：

$$ZrO_2 \cdot SiO_2 \longrightarrow ZrO_2 + SiO_2 \qquad (5-4)$$

$SiO_2$ 会同 $Al_2O_3$ 反应生成 $3Al_2O_3 \cdot 2SiO_2$（二次莫来石化），并伴有膨胀：

$$3Al_2O_3 + 2\ SiO_2 \longrightarrow 3Al_2O_3 \cdot 2SiO_2 \qquad (5-5)$$

同时导致在锆英石颗粒表面的铝基物料在烧成过程中收缩，锆英石颗粒越粗，局部作用就越强烈，因而就越不利于材料的烧结。另外，锆英石颗粒粗时，其分解反应仅发生在表面。结果，二次莫来石化也在锆英石颗粒表面发生，于是锆英石的助烧结作用以及有益矿物 $ZrO_2$ 和提高材料高温性能所需要的 $3Al_2O_3 \cdot 2SiO_2$ 含量降低，而不利于材料性能的提高。

相反，当锆英石以微粉形式配入时，锆英石微粉在烧结中趋于完全分解并生成锆刚玉 – 莫来石基质相，而有效地发挥出锆英石的增韧效果，从而获得具有高抗热震性和较佳的抗蚀性的 $Al_2O_3$-$3Al_2O_3 \cdot 2SiO_2$-$ZrO_2$ 耐火浇注料。

$Al_2O_3$-$3Al_2O_3 \cdot 2SiO_2$-$ZrO_2$ 耐火浇注料的性能明显受到锆英石配入量的影响。因为锆英石在烧成过程中分解生成具有增韧和增黏作用的 $ZrO_2$ 细小晶粒，有利于提高材料的抗热震性和抗蚀性能。然而，锆英石在烧成过程中分解伴随二次莫来石化会导致材料结构疏松，抗蚀性能降低。这表明锆英石配入量有一个最佳范围。通过研究得出的结果是：这个最佳范围为 5% ~ 15% 锆英石。采用铝基混合料和锆英

石搭配生产 $Al_2O_3$-$3Al_2O_3 \cdot 2SiO_2$-$ZrO_2$ 耐火浇注料的优点是取材容易，生产工艺简单，制备费用低，而且使用性能较佳，不仅可作为熔融炉内衬耐火材料，而且在以废轮胎、废油和污泥等工业废弃物为一部分燃料源而导致炉内温度高的水泥回转窑预热带—过渡带上使用，有可能避免以往使用高铝砖、$MgO$-$Cr_2O_3$ 耐火浇注料以及 $MgO$-Spinel 耐火浇注料由窑内温度高引起寿命降低和碱性成分浸润所导致的结构剥落损毁的问题。

# *6* 碱性耐火浇注料

20 世纪 80 年代成功开发出镁质耐火浇注料。当时是为了满足冶炼洁净钢的要求，才开发出镁质耐火浇注料的；为了减轻熔渣渗透，而开发出 $MgO-Al_2O_3$ 耐火浇注料、$MgO-SiO_2$ 耐火浇注料以及磷配盐结合高强度 $MgO-Cr_2O_3$ 耐火浇注料，并在钢包上进行过试验。结果证实，它们都具有很高的抗侵蚀性，但抗热震性能却一般，而难以推广应用。于是，在 20 世纪 90 年代，便开发了 $MgO-ZrO_2 \cdot SiO_2$ 耐火浇注料、$MgO-ZrO_2$ 耐火浇注料和 $MgO-CaO$ 耐火浇注料以及（$MgO-CaO$）-$Al_2O_3$ 耐火浇注料。这些碱性耐火浇注料在钢包渣线上进行了试验，而且取得了一定的成效。

碱性耐火浇注料是耐火浇注料技术的进步和发展。当今，碱性耐火浇注料有镁质耐火浇注料、镁铬（$MgO-Spinel$）耐火浇注料、镁铝（$MgO-Spinel$）耐火浇注料、镁锆耐火浇注料、镁铝锆（$MgO-Spinel-ZrO_2$）耐火浇注料、镁铝钛 $[MgO-Spinel(Ti)]$ 耐火浇注料和 $MgO-CaO$ 耐火浇注料等。通常，碱性耐火浇注料的配方按超低水泥（超微粉，CAC 为促凝剂）结合或者无水泥（超微粉）结合设计，而低水泥（CAC + 超微粉）结合设计的情况比较少见。

## 6.1 碱性耐火浇注料需要解决的问题

碱性耐火浇注料开发的实践和试验研究的结果表明，一种完全的碱性耐火浇注料，需要解决以下问题：

（1）足够的可用时间。

（2）干燥期间碱性细粉不发生水化作用。

（3）在多次热循环的情况下体积稳定性好。

（4）在使用过程中熔渣渗透少。

（5）与碱性铁素体（含铁氧化物熔渣）接触时不发生结构剥落。

碱性耐火浇注料，由于容易从主原料中溶出 $Ca^{2+}$ 和 $Mg^{2+}$，它们会使高度分散的 uf-$Al_2O_3$ 和 uf-$SiO_2$ 等活性物质凝聚，导致硬化速度过快，可使用时间缩短，难以获得致密的施工（浇注）体。其对策是通过选择最佳的螯合剂来封闭这些阳离子以控制处于分散状态的活性物质的凝聚速度，从而获得致密的施工（浇注）体。

碱性耐火浇注料存在的另一问题是有可能在干燥过程中产生裂纹使施工（浇注）体破坏，其原因是 MgO 在干燥过程中产生水化。因为 MgO 在水中所发生的溶解析出反应和与水蒸气发生的直接水化反应都会导致碱性耐火浇注料施工体的结构破坏。作为提高碱性耐火浇注料抗水化性能的一个重要措施，是正确选择添加剂（通常推荐 uf-$SiO_2$，即活性 $SiO_2$ 超微粉）。在碱性耐火浇注料中添加 uf-$SiO_2$ 的另一个好处是可减少熔渣渗入碱性耐火浇注料中。现就碱性耐火浇注料中几个重要问题说明如下。

## 6.1.1 水化反应及其控制技术

碱性耐火浇注料的难题之一是 MgO、CaO 和 Spinel 等都是水合性很强的耐火原料，它们遇水或水蒸气容易发生水化反应。其中，水合性相对较弱的是 Spinel，但它抗熔渣渗透性能高，因而受到广泛的重视，而增加了含 Spinel 耐火浇注料的使用。MgO 与 $Al_2O_3$ 并用能够原位反应生成抗熔渣渗透性强的致密 Spinel（原位 Spinel），所以也增强了用量，但它同预合成 Spinel 相比，却存在容易产生水化和难以控制硬化时间的问题。

碱性耐火浇注料中镁砂与浇注施工体中 f-$H_2O$ 和空气中 $H_2O(g)$ 接触容易产生水化反应，而且镁砂纯度越高，水化程度就越剧烈。要防止镁砂的这种水化反应，可以采取以下防水化的技术措施：

（1）选用粗晶粒镁砂作为碱性耐火浇注料的 MgO 源。试验研究已经确认：采用粗晶粒镁砂或者电熔镁砂作为碱性耐火浇注料的主原料时，其水化速度很慢，而由细晶粒镁砂配制的碱性耐火浇注料，其水化速度很快。因此，配制碱性耐火浇注料时，选用粗晶粒镁砂或者电熔镁砂作为其主原料是非常合理的。

（2）采用 CaO/$SiO_2$ 比小的镁砂作为碱性耐火浇注料的 MgO 源。镁砂的 CaO/$SiO_2$ 比越小，而且 $SiO_2$ + $B_2O_3$ 含量越高，碱性耐火浇注料水化倾向就低。其中 $B_2O_3$ 是配制抗水化镁质耐火制品的重要添加成分。

（3）对镁砂进行表面覆膜是提高其抗水性能的重要措施。主要是采取浸渍涂覆的方法，即用有机化合物或者无机化合物溶液浸渍。例如，浓度为8%的磷酸溶液或者一定浓度的有机硅化合物溶液（用5%有机溶液如丙酮等稀释而成）等浸渍后于150℃以上的温度进行热处理（视所选用的化合物种类不同可能达到450℃以上）。此外，采用脂肪酸类化合物或者钛系有机金属化合物，例如 Ti[OCH $(CH_3)]_2[OC(CH_3)CHCOCH_3]$ 进行表面覆膜等，均可提高镁砂的抗水化能。

（4）添加防水化物质亦可提高碱性耐火浇注料的抗水化性能。这类添加物质的种类和数量则视所使用的结合剂而有区别。例如，以 CAC 为结合剂的镁质耐火浇注料，添加乳酸铝可起到防水化的作用（同时添加分散剂和缓凝剂）；以 HMP 为结合剂时，选用含有2%～4% $Al_2O_3$ 的镁砂即具有较高的抗水化性能；在以 CAC 为结合剂时，加入 uf-$SiO_2$、有机物（螯合剂）及 BA 有助于提高碱性耐火浇注料的抗水化性能。

（5）采用疏水结合剂可提高碱性耐火浇注料的抗水化性能。采用疏水物质，例如一种用硫酸皂化生产植物醇时的副产物，其主要成分为醇类（脂肪醇、三萜烯醇）40%，二醇5%～7%，羰基化合物30%，焦油沥青的氧化物及聚合产物20%，其余为碳氢化合物（石蜡50%，萜烯50%）。结合剂在使用前做改性处理，方法是加热至180℃，排出水分和重醇类，同时加入1%～2%的可提高热态黏性的外加剂。

## 6.1.2　碱性耐火浇注料的抗渗透性

碱性耐火浇注料中的镁质耐火浇注料存在的另一个主要问题是抗熔渣渗透的能力较低。对此，曾经研究过加入 $SiO_2$、$Al_2O_3$、$Cr_2O_3$、$ZrO_2 \cdot SiO_2$ 等，以提高材料抗熔渣渗透的能力。结果表明，$ZrO_2 \cdot SiO_2$ 对抗熔渣渗透的能力最大。然而，却存在侵蚀大的问题。为此，有人向富含 MgO 的碱性耐火浇注料中并用 $Al_2O_3 + TiO_2$，以生成镁钛

尖晶石固溶体 [Spinel(Ti)$_{ss}$] 为结合相的 [MgO-Spinel(Ti)$_{ss}$] 材料。这类材料也属于 Spinel 结合的 MgO-Spinel 耐火浇注料范畴（烧成后）。

许多研究者观察到一个重要事实：在耐火浇注料中添加 Spinel 细粉有利于提高抗熔渣渗透的能力。并且也发现，所添加的 Spinel 颗粒越细、越均匀就越有可能限制熔渣渗透。不过，即使是非常细的预合成 Spinel 细粉，也比原位反应形成的 Spinel 大得多。正如图 4-4 所表明的：含预合成 Spinel 细粉的耐火浇注料在防止熔渣渗透进入基质的作用不会太大，而原位 Spinel 却能有效地限制熔渣渗透。这一结果在碱性耐火浇注料的应用中也得到了同样的结论。

另外，为了控制熔渣向碱性耐火浇注料中基质的渗透，也可以通过提高熔渣黏度来现实，细粉 $SiO_2$ 和 $Al_2O_3$ 都有提高熔渣黏度的作用（图 6-1）。考虑到碱性耐火浇注料同熔融金属的反应性和抗碱性熔渣的侵蚀性，则需要限制 $SiO_2$ 的添加量。以 uf-$SiO_2$ 为结合剂的碱性耐火浇注料就更是如此，虽然降低了熔渣的渗透，但却增加了侵蚀。在这种情况下，便可并用 uf-$Al_2O_3$ 来平衡材料的抗侵蚀性和抗渗透性，如图 6-2 所示。该图表明：当熔融 $SiO_2$（中颗粒）配入量为 4%，uf-$Al_2O_3$ 配入量不小于 5% 时，就可以使镁质耐火浇注料具有较佳的抗侵蚀性能和抗渗透性能。

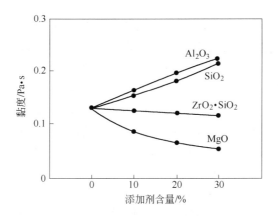

图 6-1 渣的黏度

(1700℃，侵蚀剂：51% CaO，17% $SiO_2$，22% $Al_2O_3$，10% FeO)

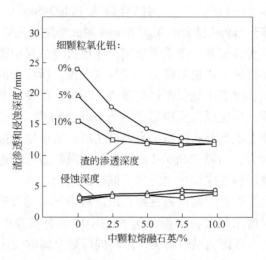

图 6-2　渣试验结果

### 6.1.3　MgO-Al₂O₃ 材料的膨胀性

对于含 $Al_2O_3$ 细粉的镁质耐火浇注料来说，在受热过程中会发生 $f\text{-}MgO + f\text{-}Al_2O_3 \rightarrow Spinel$ 的反应并伴有较大体积膨胀，这会引起内部缺陷，容易产生剥落损坏。

$f\text{-}MgO + f\text{-}Al_2O_3 \rightarrow Spinel$ 反应的体积膨胀，可明显地从反应物和产物的摩尔体积变化中得出：$Al_2O_3$ 为 $25.55cm^3/mol$、MgO 为 $11.26cm^3/mol$、Spinel 为 $39.52cm^3/mol$；因此，由 $f\text{-}MgO + f\text{-}Al_2O_3 \rightarrow Spinel$ 的过程，摩尔体积增加 $2.71cm^3/mol$，相当于在固态反应期间体积膨胀 7.36%。这一膨胀仅是理论上的膨胀，它是全致密的 MgO（$3.58\ g/cm^3$）和 $Al_2O_3$（$3.99g/cm^3$）反应后所产生的膨胀。

然而，上述反应的实际膨胀要比理论计算所得到的数值大得多。例如，微米级 $Al_2O_3$ 和 MgO 细粉反应生成 Spinel 时，伴有 14.7% 的体积膨胀（为理论值的 2 倍），而亚微米级 $Al_2O_3$ 和 MgO 细粉反应生成 Spinel 时，则伴有 20.7% 的体积膨胀（接近理论值的 3 倍）。产生这种超常膨胀的原因是烧结期间由 $f\text{-}MgO + f\text{-}Al_2O_3 \rightarrow Spinel$ 的固相反应时存在着一种颗粒尺寸效应，从而产生了额外的体积膨胀。

高活性 $Al_2O_3$ 和 MgO 微粒反应生成 Spinel 的过程是：在 400℃ 时已有 Spinel 生成，900℃ 已开始有效形成 Spinel，1200℃ × 6h 即可完成 Spinel 反应。

$Al_2O_3$ 和 MgO 亚微粒超细粉反应生成 Spinel 的过程是膨胀反应，而且其膨胀量往往远大于单独由 Spinel 形成过程中产生的体积膨胀量。

产生这种现象的原因有以下 3 种：

（1）由于摩尔体积增加所产生的预期膨胀，其体积增加 $2.71 cm^3/mol$，相当于在固态反应期间体积膨胀 7.36%（PLC = +2.45%）。

（2）在 $Al_2O_3$ 和 MgO 反应烧结期间的 $Al_2O_3/MgO$ 界面上形成了厚度不等的反应层（在 $Al_2O_3$ 一侧和 MgO 一侧所形成的 Spinel 厚度不相等），由于 $MgO + Al_2O_3 \rightarrow Spinel$ 的这一反应使颗粒互相推开，从而导致一种额外膨胀的产生。

（3）克肯达尔效应，即二金属离子（$Mg^{2+}$ 和 $Al^{3+}$）越过晶界的不等速相向扩散而使扩散较快的离子所占据晶界那一边形成气孔，从而产生了额外的体积膨胀。

正是由于后两种原因，导致 $MgO + Al_2O_3 \rightarrow Spinel$ 的固相反应伴有大量的体积膨胀产生。由观察结果可以粗略地获得：$Al_2O_3$ 和 MgO 颗粒尺寸为微米级时，其体积膨胀是摩尔体积膨胀的 2 倍。如果 $Al_2O_3$ 和 MgO 颗粒尺寸为亚微米级，其体积膨胀是摩尔体积膨胀的 3 倍。

因此，$MgO + Al_2O_3$ 材料在烧结期间，伴随 $MgO + Al_2O_3 \rightarrow Spinel$ 的固相反应，存在一种颗粒尺寸效应，从而导致额外的体积膨胀的产生。其机理可以概括如下：

（1）来自化学反应的摩尔体积增加；

（2）在反应烧结期间 $Al_2O_3/MgO$ 界面上形成了反应层（几何颗粒包裹理论）；

（3）克肯达尔效应。

不过，至今尚未测出各机理在总膨胀中所占的精确比例。尽管如此，它已为我们选择原料提供了一条十分重要的依据。

由此可见，$MgO + Al_2O_3$ 耐火浇注料中的 f-MgO 和 f-$Al_2O_3$ 在高温

下会进行反应生成 Spinel（原位 Spinel），而这会导致材料体积稳定性问题的产生。但可以通过选择适当的 $Al_2O_3$/MgO 比率和两者颗粒（尺寸）大小来加以控制，使之在烧结或者在使用过程中所发生的膨胀处在允许范围之内。

## 6.2　镁质耐火浇注料

镁质耐火浇注料具有耐火度高，抗碱性渣和铁渣的侵蚀能力强，不污染钢水等优点，这是因为其熔点高（2800℃），在与 $Al_2O_3$ 结合之后可原位反应生成 Spinel，限制熔渣渗入。但 MgO 却存在容易同水反应形成氢氧化镁［$Mg(OH)_2$ 或水镁石］。这会导致镁质耐火浇注料在硬化前（例如在混合料存放期间或在混合期间）发生水化反应，使浇注体中的氢氧化镁分解（首次加热至 400 ~ 600℃ 时）而形成气孔甚至裂纹，从而使材料机械强度下降甚至材料毁坏。

对于镁质耐火浇注料来说，避免上述问题的有效方法主要是：

（1）使用抗水化技术（MAHT）。利用 MAHT 技术，控制镁质耐火浇注料中 $uf\text{-}SiO_2$ 及结合剂的最佳含量，可以达到最好的效果。将 $uf\text{-}SiO_2$ 加入镁质耐火浇注料中是为了提高颗粒的填充性和流动性。同时也可在浇注料混合和浇注（施工）体养护期间由于 $uf\text{-}SiO_2$ 部分溶解生成了偏硅酸（$H_2SiO_3$）。随之，偏硅酸即与镁质耐火浇注料中的镁砂表面层上 $Mg(HO)_2$ 层反应，形成一层不溶于水的硅酸氢镁（$MgHSiO_4$）保护层，从而使镁质耐火浇注料的水化反应停止。

（2）镁砂表面层生成水滑石（HDTC）保护层。水合氧化铝结合镁质耐火浇注料的浆料中由于不同 $Mg^{2+}$/$Al^{3+}$ 比率可导致形成水滑石（HDTC）和一水软铝石或者水滑石（HDTC）和水镁石；当 $Mg^{2+}$/$Al^{3+} \approx 4 : 1.7$ 时主要形成水滑石。由于镁质耐火浇注料中镁砂（MgO）表面层上 $Mg^{2+}$ 浓度较高，所以优先形成水滑石。在碱性环境中，水滑石的溶解度很低，并且与氢结合，即在镁砂（MgO）表面层上形成一层保护层，阻止镁质耐火浇注料水化反应的进行，而且还可与浇注料基质颗粒形成很强的结合，从而可导致浇注（施工）体获得较高的强度。

配制镁质耐火浇注料的耐火骨料有电熔镁砂或者烧结镁砂（MgO

含量 90% ~98%，$CaO/SiO_2 < 2$，体积密度大，气孔率低），耐火粉料有镁砂细粉、铬铁矿粉、Spinel 粉和 $Cr_2O_3$、$Al_2O_3$、$TiO_2$ 等超微粉、uf-$SiO_2$、$\rho$-$Al_2O_3$、活性 $\alpha$-$Al_2O_3$ 作结合剂，同时添加高效表面活化剂（分散剂和减水剂）以及防爆剂等。

## 6.2.1 全 MgO 质耐火浇注料

全 MgO 质耐火浇注料是以镁砂为原料而以 $MgO \cdot 6MgCl_2$ 为结合剂配制的碱性耐火浇注料。

$MgO \cdot 6MgCl_2$ 用于镁质耐火材料，早期主要是用做不烧成的镁质耐火制品的结合剂和烧成的镁质耐火制品的临时结合剂。近期才用做 MgO 耐火浇注料的结合剂。

由于 $MgO \cdot 6MgCl_2$ 在加热过程中会转化为 MgO，因此 $MgO \cdot 6MgCl_2$ 结合 MgO 耐火浇注料属于全镁质耐火浇注料范畴。可见，这种类型镁质耐火浇注料为陶瓷结合（MgO 结合）的镁质耐火浇注料。

当 $MgO \cdot 6MgCl_2$ 溶入含 MgO 细粉的悬浮液中以后，便会发生下述反应：

$$m\mathrm{MgO} + n\mathrm{MgO} \cdot 6\mathrm{MgCl_2} \longrightarrow m\mathrm{MgO} \cdot n\mathrm{MgCl_2} \cdot p\mathrm{H_2O} \quad (6-1)$$

按照文献，认为后者可能存在的形式为：$3MgO \cdot MgCl_2 \cdot 8H_2O$、$5MgO \cdot MgCl_2 \cdot 8H_2O$、$5MgO \cdot MgCl_2 \cdot 7H_2O$、$5MgO \cdot MgCl_2 \cdot 13H_2O$、$MgO \cdot MgCl_2 \cdot 16H_2O$、$3MgO \cdot MgCl_2 \cdot 12H_2O$ 和 $3MgO \cdot MgCl_2 \cdot H_2O$ 等。由图 6-3 看出，只有 $3MgO \cdot MgCl_2 \cdot 8H_2O$ 和 $5MgO \cdot MgCl_2 \cdot 8H_2O$ 是最稳定的。可见，$MgO \cdot 6H_2O$ 溶入含 MgO 细粉的悬浮液中除了 MgO 细粉之外，尚有 $Mg(OH)_2$、$MgO \cdot 6H_2O$、$3MgO \cdot MgCl_2 \cdot 8H_2O$ 和 $5MgO \cdot MgCl_2 \cdot 8H_2O$ 等稳定相。其中，MgO、$MgCl_2$ 含有—Mg—O—Mg—键对 MgO 耐火浇注料实施结合作用。以 $MgO \cdot 6H_2O$ 结合 MgO 耐火浇注料的硬化是以 MgO 细粉的水化为基础的，其机理是生成了氯氧化镁，即是通过 MgO 与 $MgCl_2$ 之间的化学反应形成结合。氯氧化镁的生成和结晶是这类 MgO 耐火浇注料施工体产生机械强度的根本原因。

$MgO \cdot 6H_2O$ 可提高 $Mg(OH)_2$ 的溶解度，有加速 MgO 水化反应的作用。为了控制 MgO 耐火浇注料的硬化速度，则需要向配料中加

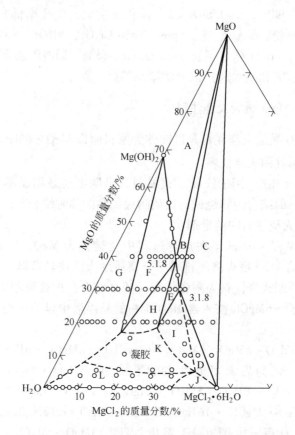

图 6-3　MgO-MgO·6MgCl₂-H₂O 系统（25℃±3℃）等温截面相图
（圆点是实验点，虚线表示均匀凝胶形成的极限）

A—MgO-Mg(OH)₂-5.1.8；B—MgO-5.1.8-3.1.8；C—MgO-3.1.8-MgO·6MgCl₂；

D—3.1.8-MgO·6MgCl₂-凝胶；E—3.1.8-5.1.8-凝胶；F—5.1.8-Mg(OH)₂-凝胶；

G—Mg(OH)₂-凝胶；H—5.1.8-凝胶；I—3.1.8-凝胶；

J—MgO·6MgCl₂-凝胶；K—凝胶；L—凝胶＋液体

入抑制 MgO 溶出速度的抑制剂和添加具有螯合效果的分散剂，以便能使其获得稳定浇注的可使用时间。

以 MgO·6H₂O 为结合剂的 MgO 耐火浇注料存在的另一问题是：加水混合的流体稠度过低，缺乏触变性。因此需要添加增稠剂。

由于 $MgCl_2 \cdot 6H_2O$ 结合的 MgO 耐火浇注料的凝固速度过慢，所以还需要添加适量的硬化剂，以调节硬化速度。此外，尚需配入防潮剂以防止 $MgCl_2$ 吸潮。

通过对以上添加剂用量进行调整，可使 $MgCl_2 \cdot 6H_2O$ 结合的 MgO 耐火浇注料获得较为理想的稠度，具有较高的触变性能、适中的硬化速度和足够的可使用时间。

按上述思路可设计出浇注（施工）性能优良、综合性能较高的 MgO 耐火浇注料，如表 6-1 和表 6-2 所示。

**表 6-1 MgO 耐火浇注料的配方**

（质量分数，%）

| MSD96A（主原料） | 94.5~95.0 | 添加剂含量 | 约3 |
|---|---|---|---|
| $MgCl_2 \cdot 6H_2O$（结合剂） | 2.5~3.0 | 水（外加） | 4.0~4.3 |

**表 6-2 $MgCl_2 \cdot 6H_2O$ 结合的 MgO 耐火浇注料的性能**

| 化学成分 | 含量/% | | |
|---|---|---|---|
| MgO | 94.5 | | |
| $SiO_2$ | 2.2 | | |
| CaO | 1.7 | | |
| $Fe_2O_3$ | 0.8 | | |
| $Al_2O_3$ | 0.5 | | |
| 物理性能 | 120℃×24h | 1100℃×4h | 1500℃×2h |
| 体积密度/g·cm$^{-3}$ | 2.88/2.92 | 2.80/2.88 | 2.86/2.94 |
| 显气孔率/% | 10.6/11.5 | 19.7/21.0 | 17.0/17.8 |
| 抗折强度/MPa | 9.6/11.5 | 3.0/5.0 | 12.5/17.8 |
| 线变化率/% | — | -0.2/-0.3 | -0.4/-0.7 |

由表 6-2 看出，在原始状态下（120℃×24h 干燥后），$MgCl_2 \cdot 6H_2O$ 结合的 MgO 耐火浇注料具有相当高的机械强度，其常温抗折强度达到 9.6~11.5MPa，说明它们完全能满足在不烧状态下的使用要求。不过，其中温强度却较低（1100℃×4h，抗折强度只有 3.0~

5.0MPa）。但它对于在不烧状态下的使用也已经够用了。高温烧成（1500℃×2h）后，材料的抗折强度明显提高，达到12.5~17.8MPa。

$MgCl_2 \cdot 6H_2O$ 结合的 MgO 耐火浇注料中温强度低的原因是结合相脱水反应和分解反应导致其体积密度明显下降，显气孔率明显升高（表6-2）。高温烧成后材料的机械强度明显增加是因为中温结合相脱水反应和分解反应所产生的高活性 MgO 迅速烧结。

表6-2还指出：$MgCl_2 \cdot 6H_2O$ 结合的 MgO 耐火浇注料通过高温烧成以后，其体积密度较高，显气孔率较低，机械强度大，而且烧成线收缩率不到1%，说明材料有着广泛的应用前景。

## 6.2.2 uf-$SiO_2$ 结合 MgO 耐火浇注料

### 6.2.2.1 主原料

uf-$SiO_2$ 结合 MgO 耐火浇注料，通常是以镁砂为主原料，以 uf-$SiO_2$ 为结合剂所配制的无水泥 MgO 质耐火浇注料。镁砂中的杂质成分主要有 $SiO_2$、CaO、$Al_2O_3$ 和 $Fe_2O_3$ 等。在 $SiO_2$ 含量相对较高的情况下，考虑到少量的 $Al_2O_3$ 和 $Fe_2O_3$ 会与 MgO 形成固溶体，因而 uf-$SiO_2$ 结合 MgO 耐火浇注料中的物相组成近似属于 $MgO-CaO-SiO_2$ 三元系统。其相组成为 $MgO-CaO \cdot MgO \cdot SiO_2$-$2MgO \cdot SiO_2$，其恒定温度为1502℃，而系统中的主晶相为 $MgO-2MgO \cdot SiO_2$（低熔点温度高达1860℃），如图6-4所示。这说明控制 uf-$SiO_2$ 结合 MgO 耐火浇注料中 CaO 的含量便成为设计该类耐火浇注料的一个非常重要的选料原则。因为 CaO 含量高时会在高温中形成较多的 $CaO \cdot MgO \cdot SiO_2$，甚至有可能形成 $3CaO \cdot MgO \cdot 2SiO_2$，如图6-5所示，严重降低材料的高温性能和抗渣性能。

根据图6-5，若要略去 CaO 的副作用，MgO 耐火浇注料基质中 $w(CaO)$ 应小于 $0.16w(SiO_2)$。另外，增加 MgO 耐火浇注料基质中的 $SiO_2$ 含量，可降低熔渣的渗透，但同时也降低了材料的抗侵蚀性能。一个折中的解决办法是在保持足够的结合能力的前提下，需要平衡抗渗透性和抗侵蚀性。根据图6-5，uf-$SiO_2$ 结合 MgO 耐火浇注料中，基质中 $SiO_2$ 配入量应满足：

$$w(SiO_2) \leqslant 0.67w(MgO) \tag{6-2}$$

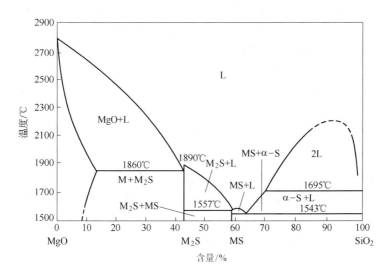

图 6 - 4　MgO-SiO$_2$ 系统相图

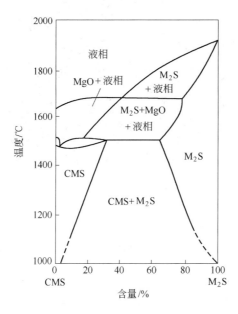

图 6 - 5　CMS-M$_2$S 系相图

对于 uf-SiO$_2$ 结合 MgO 耐火浇注料来说，镁砂纯度也很重要。镁砂（原料）类型对于镁砂抗水化性的影响实验表明：杂质含量高时，镁砂的抗水性能也高（即镁砂纯度高时，其抗水化性较差）。这说明在设计 uf-SiO$_2$ 结合 MgO 耐火浇注料的配方时，要根据这种互相矛盾的影响确定镁砂类型。也就是说，权衡抗渗透性和抗侵蚀性，而不是优化一个参数。

考虑到方镁石晶体大小对水化的影响这一事实，最好选择电熔镁砂作为配制 uf-SiO$_2$ 结合 MgO 耐火浇注料的 MgO 源。

由此可见，低 CaO/SiO$_2$ 比、纯度适当的电熔镁砂应成为配制 uf-SiO$_2$ 结合 MgO 耐火浇注料的首选 MgO 源（镁砂原料）。图6-6 示出了 MgO 含量为97%的电熔镁砂的显微照片，棱角状方镁石晶体明显地被硅酸盐相包裹，形成覆盖方镁石晶体表面的硅酸盐相薄膜层，因而它们具有良好的抗水化性能。

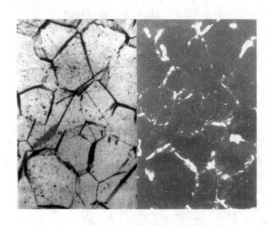

图6-6　MgO 含量为97%的电熔镁砂的显微照片（×40）

### 6.2.2.2　结合剂

当以 CAC 作为镁质耐火浇注料时，会导致在高温时形成大量的 CaO·MgO·SiO$_2$ 和 3CaO·MgO·2SiO$_2$，降低材料的高温性能和抗渣性能。因此，镁质耐火浇注料的配方，一般都按无水泥耐火浇注料方案设计。可以选择 uf-SiO$_2$、ρ-Al$_2$O$_3$、活性 α-Al$_2$O$_3$ 等作为镁质耐火浇注料的结合剂。选用 uf-SiO$_2$ 作为结合剂时具有明显的优点：有助于控制镁质耐火浇注料的流变性能，防止镁砂水化，而且材料易于干燥，减少干燥过程中的开裂或粉化现象，同时还能提高材料的抗渗透能力等。

uf-$SiO_2$ 配置量对镁质耐火浇注料性能的影响如图 6 – 7 和图 6 – 8 所示。可见，uf-$SiO_2$ 配置量对材料线变化率、常温抗折强度、气孔率和抗渗透性有明显的影响，但各自要求的 uf-$SiO_2$ 配置量却是不同的。因此，需要根据实际使用要求控制相应 uf-$SiO_2$ 的配置量。图 6 – 8（坩埚抗渣试验，侵蚀剂为转炉终渣，其 CaO/$SiO_2$ = 2.68，1600℃ × 3h）表明，随 uf-$SiO_2$ 配置量的增加，材料抗熔渣渗透能力提高，因为材料与熔渣反应生成的液相中 $SiO_2$ 含量增加，使熔渣黏度增大，这可阻碍熔渣向材料内部进一步渗透。

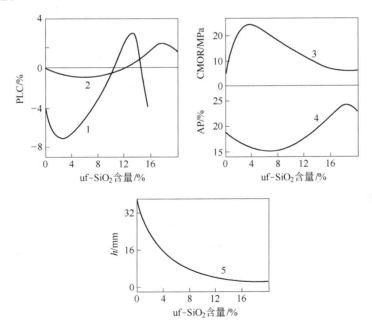

图 6 – 7　uf-$SiO_2$ 含量对 MgO 耐火浇注料性能的影响

1，2—于 1600℃烧成后基质及浇注料线变化率（PLC）；3，4—1500℃烧成后的抗折强度（CMOR）和显气孔率（AP）；5—金属氧化物侵入深度（$h$）

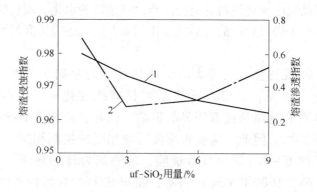

图 6 - 8　uf-SiO$_2$ 用量与镁质耐火浇注料抗渣性的关系

1—熔渣渗透指数；2—熔渣侵蚀指数

　　此外，uf-SiO$_2$ 的纯度和类型对镁质耐火浇注料的影响也不同，见表 6 - 3。

表 6 - 3　uf-SiO$_2$ 的配置量依类型而变化

| uf-SiO$_2$ 牌号 | uf-SiO$_2$ 用量（质量分数）/% | 用水量（质量分数）/% | 常温抗折强度（120℃×24h）/MPa |
|---|---|---|---|
| Grade92u | 5.5 ~ 6.0 | 5.8 | 17 ~ 20 |
| Grade97u | 4.5 ~ 5.5 | 5.6 | 18 ~ 21 |
| Grade99u | 4.0 ~ 4.5 | 5.6 | 18 ~ 21 |

　　由表 6 - 3 看出，3 种不同牌号 uf-SiO$_2$ 结合的镁质耐火浇注料，其 uf-SiO$_2$ 的配置量适当时，材料在高温条件下具有自反应、自烧结和自膨胀的特征，因而其常温抗折强度都很高，均能获得高性能。

### 6.2.2.3　添加剂的组合

　　uf-SiO$_2$ 结合的镁质耐火浇注料凝聚性强，流量衰减快，可使用时间短。原因是来自主原料中的 Mg$^{2+}$ 和 Ca$^{2+}$ 等阳离子能较快地溶出，导致在疏水分散系中起凝聚剂的作用，而使耐火浇注料中细粉急速凝固硬化，产生施工时间过短的问题。

　　为了解决上述问题，需要向这类耐火浇注料中添加适当的添加剂。为了使其细粉颗粒流化，以便在加水量很少的情况下也能获得良好的施工性能（浇注性能），并保证获得低气孔率的浇注体结构，需要添加多种添加剂（分散剂等）来改善其流变性能。表6-4列出了添加多种添加剂（组合）的 uf-SiO$_2$ 结合镁质耐火浇注料的性能。

表6-4　uf-SiO$_2$ 结合镁质耐火浇注料的性能

| 性　　能 | | MNCC-1 | MNCC-2 |
|---|---|---|---|
| 配比（质量分数）/% | DMS | 93 | 93 |
| | f-Fe | 2 | 2 |
| 结合剂 | Grade97u | 4.5 | 4.5 |
| 添加剂加入量（质量分数）/% | 凝聚磷酸盐 | 加 | 加 |
| | 羟基碳酸盐 | 加 | 加 |
| | 聚丙烯酸酯 | 不加 | 加 |
| | 羟基碳酸类 | 加 | 加 |
| 加水量（质量分数）/% | | 5.8 | 4.6 |
| 体积密度/g·cm$^{-3}$ | 120℃，24h | 2.97 | 2.99 |
| | 1200℃，3h | 2.94 | 2.96 |
| | 1500℃，3h | 2.98 | 3.00 |
| 显气孔率/% | 120℃，24h | 18.6 | 14.8 |
| | 1200℃，3h | 17.0 | 20.9 |
| | 1500℃，3h | 15.6 | 22.0 |
| 常温抗折强度/MPa | 120℃，24h | 14.0 | 14.8 |
| | 1200℃，3h | 20.0 | 20.9 |
| | 1500℃，3h | 21.6 | 22.0 |
| 烧成线变化率/% | 1200℃，3h | +0.2 | +0.2 |
| | 1500℃，3h | -0.3 | +0.0 |

表6-4表明，添加具有明显分散作用的羟基碳酸盐和具有能封闭金属离子（Mg$^{2+}$ 和 Ca$^{2+}$ 等）的离子封闭剂（也称螯合剂）的凝聚

磷酸盐等即可使镁质耐火浇注料得到分散稳定性，再向材料中添加一种具有高效抑制功能的羟基碳酸类物质以延长可使用时间（MNCC-1）。

如果进一步向 MNCC-2 中加入另一种具有螯合效果的聚丙烯酸酯，同时调整其他添加剂的用量，也能进一步使加水量降低（降低约20%，由5.8%降低到4.6%），从而获得必要的施工时间，并能保持材料的性能（表6-4）。

上述结果说明，通过添加多种具有螯合效果的添加剂与具有明显分散效果的分散剂（组合）便能增大分散效果和获得来自镁砂中阳离子的捕集性能，不仅达到了减水效果，而且也能使 uf-$SiO_2$ 结合镁质耐火浇注料获得适宜的施工时间，进而获得高性能的镁质耐火浇注料（表6-4中 MNCC-2）。所有这些都表明，添加剂的选择和组合都是非常重要的。

### 6.2.2.4    体积稳定性的控制

uf-$SiO_2$ 结合镁质耐火浇注料虽然具有上述许多优点，但也存在容易产生过烧结现象和烧成收缩过大的问题。例如，在1500℃烧成的含4%~5% uf-$SiO_2$ 结合镁质耐火浇注料，其 PLC（永久线变化）有可能高达1.2%~1.5%以上（图6-7）。uf-$SiO_2$ 结合剂用量对镁质耐火浇注料在1600℃烧成后的基质最高收缩率达7%，而最大膨胀值达3%。这说明，可以通过调整 uf-$SiO_2$ 结合剂的用量同时配置少量膨胀材料来控制镁质耐火浇注料的体积稳定性。如表6-4所示，当 uf-$SiO_2$ 结合剂用量为4.5%同时添加2% f-Fe（轧钢皮）其体积稳定性相当高（PLC +0.2%~-0.3%，甚至达到 PLC=0）。而且由于 $Fe^{3+}$ 能够溶入 MgO 中，$Fe^{2+}$ 也可与 $2MgO \cdot SiO_2$ 形成固溶体，因而少量铁加入到 uf-$SiO_2$ 结合镁质耐火浇注料中不会对其高温性能产生明显的副作用。

## 6.2.3    MgO 耐火自流浇注料

MgO 耐火自流浇注料（MSFC）在水分为5%~8%时，在自重作用下具有足够的流动性；而且在某些情况下，其性能指标与同类振动耐火浇注料相当或者超过后者。

MSFC 的自流性，从流变学角度来看，认为是不具有屈服值的假塑性流体特性的。这种流体特性往往可在膨胀流体或者牛顿流体中观察到。

MSFC 的技术关键是在无外力浇注后如何填充任意空间。因此，MSFC 的设计主要是确定了颗粒分布（PSD）和基质的分散技术以及控制 MgO 的水化，其重点是选择最佳的颗粒组成和调节耐火浇注料系统的流变学性能以及防水化措施，以保证在极限稠度的条件下，使之同时具有完整的沉淀稳定性（即耐火浇注料系统不发生分层现象）和良好的流动性能。

耐火浇注料的流动特性不仅受到细粉－水系分散凝聚的影响，而且还受到骨料－悬浮体之间的稳定分散性的影响。当细粉部分不稳定分散时即会在水中凝聚，骨料相对于悬浮体则会产生沉降分离。结果会增加耐火浇注料中骨料颗粒之间的接触，表观上则表现出弹性性状，产生流动不好的现象。为了提高耐火浇注料的自流性，使含有骨料颗粒的耐火浇注料成为在不给予震动的条件下，不沉降分离的黏性体，可通过提高细粉－水悬浮体的黏性，以提高抗分离性，进而提高整体耐火浇注料的稳定分散性。一般可通过添加增黏剂或者调整细粉部分和骨料颗粒部分的粒度组成等方法来实现。

当按安德森颗粒分布来配制 MSFC 时，认为只要取颗粒分布系数 $q = 0.20 \sim 0.25$，在加入少量水之后，骨料颗粒间的填料就会产生悬浮物使骨料颗粒分开。如果填料含量高到能够抑制骨料颗粒的物理干扰，那么 MSFC 的流动能力基本上由基质的流变性能控制。图 6－9 示出了 $Al_2O_3$-Spinel SFC 的最佳颗粒组成区域，其中 $-45\mu m$ 颗粒含量高达 $35\% \sim 40\%$。

一旦确定了 MPT 值，那就是寻找最佳的分散条件（包括分散剂组合、各分散剂的浓度和悬浮体的 pH 值）来获得该耐火浇注料流变性能所要求的指标。

MSFC 基质的分散技术和耐火浇注料系统的流变学性能的调节，原则上可以借鉴 uf-$SiO_2$ 结合镁质耐火浇注料的有关方法进行。

按上述讨论的内容设计的一种 $MgO - SiO_2$-$Fe_2O_3$ 耐火自流浇注料（MSF－SFC）的性能见表 6－5。

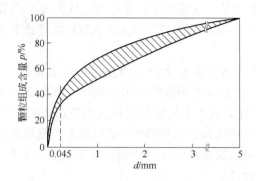

图 6 – 9　Al$_2$O$_3$-Spinel SFC 的颗粒组成区域

**表 6 – 5　一种 MgO-SiO$_2$-Fe$_2$O$_3$ 耐火自流浇注料（MSF-SFC）配比及性能**

| 配比（质量分数）/% | | DMS96/97 | f-Fe | Grade94u | 其他 | 水（外加） |
|---|---|---|---|---|---|---|
| | | 83 ~ 85 | 8 ~ 10 | 6 | 1 | 5.5 |
| 性　能 | 抗折强度/MPa | 120℃ ×24h, 12 | | 1200℃ ×2h, 13 | | |
| | 体积密度/g·cm$^{-3}$ | 120℃ ×24h, 2.83 | | 1200℃ ×2h, 2.85 | | |
| | 显气孔率/% | 120℃ ×24h, 19.5 | | 1200℃ ×2h, 18.5 | | |
| | 线变化率/% | 1200℃ ×2h, -0.38 | | | | |

1200℃ ×2h 渗铜试验的相对渗透率的结果为：

MSF-SFC 为 0 ~ 2.0%，而 MgO-Cr$_2$O$_3$（5% Cr$_2$O$_3$）耐火自流浇注料为 28.3%。

上述结果说明，MSF-SFC 对铜液的渗透具有极强的抵抗能力，并在流铜沟上获得了很好的使用效果。另外，MSF-SFC 也可以用作铁水和钢水流槽的耐火修补料。

## 6.3　MgO-熔融石英耐火浇注料

uf-SiO$_2$ 结合的 MgO 耐火浇注料只有配入较多的 uf-SiO$_2$（达 8% ~ 12% SiO$_2$，参见图 6 – 7）才能具有一定的膨胀性和抗熔渣的渗透性能，但较高的 uf-SiO$_2$ 含量却会导致其抗熔渣的侵蚀性能明显下降（图 6 – 8）。同时还会增加与熔融金属的反应性（图 6 – 7），这说明需要对 uf-SiO$_2$ 结合的 MgO 耐火浇注料中 SiO$_2$ 含量进行仔细平衡。

降低 uf-SiO$_2$ 结合的 MgO 耐火浇注料中 uf-SiO$_2$ 含量的办法之一是将熔融石英颗粒（0.1~1.0mm）代替部分 uf-SiO$_2$ 用量，配制出 MgO-SiO$_2$ 耐火浇注料。如图 6-10 所示，当熔融石英颗粒（0.1~1.0mm）含量达到 7% 时，PLC=0。熔融石英颗粒（0.1~1.0mm）达到 7.5% 时，材料具有相当高的抗渗透性能，参见图 6-2。

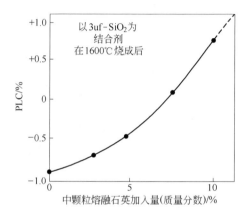

图 6-10　中颗粒熔融石英对 uf-SiO$_2$ 结合的
MgO 耐火浇注料 PLC 的影响

对比图 6-8 和图 6-10 看出，MgO 耐火浇注料中 SiO$_2$ 含量的大部分由 uf-SiO$_2$ 换成熔融石英颗粒（0.1~1.0mm）时，SiO$_2$ 总量（质量分数）即可由 14% 降低到 8% 以下。

图 6-11 示出了 uf-SiO$_2$（3%）结合的 MgO-熔融石英耐火浇注料加热后矿物组成的变化。它表明，新形成的矿物相是方石英和 2MgO·SiO$_2$。该类耐火浇注料于 1200℃时方石英的含量达到最大值，此后再随温度上升而减少，而 2MgO·SiO$_2$ 含量则随温度上升而增加。显微结构研究得出，在高温条件下熔融石英从表面开始结晶成方石英，并且大部分熔融石英在转化为 2MgO·SiO$_2$ 之前会结晶成方石英。由于熔融石英转化为方石英伴有 0.9% 的体积膨胀，而方石英同 MgO 反应生成 2MgO·SiO$_2$ 时也会产生体积膨胀，因而 uf-SiO$_2$

（3%）结合的 MgO-熔融石英耐火浇注料在高温烧成后会产生永久性膨胀（PLC >0）。其原因主要是热膨胀较低的熔融石英结晶为热膨胀较高的方石英。

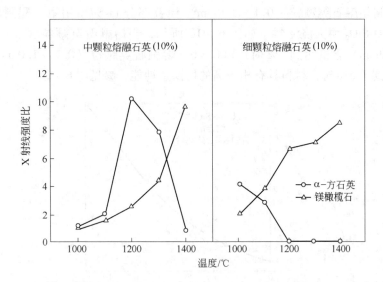

图 6 - 11　MgO-熔融石英耐火浇注料加热后矿物组成的变化

## 6.4　MgO-Al$_2$O$_3$-SiO$_2$ 耐火浇注料

uf-SiO$_2$ 结合的 MgO 耐火浇注料中，另一类型为 uf-SiO$_2$ 并用活性 Al$_2$O$_3$ 超微粉（包括水合 Al$_2$O$_3$ 超微粉）作为结合剂。这类耐火浇注料属于 uf-SiO$_2$ + α-Al$_2$O$_3$/ρ-Al$_2$O$_3$ 结合的 MgO 耐火浇注料或者 MgO-Al$_2$O$_3$-SiO$_2$ 耐火浇注料。

图 6 - 12 示出了经过 1600℃ 烧成的 uf-SiO$_2$ + ρ-Al$_2$O$_3$ 结合的 MgO 耐火浇注料的 PLC 随 uf-SiO$_2$ + ρ-Al$_2$O$_3$ 含量的变化情况（图中 FS 为熔融石英）。它表明，当熔融石英颗粒（0.1 ~ 1.0mm）的用量为 2.5% 以上时，即可导致材料膨胀。如果添加约 5% 烧结 α-Al$_2$O$_3$ 微粉，1600℃ 烧成的这类 MgO-Al$_2$O$_3$-SiO$_2$ 耐火浇注料的 PLC 达 +0.5%。

图 6 - 12 表明，在 MgO-Al$_2$O$_3$-SiO$_2$ 耐火浇注料中，当熔融石英

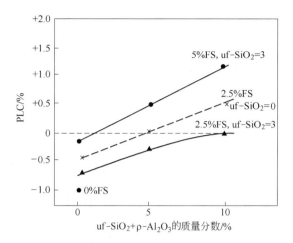

图 6-12  Al$_2$O$_3$ 含量对 MgO-Al$_2$O$_3$-SiO$_2$ 耐火浇注料体积稳定性的影响
（结合剂：uf-SiO$_2$ + ρ-Al$_2$O$_3$）

颗粒（0.1～1.0mm）的用量为 2.5%，烧结 α-Al$_2$O$_3$ 微粉为 5% 时，即可获得较理想的抗熔渣的渗透能力。

## 6.5  MgO-Spinel(Al$_2$O$_3$) 耐火浇注料

从原料组合的角度观察，MgO/Al$_2$O$_3$ > 1（摩尔比）的 MgO-Spinel（Al$_2$O$_3$）耐火浇注料中，其 Al$_2$O$_3$ 源可以采用 Al$_2$O$_3$ 或者 Spinel 或者两者并用。因此，MgO-Spinel（Al$_2$O$_3$）耐火浇注料应该包括 MgO-Al$_2$O$_3$ 耐火浇注料、MgO-Spinel 耐火浇注料和 MgO-Spinel-Al$_2$O$_3$ 耐火浇注料三大类型。经高温烧成后，其平衡物相都是方镁石（MgO）和尖晶石（Spinel）。

MgO-Spinel（Al$_2$O$_3$）耐火浇注料需要严格控制 SiO$_2$ 含量，因为它会使该类材料的高温性能严重下降。例如，以 3% uf-SiO$_2$ 为结合剂的 MgO-Spinel（Al$_2$O$_3$）耐火浇注料，若按骨料（MgO）：基质[MgO-Spinel(Al$_2$O$_3$-SiO$_2$)] = 70：30 配料，则基质中 SiO$_2$ 含量高达 10%，其液相出现的温度将会由 2050℃下降到 1710℃，如图 6-13 所示。

上述情况说明：采用活性氧化铝（超微粉，包括水合 Al$_2$O$_3$、

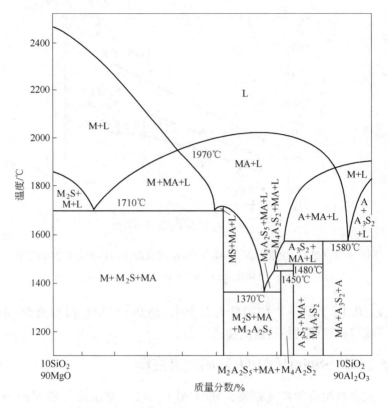

图 6 - 13　$10SiO_2/90Al_2O_3$-$10SiO_2/90MgO$ 等组成截面图

$\rho$-$Al_2O_3$）作结合剂时便可提高材料的高温性能。不过，$MgO + Al_2O_3$ →Spinel 的过程伴有体积膨胀，这会导致体积稳定性问题的发生。通常，这一问题可以通过选择适当 Spinel 含量以及 $Al_2O_3$ 含量和适当 $Al_2O_3$ 颗粒大小（尺寸）来控制。图 6 - 14 示出了 $Al_2O_3$ 含量（包括 5% 水合 $Al_2O_3$ 结合剂在内）对 $MgO$-$Al_2O_3$ 耐火浇注料的体积稳定性的影响。该耐火浇注料以镁砂为骨料，$MgO$-$Al_2O_3$ 为基质，水合 $Al_2O_3$ 为结合剂，同时加入絮凝剂和缓凝剂（包括高效螯合剂）。图 6 - 14表明，这类耐火浇注料经 1600℃ 烧成后不产生收缩，当 $Al_2O_3$ 含量为 5% ~ 10%（包括 5% 水合 $Al_2O_3$ 结合剂在内）时，材料的体

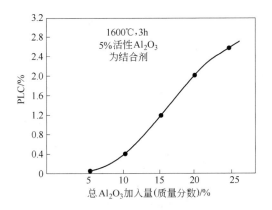

图 6 – 14　Al₂O₃ 含量对 MgO-Al₂O₃ 耐火浇注料 PLC 的影响
（1600℃×3h；结合剂：5% 活性 Al₂O₃）

积相当稳定。

此外，如图 6 – 15～图 6 – 18 所示：MgO-Spinel 耐火浇注料对于中等碱度熔渣（图 6 – 15）的侵蚀具有较高的抵抗能力，但却容易被富 CaO 熔渣所侵蚀（图 6 – 17 和图 6 – 18）。

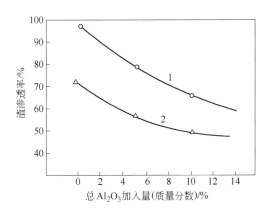

图 6 – 15　Al₂O₃ 含量对 MgO-Al₂O₃ 耐火浇注料抗渣渗透性的影响
（1600℃×3h；5% 活性 Al₂O₃ 为结合剂）
1—熔融石英中颗粒为 0%；2—熔融石英中颗粒为 2.5%

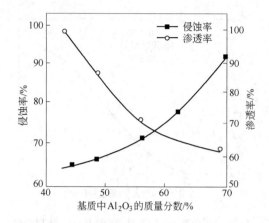

图 6 – 16　MgO-Spinel（Al$_2$O$_3$）耐火浇注料的抗渣试验的结果

（1600℃ × 3h；渣：20% TFe，CaO/SiO$_2$ = 3）

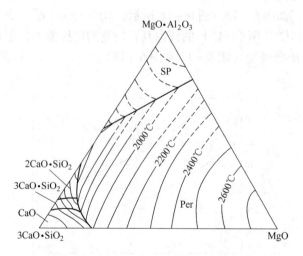

图 6 – 17　MgO-Spinel-C$_3$S 系液相线温度

　　虽然 Al$_2$O$_3$ 微粉对于控制熔渣向 MgO-Al$_2$O$_3$ 耐火浇注料中的渗透是有效的，但却需要较高的 Al$_2$O$_3$ 含量，见图 6 – 15。图中还表明，并用熔融石英对于控制熔渣向 MgO-Al$_2$O$_3$ 耐火浇注料中渗透的效果

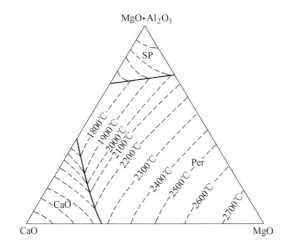

图 6-18 MgO-Spinel-CaO 系液相线温度

更佳。

图 6-16 是 MgO-Spinel（Al$_2$O$_3$）耐火浇注料的抗渣试验的结果，它表明，渣渗透指数随材料基质中 MgO/Al$_2$O$_3$ 比而变化的情况，在基质中的 MgO/Al$_2$O$_3$ ≈0.7 时，其渣渗透同渣侵蚀达到平衡，该组成正好接近 MgO-Spinel 亚系低共熔点组成区域（图 4-1）。由于这种组成物具有良好的蠕变能力，所以材料在高温下产生的热应力小，其抗热震性能高。

坩埚抗渣试验的结果表明，当在 MgO-Spinel-Al$_2$O$_3$ 耐火浇注料中分别加入 66Spinel、78Spinel 和 90Spinel（Spinel 前面数字为 Spinel 中 Al$_2$O$_3$ 含量）时，以加入 78Spinel 的综合性能最好。

同时，为了均衡 MgO-Spinel（Al$_2$O$_3$）耐火浇注料的 PLC，其配方应采用 MgO-Spinel-Al$_2$O$_3$ 耐火浇注料方案。预计，在这种情况下，Spinel 类型对材料的抗渣性也会有影响。

以 MgO 为骨料颗粒而以 MgO-Spinel-Al$_2$O$_3$ 为粉料的耐火浇注料中，其基质中 $w(\text{Al}_2\text{O}_3)/w(\text{MgO})$（包括结合剂中的 Al$_2$O$_3$）比例是非常重要的配料参数，因为 Al$_2$O$_3$ + MgO→Spinel 伴有体积膨胀。对于加有刚玉粉料的材料来说，$w(\text{Al}_2\text{O}_3)/w(\text{MgO}) > 1$ 时，其烧成后

的线变化为正值；而再加入 Spinel 粉使基质的 $w(Al_2O_3)/w(MgO) >$
0.7 时，材料则呈线性膨胀，同时亦可克服 MgO-Spinel-Al$_2$O$_3$ 耐火浇
注料中温强度偏低的问题。

图 6–19 示出了 MgO-Spinel-Al$_2$O$_3$ 耐火浇注料性能受其基质的
$w(Al_2O_3)/w(MgO)$ 比影响情况。图中的强度比是 1000℃/1500℃ 的
强度比值，它可判断 MgO-Spinel-Al$_2$O$_3$ 耐火浇注料的耐剥落性：当强
度比值 ≈1 时，材料的耐剥落性最好 (1000℃，风冷，循环 10 次的
结果)。图中表明，随着基质的 $w(Al_2O_3)/w(MgO)$ 比增大，加入刚
玉粉时，材料的强度比降低，而加入 Spinel 粉时材料的强度升高。加
入刚玉粉，当基质的 $w(Al_2O_3)/w(MgO) \approx 1.1 \sim 1.8$ 之间时，材料的
强度比 ≈1；而加入 Spinel 粉，当基质的 $w(Al_2O_3)/w(MgO) \approx 1.0 \sim$
1.5 之间时，材料的强度比 ≈1。

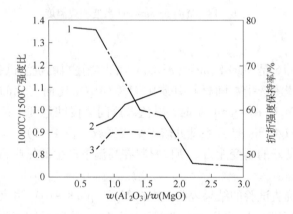

图 6–19　基质中 $w(Al_2O_3)/w(MgO)$ 与耐火浇注料性能的关系

1，2—分别为加刚玉粉和 Spinel 粉的强度比；3—抗折强度保持率

上述情况都说明，在 MgO 耐火浇注料的基质中配置刚玉粉和
Spinel 粉提高了材料的抗热震性能。原因是 Al$_2$O$_3$ + MgO→Spinel 伴有
体积膨胀以及 Spinel 结构导致基质组织结构产生微裂纹，可消除部分
热应力，具有吸收能量的作用，从而提高了材料的抗热震性能。

图 6–19 还表明，当基质的 $w(Al_2O_3)/w(MgO) \approx 0.7 \sim 1.7$ 时，
经 1000℃，风冷，循环 10 次后，其 MgO-Spinel-Al$_2$O$_3$ 耐火浇注料的

强度保持率为 50% ~ 60%，这说明，在 MgO 耐火浇注料的基质中配制刚玉粉和 Spinel 粉是能够提高材料的抗热震性能的，而且在基质的 $w(Al_2O_3)/w(MgO) \approx 1.1 ~ 1.5$ 时，可获得各项综合性能优良的 MgO-Spinel-Al$_2$O$_3$ 耐火浇注料。

## 6.6 MgO-Spinel-CA$_6$ 耐火浇注料

Al$_2$O$_3$-MgO-CaO 系相图中 MgO-Spinel-CA$_6$ 相区是 MgO-Spinel-CA$_6$ 耐火材料物相分布区域，但由于 MgO-CA$_6$ 亚二元系的共熔温度较低（仅 1380℃）。为了提高 MgO-Spinel-CA$_6$ 耐火材料的高温性能，材料中 CA$_6$ 的含量应加以限制。

当 MgO-Spinel-CA$_6$ 耐火材料中 CA$_6$ 的含量不是很高时，其液相线温度却是相当高的。例如，CA$_6$ 含量由 40% 降至 0 时，相应液相线温度即由 2000℃上升到约 2800℃。并且，二固相（MgO + Spinel）同液相共存的温度亦高达 2000℃以上。这就说明当 CA$_6$ 含量不是很高时，MgO-Spinel(Al$_2$O$_3$)-CA$_6$ 耐火浇注料可具有较高的固 - 固结合和较高的高温机械强度。显然，低水泥 MgO-Spinel(Al$_2$O$_3$) 耐火浇注料是这类 MgO-Spinel(Al$_2$O$_3$)-CA$_6$ 耐火浇注料的重要代表。为了提高材料的高温性能，其配方设计方案应按低水泥耐火浇注料进行设计。

## 6.7 MgO-Spinel-ZrO$_2$ 耐火浇注料

### 6.7.1 基础研究

MgO-Al$_2$O$_3$-ZrO$_2$ 耐火浇注料中，由于 ZrO$_2$ 具有提高熔渣黏度的作用，Spinel 具有高的抗熔渣渗透的作用，两者组合即具有与 Cr$_2$O$_3$ 相同的、与低碱度熔渣相适应的能力，是熔融炉可使用的一类重要的无铬耐火浇注料。

MgO-Al$_2$O$_3$-ZrO$_2$ 三元系相图如图 6-20 和图 6-21 所示。图 6-20 表明，在这个三元系中不存在稳定的三元化合物，但在 1600 ~ 1700℃时却存在三元化合物 X[Mg$_{5+x}$Al$_{2.4-x}$Zr$_{1.7+0.25x}$O$_{12}$（$-0.4 \leqslant x \leqslant 0.4$）]。另外，在这个三元系中的二元化合物仅有 MgO·Al$_2$O$_3$（Spinel），实际它是 MgO/Al$_2$O$_3$ 比组成范围广泛的尖晶石固溶体。而且富

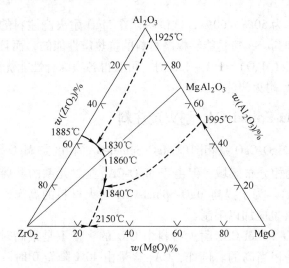

图 6-20 MgO-Al₂O₃-ZrO₂ 三元系相图

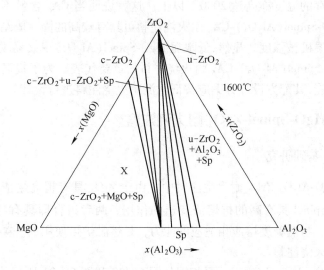

图 6-21 MgO-Al₂O₃-ZrO₂ 三元系统

u-ZrO₂—不稳定 ZrO₂；c-ZrO₂—立方（稳定）ZrO₂；Sp—Spinel 的简写（尖晶石）

MgO 尖晶石固溶体中最大 MgO 固溶量处于 MgO-Spinel 亚二元系共熔点温度约 2050℃之处，而富 Al₂O₃ 尖晶石固溶体中最大 Al₂O₃ 固溶量处于 Al$_2$O$_3$-Spinel 亚二元系共熔点温度约 2020℃之处。

　　MgO-Al$_2$O$_3$-ZrO$_2$ 三元系的重要特征是其三元组成的最低共熔点温度高达 1830~1840℃，表明纯净的 MgO-Al$_2$O$_3$-ZrO$_2$ 组成三元混合物在 1800℃以下不会产生液相，因而由 MgO-Al$_2$O$_3$-ZrO$_2$ 三元混合物组成的耐火浇注料属于高性能的耐火材料范畴。其中，MgO-Spinel-ZrO$_2$、Al$_2$O$_3$-Spinel-ZrO$_2$ 和 Spinel-ZrO$_2$ 耐火浇注料都能够同氧化气氛熔融炉的操作条件相适应。

　　由图 6-20 看出，MgO-Spinel-ZrO$_2$ 耐火浇注料中除了方镁石、尖晶石固溶体和 c-ZrO$_2$ 物相之外，还应当有 X 相存在（图 6-21）。由于 X 相仅在 1600~1700℃之间稳定，所从 X 相对 MgO-Spinel-ZrO$_2$ 耐火浇注料的性能和应用不会有实际意义；同样，Al$_2$O$_3$-Spinel-ZrO$_2$ 耐火浇注料的平衡物相也只有刚玉、尖晶石固溶体和 u-ZrO$_2$ 物相；Spinel-ZrO$_2$ 耐火浇注料的平衡物相也只有尖晶石固溶体和 c-ZrO$_2$/u-ZrO$_2$ 物相（在 MgO/Al$_2$O$_3$ 摩尔比小于 1 时为 u-ZrO$_2$，MgO/Al$_2$O$_3$ 摩尔比大于 1 时为 c-ZrO$_2$）。

## 6.7.2　MgO-Spinel-ZrO$_2$ 耐火浇注料配制原则

　　图 6-22 和图 6-23 表明，当 MgO、Spinel 和 Al$_2$O$_3$ 分别同 CaO/

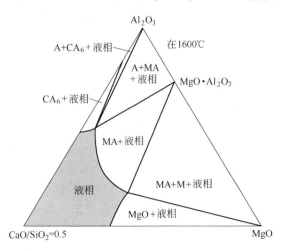

图 6-22　MgO-Al$_2$O$_3$-CaO/SiO$_2$（0.5）相关系图

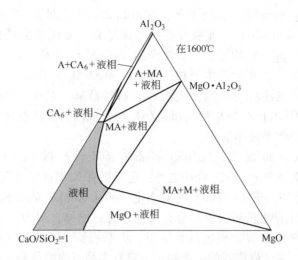

图6-23　MgO-Al$_2$O$_3$-CaO/SiO$_2$（1.0）相关系图

SiO$_2$ = 1.0 和 CaO/SiO$_2$ = 0.5 的熔体相遇时，在1600℃的温度下，MgO、Spinel 和 Al$_2$O$_3$ 吸收 CaO/SiO$_2$ = 1.0 的熔体分别为23%、39%和53%，而吸收 CaO/SiO$_2$ = 0.5 的熔体分别为34%、40%和46%。此后便进入异相（液-固相）平衡相区，也就是 CaO/SiO$_2$ = 0.5 ~ 1.0 的熔体熔解 MgO、Spinel 和 Al$_2$O$_3$ 能力按 MgO < Spinel < Al$_2$O$_3$ 增大，说明了 MgO、Spinel 和 Al$_2$O$_3$ 抵抗 CaO/SiO$_2$ = 0.5 ~ 1.0 熔体的侵蚀能力则按 MgO > Spinel > Al$_2$O$_3$ 增大。这也说明，就抗侵蚀性而论，作为氧化气氛熔融炉用 MgO-Al$_2$O$_3$-ZrO$_2$ 耐火浇注料中，MgO-Spinel-ZrO$_2$ 耐火浇注料优于 Spinel-ZrO$_2$ 耐火浇注料，更优于 Al$_2$O$_3$-Spinel-ZrO$_2$ 耐火浇注料。

　　然而，抗熔渣渗透的能力却按 Spinel > Al$_2$O$_3$ > MgO 的顺序递减。这说明，为了获得抗渣（抗侵蚀和抗渗透）性最佳的 MgO-Spinel-ZrO$_2$ 耐火浇注料，需要对配方中 MgO 和 Spinel 的相对含量进行仔细平衡。现在已由实验研究结果得出：MgO-Spinel-ZrO$_2$ 耐火浇注料的抗侵蚀性随着 Spinel 含量的增加而提高，如图6-24所示。当 Spinel 含量达到35% ~45%时，MgO-Spinel-ZrO$_2$ 耐火浇注料的抗侵蚀性最好。

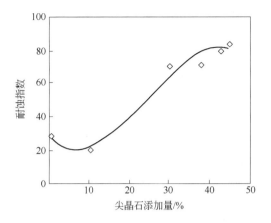

图 6 - 24　MgO-Spinel-ZrO$_2$ 中 Spinel 含量与耐蚀性的关系

### 6.7.3　原料选择

关于配入 Spinel 的类型，认为在 Spinel 含量较高的情况下，预合成 Spinel 和原位 Spinel 同时配入可获得最佳的抗渣性。图 6 - 25 对于化学成分相同、原料构成不同（原位 Spinel 含量不同）的 MgO-Spinel-ZrO$_2$ 耐火浇注料（Spinel 合量为 43%）的抗渣性作了研究。图中表明：当配料中配入 8%（MgO + Al$_2$O$_3$ 合量为 6% ~ 10%，MgO/Al$_2$O$_3$ 摩尔比为 1）来形成原位 Spinel 时便能获得一种抗渣性最佳的 MgO-Spinel-ZrO$_2$ 耐火浇注料。

如图 4 - 4 所示，预合成 Spinel 在防止熔渣渗透方面的作用较小，因为熔渣能轻易地在颗粒周围游动。而含一定数量原位 Spinel 的 MgO-Spinel-ZrO$_2$ 耐火浇注料由于 MgO 和 Al$_2$O$_3$ 在受热时会互相反应生成 Spinel（即原位 Spinel），伴有 40% 的体积膨胀，导致结构致密，从而限制了熔渣的渗透，提高了材料的抗渣性能。

图 4 - 4 指出，当原位 Spinel 含量低时，限制熔渣渗透的作用较小，这是因为由于体积膨胀量小，导致结构致密的程度不够；相反，当原位 Spinel 含量过高时，由于产生体积膨胀量过大，这种膨胀难以

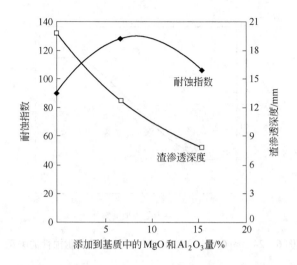

图 6 - 25　添加到 MgO-Spinel-ZrO₂ 耐火浇注料基质中的
MgO 和 Al₂O₃ 量对抗侵蚀性及渣渗透深度的作用

被基质吸收，而导致材料的结构破坏。

　　关于配入 $ZrO_2$，正如前面已指出的：$ZrO_2$ 在熔渣中的溶解度极小，故可提高材料的抗蚀性能。同时，$ZrO_2$ 还具有提高熔渣黏度的作用，配入 $ZrO_2$ 与未配入 $ZrO_2$ 的材料相比，作为熔渣成分之一的 $FeO$ 的渗透已被抑制，说明配入 $ZrO_2$ 对 MgO-Spinel-ZrO₂ 耐火浇注料控制熔渣渗透有效果。

　　然而，$ZrO_2$ 存在多晶转化，而且相转化还伴有非正常的体积膨胀，会导致 MgO-Spinel-ZrO₂ 耐火浇注料在长期炉役期间产生结构破坏，说明需要对 $ZrO_2$ 源进行精心选择。

　　图 6 - 26 示出了含不同 $ZrO_2$ 源的 MgO-Spinel-ZrO₂ 耐火浇注料在 1300℃加热后 PLC 随保温时间不同的变化情况。其中 $ZrO_2$（A）为非稳定的 $ZrO_2$ 源，$ZrO_2$（B）为经过特殊处理的 $ZrO_2$ 源。图中表明，含非稳定的 $ZrO_2$ 源材料在进行热处理后，其 PLC 连续增加，而含 $ZrO_2$（B）的材料，在进行热处理后，其 PLC 在一定的保温时间后却能保持基本稳定。

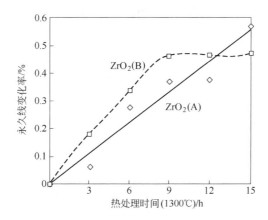

图 6-26　热处理时间和永久线变化（PLC）的关系

## 6.7.4　MgO-Spinel-ZrO$_2$ 耐火浇注料的应用

通过以上讨论可以得出如下结论：

（1）以镁砂和/或 ZrO$_2$ 作为骨料颗粒，并采用基质保护以避免骨料直接同熔融炉熔渣接触；

（2）选用 Spinel 细粉和 MgO + Al$_2$O$_3$ 微粉为原料，期望通过原位 Spinel 形成时所伴随的体积膨胀获得致密组织，从而抑制熔渣渗透；

（3）配入少量 ZrO$_2$ 以熔于熔渣中，增加熔渣黏度。作为 ZrO$_2$ 源，认为 t-ZrO$_2$ 或 u-ZrO$_2$ 最理想。

按照这一思路设计的 MgO-Spinel-ZrO$_2$ 耐火浇注料对于废弃物熔融炉熔渣具有良好的抵抗性，因而耐用性高，使用寿命长。

图 6-24 所示出的 MgO-Spinel-ZrO$_2$ 耐火浇注料耐蚀性（熔融炉熔渣见表 6-6）与 Spinel 含量的关系表明，MgO-Spinel-ZrO$_2$ 耐火浇注料耐蚀性随 Spinel 含量的增加而提高。当 Spinel 含量为35% ~45%时，材料的耐蚀性最好。

如果 MgO-Spinel-ZrO$_2$ 耐火浇注料中既含有预合成 Spinel 又含有原位形成的 Spinel，那么原位 Spinel 为6% ~10%时，其耐蚀性最高，而抗熔渣渗透的性能则随原位 Spinel 含量的增加而提高（图 6-27）。

表 6 - 6　侵蚀试验条件

| 化学成分（质量分数）/% | $Al_2O_3$ | 16 |
| --- | --- | --- |
| | CaO | 32 |
| | $SiO_2$ | 32 |
| | $Fe_2O_3$ | 8 |
| | $K_2O$ | 2 |
| | $Na_2O$ | 2 |
| | MgO | 2 |
| | $P_2O_5$ | 6 |
| | $CaO/SiO_2$ | 1.0 |
| 温度/℃ | | 1600 |

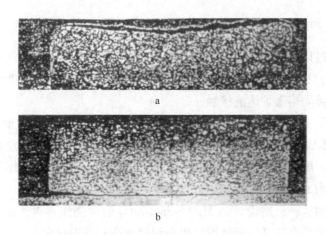

图 6 - 27　侵蚀试验后耐火浇注料断面

a—传统 $Al_2O_3$-$Cr_2O_3$ 材料；b—改进的 MgO-Spinel-$ZrO_2$ 耐火浇注料

　　表 6 - 7 列出的是 MgO-Spinel-$ZrO_2$ 耐火浇注料与 $Al_2O_3$-$Cr_2O_3$ 耐火浇注料的对比研究结果，它表明 MgO-Spinel-$ZrO_2$ 耐火浇注料抗废弃物熔融炉熔渣侵蚀性能达到甚至超过含 $Cr_2O_3$ 为 10% 的传统 $Al_2O_3$-$Cr_2O_3$ 耐火浇注料抗废弃物熔融炉熔渣侵蚀性能的水平（图 6 - 28）。

**表 6 - 7 传统 Al$_2$O$_3$-Cr$_2$O$_3$ 和改进的 MgO-Spinel-ZrO$_2$ 耐火浇注料的典型性能**

| 浇 注 料 | | 传统料 Al$_2$O$_3$-Cr$_2$O$_3$ 质 | 改进料 MgO-Spinel-ZrO$_2$ 质 |
|---|---|---|---|
| 化学成分 （质量分数）/% | ZrO$_2$ | | 5 |
| | Al$_2$O$_3$ | 86.2 | 32 |
| | Cr$_2$O$_3$ | 9.9 | |
| | MgO | | 61 |
| 显气孔率/% | 110℃ ×24h | 8 | 16 |
| | 1000℃ ×3h | 10 | 20 |
| | 1500℃ ×3h | 13 | 19 |
| 永久线变化率/% | 1000℃ ×3h | ±0 | +0.4 |
| | 1500℃ ×3h | +0.2 | +0.1 |
| 常温耐压强度/MPa | 110℃ ×24h | 69 | 39 |
| | 1000℃ ×3h | 78 | 25 |
| | 1500℃ ×3h | 147 | 34 |
| 加水量 （质量分数）/% | | 4.5 | 5.7 |
| 体积密度/g·cm$^{-3}$ | 110℃ ×24h | 3.55 | 2.99 |
| | 1000℃ ×3h | 3.45 | 2.91 |
| | 1500℃ ×3h | 3.45 | 2.85 |
| 耐蚀指数（CaO/SiO$_2$ = 1.0） | | 100 | 129 |
| 耐剥落性（JIS 方法） | | 7 | 9 |

这说明 MgO-Spinel-ZrO$_2$ 耐火浇注料能够与废弃物熔融炉的操作条件相适应。因为：

（1）MgO 和 ZrO$_2$ 比 Al$_2$O$_3$ 更难熔于 CaO/SiO$_2$ ≤ 1.0 的熔渣中，使用 MgO 和 ZrO$_2$ 提高了抗侵蚀性能。

（2）并用预合成 Spinel 和原位 Spinel 使材料组织结构更致密而提高了抗熔渣的渗透性能。

（3）加入经过特殊处理的 ZrO$_2$（如 t - ZrO$_2$ 或 u-ZrO$_2$ 等）原料，控制了非正常体积膨胀同时也有利于提高熔渣黏度，从而提高了材料的适应性和抗侵蚀性能。

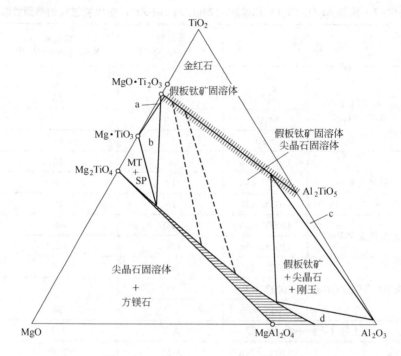

图 6-28　MgO-Al$_2$O$_3$-TiO$_2$ 三元系相图

（虚线为二相区间的结线，图中小区未注共存物相）

a—假板钛矿固溶体 + MgTiO$_3$；b—假板钛矿 + Spinel$_{ss}$ + MgTiO$_3$；

c—假板钛矿固溶体 + Al$_2$O$_3$；d— Spinel$_{ss}$ + Al$_2$O$_3$

## 6.8　MgO-Spinel（Al, Ti）耐火浇注料

　　废弃物熔融炉也可以使用 MgO-Al$_2$O$_3$-TiO$_2$ 耐火浇注料。这是因为 TiO$_2$ 对于铁质熔渣中 SiO$_2$ 成分有明显的过滤作用，而且还能同 FeO$_n$ 反应生成熔点较高的 FeO·TiO$_2$，可阻止 FeO$_n$ 向耐火材料内部渗透。可见，在高 FeO$_n$ 含量熔渣的条件下，便可采用 TiO$_2$ 代替 ZrO$_2$ 生产 MgO-Al$_2$O$_3$-TiO$_2$ 耐火浇注料用作废弃物熔融炉内衬耐火浇注料。

　　众多研究结果指出：

　　（1）对于以镁砂为骨料而以 MgO-Al$_2$O$_3$-TiO$_2$ 合成细粉料或者混合物细粉料为基质生产的 MgO-Spinel（Al, Ti）耐火浇注料来说，当

基质组成中 MgO 含量一定时，随着 TiO$_2$ 含量的增加，材料烧结性能提高，因而其体积也增加，显气孔率下降，抗水化性提高；而 TiO$_2$ 和 Al$_2$O$_3$ 含量相对均衡的材料抗热震性改善。

（2）当基质中 MgO、Al$_2$O$_3$、TiO$_2$ 含量都比较均衡时，即处于 MgO-Spinel-2MgO·TiO$_2$ 组成亚三角形内谷线中间位置附近组成时，相应组成 MgO-Spinel（Al，Ti）耐火浇注料具有最佳的抗熔渣渗透的能力［Spinel（Al，Ti）为 Spinel-2MgO·TiO$_2$ 固溶体］（图 6-28），而且受熔渣碱度的影响也不明显。

上述结果为我们设计与废弃物熔融炉操作条件相适应的 MgO-Spinel（Al，Ti）耐火浇注料提供了重要依据。例如，已经对以高纯镁砂为骨料而以 Spinel（Al，Ti）合成料为细粉所生产的 MgO-Spinel（Al，Ti）耐火浇注料进行过抗渣试验（旋转侵蚀试验，侵蚀剂为 CaO/SiO$_2$ = 0.8 的熔融炉渣；1600℃ × 16h），并同 MgO-Cr$_2$O$_3$ 和 Al$_2$O$_3$-Cr$_2$O$_3$ 耐火浇注料（试样特征见表 6-8）作了比较（图 6-29）。图 6-29 表明，MgO-Spinel（Al，Ti）耐火浇注料具有与 Al$_2$O$_3$-Cr$_2$O$_3$ 耐火浇注料同等或以上的耐蚀性能。

表 6-8　试验用试样的性能

| 试　　样 | | 无铬质 | 镁铬质 | 铝铬质 |
|---|---|---|---|---|
| 化学成分（质量分数）/% | Al$_2$O$_3$ | 8.2 | 8.9 | 82.1 |
| | Cr$_2$O$_3$ | | 12.2 | 9.9 |
| | MgO | 82.3 | 72.3 | |
| | ZrO$_2$ | | | 3.6 |
| | TiO$_2$ | 7.5 | | |
| 体积密度/g·cm$^{-3}$ | | 3.15 | 3.05 | 3.43 |
| 抗折强度/MPa | | 70 | 53 | 196 |
| 显气孔率/% | | 11.4 | 16.5 | 13.2 |

据此，将表 6-8 中 MgO-Spinel（Al，Ti）耐火浇注料砌筑于氧化气化熔融炉上运行 10 天（炉内温度为 500 ~ 1500℃，炉渣 CaO/SiO$_2$ = 0.8，运行 240h）之后，所检测的性能如表 6-9 所示。

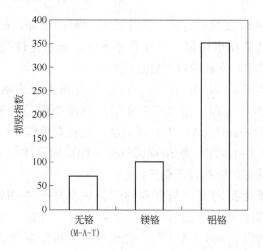

图6-29 各种材质的耐火材料的损毁指数比较

表6-9 运行10天后无铬砖的分析结果

| 试 样 | | 表 面 | 中 心 | 原 样 |
|---|---|---|---|---|
| 体积密度/g·cm$^{-3}$ | | 3.00 | 3.14 | 3.15 |
| 显气孔率/% | | 15.3 | 9.7 | 11.4 |
| 化学成分<br>（质量分数）/% | SiO$_2$ | 3.00 | 2.48 | — |
| | TiO$_2$ | 2.10 | 4.94 | 7.50 |
| | Al$_2$O$_3$ | 9.50 | 7.18 | 8.20 |
| | Fe$_2$O$_3$ | 4.67 | 0.37 | — |
| | CaO | 2.53 | 2.40 | — |
| | MgO | 77.18 | 82.45 | 82.30 |

由表6-9看出，表面部分显气孔率上升，SiO$_2$、Fe$_2$O$_3$和CaO成分增加，但Fe$_2$O$_3$仅侵入表面而未侵入内部，而Al$_2$O$_3$、SiO$_2$和CaO已侵入内部。

通过用后残砖显微结构研究确认：

（1）从工作表面至中心方向10mm的范围有变色现象，但内部仍保持原砖状态。

（2）工作表面的变色部分和内部原砖层的分界处没有裂纹等

损伤。

（3）熔渣 $SiO_2$、$Fe_2O_3$ 和 CaO 等成分除 $Fe_2O_3$ 侵入表面部分之外，$SiO_2$ 和 CaO 等成分则侵入到中心部位，表明 $TiO_2$ 有限制 $Fe_2O_3$ 渗透的作用。

上述试验研究结果表明，以高纯镁砂为骨料、以 Spinel（Al, Ti）合成料为基质的 MgO-Spinel（Al, Ti）耐火浇注料能够同氧化气氛熔融炉的使用条件相适应。

这类无铬耐火材料的制备方法有二（骨料为镁砂）：

（1）基质材料按全合成 $MgO-Al_2O_3-TiO_2$ 材料［即 Spinel（Al, Ti）或者 MgO-Spinel（Al, Ti）］配入。

（2）基质材料按预合成 Spinel 材料和 $TiO_2$ 粉配入。

无论哪种方案，基质材料中 $TiO_2$/$Al_2O_3$ 比例均应达到最佳化，即 $MgO-Spinel-2MgO·TiO_2$ 组成三角形（图 6–28）中的富 MgO 相区靠近谷线处，考虑到耐火性能和抗熔渣渗透性能的平衡，其中 Spinel（Al, Ti）中 $TiO_2$/$Al_2O_3$ 比例（摩尔比）应略小于 1。

对于 MgO-Spinel（Al, Ti）耐火浇注料来说，当 $TiO_2$ + $Al_2O_3$ 含量一定时，$TiO_2$ 含量越高就越能促进材料烧结；$TiO_2$ 和 $Al_2O_3$ 含量相对接近时，便可改善材料的抗热震性和抗侵蚀性能。

## 6.9 MgO-CaO 耐火浇注料

以 MgO-CaO 砂为原料配制用水作介质的耐火浇注料的难点是如何防止水合性非常强的 f–CaO 水化导致材料崩毁的问题。

### 6.9.1 MgO/CaO 比对 MgO-CaO 砂抗水化的影响

通常，MgO-CaO 砂的抗水化能力随着 MgO/CaO 比的增大而提高，如图 6–30 和图 6–31 所示。

现在已由试验研究得出，当 MgO-CaO 砂中 CaO 含量低于 20%，即 $w(MgO)/w(CaO) > 4$ 时，其抗水化能力有明显的提高。这说明能明显地抑制 MgO-CaO 砂的水化反应的 CaO 含量不应超过 20%。在 CaO 含量低于 20% 的条件下，CaO 含量由 19% 下降到 9% 时，MgO-CaO 砂的抗水化能力有缓慢提高的趋势，然后再由 9% 下降到 4.5%

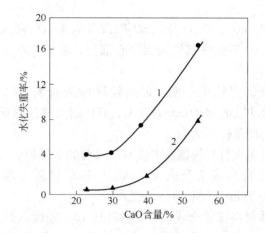

图 6 – 30    MgO-CaO 砂（2.5～5mm）水化失重率与 CaO 含量的关系（煮沸）
1—未经有机硅处理；2—经有机硅处理

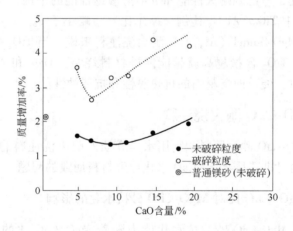

图 6 – 31    MgO-CaO 砂质量增加率与 CaO 含量的关系

时却略有上升的倾向。CaO 含量为 9% 的 MgO-CaO 砂，抗水化能力最大，如图 6 – 31 所示。

　　上述情况可由 MgO-CaO 砂的显微结构得到解释。因为在合成 MgO-CaO 砂中，MgO 含量从 42% 提高到 55% 时，其显微结构从 CaO 晶格构成的结合网络占优势地位转变到由 MgO 晶格构成的结合网络占主导地位。进一步提高 MgO 到 70% 以上时,细小的 CaO 晶体完全被 MgO 晶体所包围,MgO 晶体构成的结合网络占统治地位。

当 MgO 含量大于 80% 时,CaO 在 MgO-CaO 砂中的密集度明显下降,以及 CaO 在 MgO 中固溶的影响(图 6-32),会导致 CaO 在 MgO-CaO 砂中不连续分布(即分散存在),从而提高了 MgO-CaO 砂的抗水化能力,甚至接近普通镁砂的水平(图 6-31)。

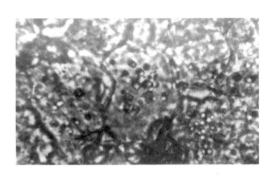

图 6-32 MgO-CaO 砂中 CaO 的分布
(CaO 含量为 22.5%)

但是,当 MgO 含量大于 90% 以上时,由于 CaO 在 MgO 晶体中的固溶/脱溶作用,CaO 则趋向于在方镁石晶体表面(晶间)形成连续相(f-CaO 相),导致水化反应连续发生。同时,f-CaO 水化伴有 96% 的体积膨胀,而使方镁石结晶受到破坏,从而促进了 MgO-CaO 砂的水化反应。

图 6-31 示出,破碎的 MgO-CaO 砂颗粒具有相对较高的水化倾向,而作耐火材料使用的原料往往都需要进行破碎制成颗粒料,所以有必要对 MgO-CaO 砂颗粒进行防水化处理。

## 6.9.2 添加物对 MgO-CaO 砂抗水化性的影响

提高 MgO-CaO 砂抗水化性技术之一是向制备 MgO-CaO 砂原料中配入少量的添加物质。

兼安彰等人以 $w(MgO)/w(CaO) = 90/10$ 为基础配料,分别添加 $ZrO_2$、$TiO_2$、$Al_2O_3$ 和 $SiO_2$,对提高 MgO-CaO 砂抗水化性的效果如图

6 – 33 所示。图中表明，随着添加物质含量的增加，MgO-CaO 砂的抗水化性能提高。当添加物质含量为 1.5% 时，各添加物质的作用基本相同，但通常则通过添加 $TiO_2$ 来提高 MgO-CaO 砂的抗水化性能。

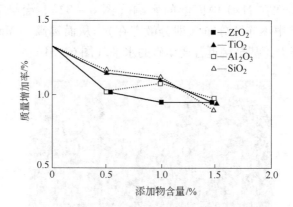

图 6 – 33　高压釜试验后质量增加率与添加物含量的关系

由 X 射线粉末衍射的结果得知，添加 $ZrO_2$、$TiO_2$、$Al_2O_3$ 和 $SiO_2$ 的 MgO-CaO 砂中分别生成了 $CaO \cdot ZrO_2$、$CaO \cdot TiO_2$、$3CaO \cdot Al_2O_3$ 和 $2CaO \cdot SiO_2$ 相，并存在方镁石晶界中，如图 6 – 34 所示。导致 f-CaO 以不连续的方式存在（即散布存在），从而提高了 MgO-CaO 砂的抗水化性能。

### 6.9.3　MgO-CaO 砂颗粒表面覆膜

由于 – 0.3mm 的 MgO-CaO 砂颗粒水化速度相当快，所以用于 MgO-CaO 耐火浇注料的 MgO-CaO 砂颗粒尺寸下限为 0.3mm，而临界颗粒尺寸则视具体操作条件来确定。

由于破碎的 MgO-CaO 砂颗粒抗水化性能明显降低了（图 6 – 31），所以用于 MgO-CaO 耐火浇注料的 MgO-CaO 砂颗粒需要预先进行表面处理（表面的覆膜），以提高抗水化性能。通常，应用于 MgO-CaO 砂颗粒表面的覆膜技术，主要是磷酸和有机硅的覆膜技术等。

当采用磷酸覆膜技术时，是将 MgO-CaO 砂颗粒混合料在一定浓度的磷酸水溶液中浸渍，然后于 300℃ 烘干。

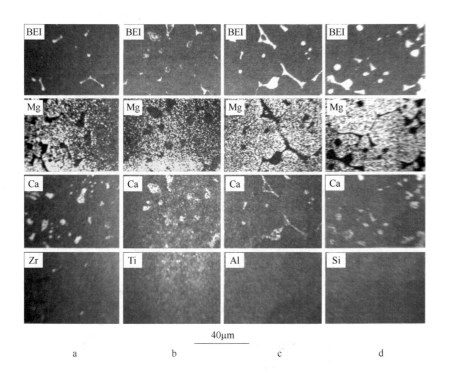

图 6 - 34　含 1. 5% ZrO$_2$、TiO$_2$、Al$_2$O$_3$ 和 SiO$_2$ 的 MgO-CaO 砂
的背散射电子显微图像及元素分布

a—ZrO$_2$ 添加物；b—TiO$_2$ 添加物；c—Al$_2$O$_3$ 添加物；d—SiO$_2$ 添加物

当采用有机硅覆膜技术时，是根据图 6 - 35 进行的。首先将 MgO-CaO 砂颗粒混合料在一定浓度的有机硅 - 乙醇溶液中浸渍，然后于 120 ~ 150℃ 的条件下烘干。该工艺的本质是采用 SiO$_2$ 覆膜的，图 6 - 35 示出了有机硅对 MgO-CaO 砂颗粒表面覆膜的效果。

## 6. 9. 4　MgO-CaO 耐火浇注料的配制

一般情况下，都选用烧结 MgO-CaO 砂颗粒混合料和 MgO 含量高于 96% 的电熔镁砂作为主原料，用 uf-SiO$_2$ 作结合剂，并添加高效分散剂和减水剂配制 MgO-CaO 耐火浇注料。表 6 - 10 列出了两类典型

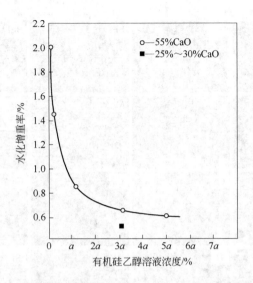

图 6 – 35　有机硅乙醇溶液浓度与 MgO-CaO 砂水化增重率的关系
（试验条件：相对湿度为 95%，温度 45℃，96h）

的 MgO-CaO 耐火浇注料的配比，而表 6 – 11 列出了它们的性能。其中，MgO-CaO 砂颗粒具备如下质量要求：

（1）添加了 $TiO_2$ 作为 MgO-CaO 砂的烧结促进剂；

（2）颗粒体积密度大于 3.3g/cm³，且显气孔率小于 3.0%；

（3）破碎颗粒用有机硅 – 乙醇溶液浸渍进行覆膜。

表 6 – 10　两类典型的 MgO-CaO 耐火浇注料的配比

（质量分数，%）

| 牌　号 | DMS-97 | | | SMCS-20 |
| --- | --- | --- | --- | --- |
| | 4 ~ 1mm | 1 ~ 0mm | – 0.088mm | 4 ~ 0.3mm |
| MCNCC-8 | 15 | 15 | 35 | 35 |
| MCNCC-12 | 10 | 10 | 35 | 45 |

由表 6 – 11 可见，采用以上工艺制造的 MgO-CaO 耐火浇注料，具有相当高的质量指标，有可能作为钢包渣线上应用的耐火材料。

表 6-11 两类典型的 MgO-CaO 耐火浇注料的性能

| 指标/牌号 | | MCNCC-8 | MCNCC-12 |
|---|---|---|---|
| 化学成分（质量分数）/% | MgO | 88.4 | 84.3 |
| | CaO | 6.5 | 10.6 |
| 体积密度/g·cm$^{-3}$ | 1550℃×3h | 2.95 | 2.90 |
| 显气孔率/% | 1550℃×3h | 15.6 | 16.5 |
| 常温耐压强度/MPa | 110℃×24h | 26.1 | 23.4 |
| | 1100℃×3h | 15.2 | 12.5 |
| | 1550℃×3h | 53.4 | 40.2 |
| 烧后线变化率/% | 1550℃×3h | +0.1 | +0.2 |

# 7 复合耐火浇注料

以氧化物和非氧化物作为主要原料所配制的耐火浇注料称为复合耐火浇注料，其类型相当多，应用非常广泛，下面只能选择几种类型进行介绍。

## 7.1 $Al_2O_3$（-$SiO_2$）-SiC 耐火浇注料

以刚玉（电熔、烧结）、板状氧化铝、矾土熟料和 SiC 为主原料，而以 CAC、活性氧化铝（包括水合氧化铝）和 uf-$SiO_2$（硅微粉）等为结合剂所配制的耐火浇注料属于 $Al_2O_3$（-$SiO_2$）-SiC 耐火浇注料。其组成范围包括 $0 < Al_2O_3$（-$SiO_2$）/SiC < 100% 。这类耐火浇注料的配方可按 LCC、ULCC 和 NCC 进行设计。下面就 $Al_2O_3$（-$SiO_2$）-SiC 耐火浇注料及其有关的问题作些简单介绍。

### 7.1.1 SiC 原料的选择

对于 $Al_2O_3$（-$SiO_2$）-SiC 耐火浇注料来说，$Al_2O_3$（-$SiO_2$）原料的选择并不困难，但 SiC 原料却要进行仔细选择和平衡。

因为生产含 SiC 的耐火浇注料时会遇到下述问题：

（1）SiC 具有憎水性，因而导致了含 SiC 耐火浇注料的流动性差、施工性能不好、浇注体的密度较低的问题产生。

（2）SiC 难以烧结，因而不容易获得高强度烧结体。

为了改善含 SiC 的耐火浇注料如 $Al_2O_3$（-$SiO_2$）- SiC 耐火浇注料的流动性，需要选用对流动性影响小的 SiC 源作为配制含 SiC 耐火浇注料中的 SiC 组分。这可通过改变 SiC 颗粒形状和调整分散剂（减水剂）的种类及其用量来实现（即改善含 SiC 耐火浇注料的流动性和施工性能）。例如，表 7-1 列出了三种（a 为针状，b 为普通形状，c 为球形状）SiC 耐火浇注料的组成，表 7-2 则列出了它们的性能。

表 7-1 　SiC 耐火浇注料的组成 　（质量分数,%）

| 试 样 | a | b | c | 试 样 | a | b | c |
|---|---|---|---|---|---|---|---|
| SiC$_A$ | 81 | | | Al$_2$O$_3$ 微粉 | 9 | 9 | 9 |
| SiC$_B$ | | 81 | | uf-SiO$_2$ | 6 | 6 | 6 |
| SiC$_C$ | | | 81 | 分散剂 | 0.1 | 0.1 | 0.1 |
| 铝水泥 | 4 | 4 | 4 | | | | |

表 7-2 　SiC 耐火浇注料的性能

| 试 样 | | a | b | c | 试 样 | | a | b | c |
|---|---|---|---|---|---|---|---|---|---|
| 加水量/% | | 7.0 | 6.5 | 5.6 | 耐压强度 /MPa | 110℃,24h | — | 35 | 49 |
| 自流值 | | 100 | 103 | 116 | | 1200℃,3h | | 88 | 102 |
| 振动流动值 | | 186 | 211 | 223 | 体积密度 /g·cm$^{-3}$ | 110℃,24h | — | 2.60 | 2.64 |
| 抗折强度 /MPa | 110℃,24h | — | 7.6 | 9.8 | | 1200℃,3h | | 2.57 | 2.63 |
| | 1200℃,3h | | 25.3 | 30.8 | 显气孔率 /% | 110℃,24h | — | 16.1 | 14.5 |
| | | | | | | 1200℃,3h | | 17.3 | 15.3 |

表 7-2 表明：通过改变 SiC 颗粒形状和调整分散剂（减水剂）的种类及其用量便能获得较理想的 SiC 耐火浇注坯体，但试样 c 与试样 b 相比，前者的加水量小、自流值较大，并且浇注坯体更加致密、强度也更高。

因为针状 SiC$_A$ 颗粒，在振动成型期间发生了偏析现象。由此即可得出：试样 a 需要加入较多的水才具有较好的流动性。而 SiC$_C$ 为球状颗粒，能使 SiC 耐火浇注料坯体更加致密，因而试样 c 不需要加入太多的水。

由此可见，对于生产 SiC 耐火浇注料来说，球状 SiC 颗粒比针状 SiC 颗粒具有更好的使用性能。

研究结果表明，通过采用 uf-SiC 替代一部分棱角状 SiC 原料或者加入更加有效的分散剂（减水剂），如 SM 和聚丙烯酸钠等也可以改善 SiC 耐火浇注料的流动性和施工性能。

向 SiC 耐火浇注料中配入 Si 粉的目的是为了提高材料的抗氧化性。曾经将经过颗粒优化的 SiC 粒状料，以 75% Al$_2$O$_3$ 的纯铝酸钙水泥为结合剂, uf-SiO$_2$（含 95% SiO$_2$）为辅助结合剂, 使耐火浇注料形成水合凝聚结合系统, 研究了添加不同数量 Si 粉对 SiC 耐火浇注材料抗氧化性的影响, 其结果列入图 7 – 1 中。该图表明, 当 Si 粉添加量不小于 2% 时, SiC 耐火浇注材料具有最佳的抗氧化性能。

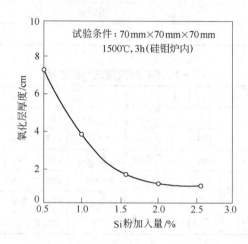

图 7 – 1　Si 粉对 SiC 耐火浇注材料（LCC）抗氧化性的影响

SiC 耐火浇注料结合系统中并用 uf-SiO$_2$, 主要是为了改善材料的物理性能。当 uf-SiO$_2$ 的添加量达到某一数值时, 相应耐火浇注料便具有较高的强度, 特别是中温处理后的强度增大近 1 倍, 而且材料的混合用水量减少 0.9% 以上。

当采用磷酸盐作为减水剂时, SiC 耐火浇注材料即具有较好的物理指标, 如表 7 – 3 所示。

表 7 – 3　SiC 低水泥耐火浇注料的性能

| 指　标 | | 目标值 | 实际值 |
|---|---|---|---|
| SiC 含量（质量分数）/% | | ≥85 | 85.4 |
| 体积密度（110℃×24h）/g·cm$^{-3}$ | | ≥2.4 | 2.52 |
| 抗折强度/MPa | 110℃×24h | | 9.4 |
| | 1000℃×3h | | 23.9 |
| | 1450℃×3h | | 45.7 |

| 指 标 | | 目标值 | 实际值 |
|---|---|---|---|
| 耐压强度/MPa | 110℃×24h | ≥35 | 45.6 |
| | 1000℃×3h | ≥55 | 107.3 |
| | 1450℃×3h | | 130.6 |
| 线变化率/% | 110℃×24h | ≥-0.11 | -0.08 |
| | 1000℃×3h | ≤0.3 | 0.21 |
| | 1450℃×3h | | +0.31 |
| 最高使用温度/℃ | | | 1450 |

uf-SiO₂ 和 uf-Al₂O₃ 配入量对 SiC 耐火浇注料性能的影响如图 7 - 2 和图 7 - 3 所示。这两幅图表明，当它们的配入总量为 9% ~ 12% 时，材料的常温（110℃，24h）耐压强度最高，并且具有微膨胀性（PLC = +0.16%）。这说明，向 SiC 耐火浇注料中引入适量的超细粉能有效地填充一般细粉所不能填充的微小孔隙（超细粉具有微填充效应），从而提高该类材料的致密度，增加结构强度。当适当调整 uf-SiO₂ 和 uf-Al₂O₃ 的相对含量时，就可使 SiC 耐火浇注料的 PLC 由负值逐渐变为正值（图 7 - 3）。

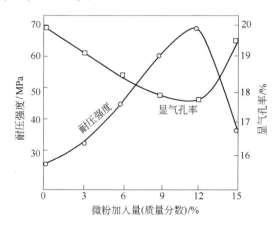

图 7 - 2 微粉加入量对 SiC 耐火浇注料耐压强度和
显气孔率的影响

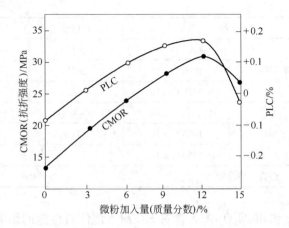

图 7 – 3　微粉加入量对 SiC 耐火浇注料 CMOR 和 PLC 的影响

图 7 – 4 为 ρ-Al$_2$O$_3$ 用量与莫来石（3Al$_2$O$_3$·2SiO$_2$）结合 SiC 耐火浇注料强度的关系。由该图看出，随着 ρ-Al$_2$O$_3$ 用量的增加，材料耐压强度不断提高。

通常，含 SiC 耐火浇注料都具有较好的抗热震性、抗腐蚀性和耐磨性能，但不足之处是在高温下容易氧化，导致其损毁加快。

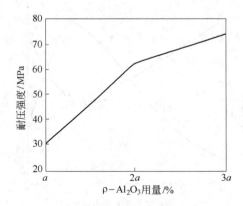

图 7 – 4　ρ-Al$_2$O$_3$ 用量与莫来石结合
SiC 耐火浇注料强度的关系

为了克服含 SiC 耐火浇注料的这些弱点，需要向配料中添加 Si 粉以提高材料的抗氧化性，如图 7 - 1 所示。该图表明，随着 Si 粉含量的增加，试样氧化层厚度逐渐变薄，SiC 耐火浇注料抗氧化性能提高，这表明 Si 与 $O_2$ 的亲和力比 SiC 与 $O_2$ 的亲和力大，前者优先氧化，沉积的 C 填充气孔，并在 SiC 表面生成 $SiO_2$ 保护层，从而提高材料的抗氧性能。

应当指出，SiC 耐火浇注料中基质的组成对其高温性能有很大影响，因而需要根据使用条件并以 $Al_2O_3$-$SiO_2$-CaO 三元相图（图 7 - 5）为依据进行仔细平衡。

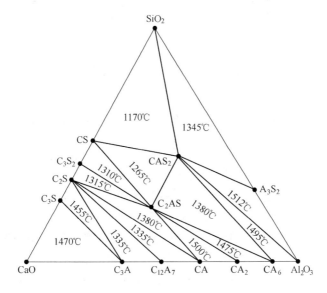

图 7 - 5   $Al_2O_3$-$SiO_2$-CaO 三元相图

图 7 - 6 示出了 SiC-$Al_2O_3$-$SiO_2$ 耐火浇注料的高温强度与温度的关系。该 SiC 耐火浇注料的骨料为 SiC（颗粒组成按安氏分布，且 $D_{max} = 2mm$，$q = 0.26$），基质组成（质量分数，%），其配方设计如下：

| | |
|---|---|
| 电熔 $Al_2O_3$（74μm） | 16.5 |
| 烧结 $Al_2O_3$ | 9.0 |
| uf-$SiO_2$ | 8.0 |

|  |  |
|---|---|
| 水合 Al$_2$O$_3$ | 0.5 |
| 水泥（72% Al$_2$O$_3$） | 0.5 |
| 水（13% 体积分数） | 4.0 |
| Darvam 8111 | 0.05 |

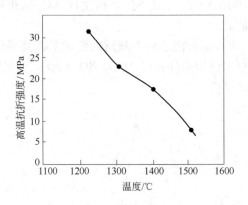

图 7-6  SiC 耐火浇注料的高温抗折强度与温度的关系

图 7-6 表明，以 3Al$_2$O$_3$ · 2SiO$_2$（A$_3$S$_2$）为结合相的 SiC 耐火浇注料（A$_3$S$_2$-SiC）的高温抗折强度（各试样均在相应温度煅烧 24h 后测定高温抗折强度）随着温度升高而下降：1200℃ 的高温抗折强度大于 30MPa，1300℃ 的高温抗折强度下降虽然较快，但仍相当高（≥20MPa）。在光学显微镜下观察其断面时发现 SiC 晶体已劈裂，表明结合相与 A$_3$S$_2$-SiC 晶体之间的结合力比 SiC 晶体本身的结合力要大些。X 射线衍射分析表明在 1300℃ 时 A$_3$S$_2$ 已经生成。一般认为，在这一温度下形成的 A$_3$S$_2$ 通常是在 SiO$_2$-Al$_2$O$_3$ 亚稳定系液相中形成的，温度从 1200℃ 提高到 1300℃ 时的高温抗折强度明显下降就是证明。在 1400℃ 时 A$_3$S$_2$-SiC 耐火浇注料的高温抗折强度继续下降，但 X 射线衍射分析结果表明 A$_3$S$_2$ 的生成量却明显增加了，这说明 A$_3$S$_2$ 形成一点也没有改进这类材料的高温抗折强度。显微结构分析表明，在 1400℃ 下虽然 SiC 表面已断裂，但 SiC 晶体并未断裂。仔细观察则发现，没有结合相连接在 SiC 上。所有这些结果都说明在 SiC 晶体与氧化物结合相之间发生了某种不结合效应。一种可能的解释是在液相形

成期间 SiC 表面上大部分氧化物被消耗掉了。这是由于在碳化物表面和氧化物结合相之间的结合强度比 $A_3S_2$ 自身之间的结合强度低。

### 7.1.2　$Al_2O_3$（-$SiO_2$）-SiC 耐火浇注料的设计

目前，含 SiC 的低水泥和超低水泥耐火浇注料在熔融金属和熔渣流槽中等获得了越来越广泛的应用。在操作条件下，SiC 有助于增强高温机械强度。已有的研究结果表明：$Al_2O_3$（-$SiO_2$）-SiC 耐火浇注料中的 SiC 极大地改善了材料 1400℃时的高温抗折强度。

表 7-4 列出了以高铝矾土熟料和 SiC 为主原料而以铝酸钙水泥（CA-70C 或 CA-80C 等）以及并用 uf-$SiO_2$ 和 uf-$Al_2O_3$ 作为结合系统的 $Al_2O_3$（-$SiO_2$）-SiC 耐火浇注料中几组配方和材料性能，可以作为我们设计不同种类的 $Al_2O_3$（-$SiO_2$）/SiC 比值的耐火浇注料的参考。

**表 7-4　$Al_2O_3$（-$SiO_2$）-SiC 耐火浇注料的配方和材料性能**

| 性　　能 | | $Al_2O_3$ | SiC | | |
|---|---|---|---|---|---|
| 化学成分（质量分数）/% | $Al_2O_3$ | 61 | 44 | 25 | 7 |
| | SiC | — | 44 | 63 | 81 |
| 体积密度/g·cm$^{-3}$ | 110℃×24h | 2.51 | 2.52 | 2.61 | 2.49 |
| | 1400℃×3h | 2.50 | 2.48 | 2.56 | 2.46 |
| 抗折强度/MPa | 110℃×24h | 12.7 | 12.7 | 11.8 | 10.3 |
| | 800℃×3h | 11.3 | 13.2 | 12.3 | 11.3 |
| | 1200℃×3h | 13.7 | 15.7 | 14.7 | 13.2 |
| | 1400℃×3h | 16.7 | 17.7 | 16.7 | 15.2 |

由表 7-4 看出，SiC 含量对 $Al_2O_3$（-$SiO_2$）-SiC 耐火浇注料的体积密度、常温抗折强度的影响不是很大，但对材料的其他性能可能会有较大影响。如图 7-7 所示，当 SiC 含量为 12%~28%之间时，随着 SiC 含量的增加，材料的热应力下降。这说明，为了提高 $Al_2O_3$（-$SiO_2$）-SiC 耐火浇注料的抗热震性能，就需要增加 SiC 的配入量。也就是说，SiC 含量高的 $Al_2O_3$（-$SiO_2$）-SiC 耐火浇注料具有高的抗热震性能。

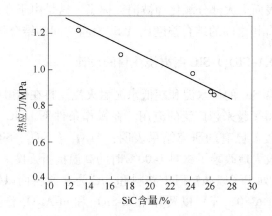

图 7 - 7  SiC 含量对 Al$_2$O$_3$（-SiO$_2$）-SiC 耐火浇注料热应力的影响

为了优化低水泥 Al$_2$O$_3$（-SiO$_2$）-SiC 耐火浇注料的高温性能，减少高温液相生成量，应向配料中配入一定数量的 uf-SiO$_2$ 和 uf-Al$_2$O$_3$ 超细粉或者 ρ-Al$_2$O$_3$，并调整它们的相对含量是必要的。

由于低水泥 Al$_2$O$_3$（-SiO$_2$）-SiC 耐火浇注料的结合系统中含有 CaO，它会在高温环境中导致钙长石（CaO·Al$_2$O$_3$·2SiO$_2$）的生成，甚至钙黄长石（2CaO·Al$_2$O$_3$·SiO$_2$）的生成（图 7 - 5），而降低材料的高温性能。

为了解决低水泥 Al$_2$O$_3$（-SiO$_2$）-SiC 耐火浇注料的上述问题，一种通常的解决办法是降低铝酸钙水泥的配入量，设计低水泥→超低水泥→无水泥 Al$_2$O$_3$（-SiO$_2$）-SiC 耐火浇注料。其中，以原位 A$_3$S$_2$ 为结合基质的 Al$_2$O$_3$（-SiO$_2$）-SiC 耐火浇注料（NCC）是一个较佳的解决方案。如图 7 - 8 所示，1350℃，0.5h 的高温抗折强度随基质中原位 A$_3$S$_2$ 比例的增加而提高（图 7 - 8a），而残余强度保持率（1000℃，风冷，3 次）则以基质中预合成 A$_3$S$_2$：原位 A$_3$S$_2$ = 15：20 = 3：4（质量比）为最高，表明材料具有最高的抗热震性能（图 7 - 8b）。试验材料的组成为：骨料为 55% 电熔刚玉 +10%（1～2mm）SiC，基质主要为预合成 A$_3$S$_2$ + 原位 A$_3$S$_2$（Al$_2$O$_3$-SiO$_2$ 粉料，其质量比：Al$_2$O$_3$/SiO$_2$ =2.33）材料，uf-SiO$_2$ + Al$_2$O$_3$ 微粉作为结合剂。

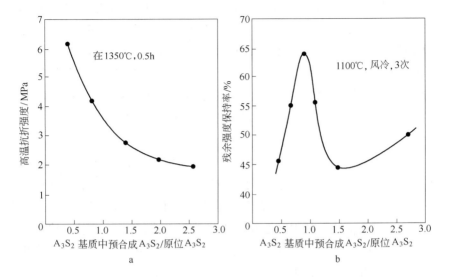

图 7 - 8　Al$_2$O$_3$-SiC 耐火浇注料高温抗折强度和残余强度保持率
与 A$_3$S$_2$ 基质中原位 A$_3$S$_2$/预合成 A$_3$S$_2$ 比值的关系
a—高温抗折强度；b—残余强度保持率

　　众所周知，Al$_2$O$_3$（-SiO$_2$）-SiC 耐火浇注料的结构强度主要取决于基质的结合强度。因为该材料的骨料颗粒之间很难烧结，只有依靠基质形成的结合相才能将颗粒结合在一起。因而图 7 - 8 表明高温抗折强度随基质中原位 A$_3$S$_2$ 比例的增加而提高就不难理解了。这就说明，原位 A$_3$S$_2$ 对 Al$_2$O$_3$（-SiO$_2$）-SiC 耐火浇注料强度的贡献远大于预合成 A$_3$S$_2$。因为前者比后者更容易在基质中形成网络结构，故更有助于提高材料的结构强度尤其是高温强度。

　　原位 A$_3$S$_2$ 是在烧结过程中玻璃相内的 SiO$_2$ 与 α-Al$_2$O$_3$ 反应生成的。其一是存在于刚玉颗粒周围，它是由于颗粒与基质的结合部位形成围绕颗粒分布的原位 A$_3$S$_2$ 反应带，将刚玉颗粒与基质结合为一体；其二是存在于基质之中的刚玉微粉与玻璃相中 SiO$_2$ 反应生成原位 A$_3$S$_2$，在基质中形成网络结构，从而改善了基质的高温性能，提高了材料的整体性能。因此，随基质中刚玉微粉和 uf-SiO$_2$ 含量的增加，系统中原位 A$_3$S$_2$ 增加，从而使材料各种性能得到改善。

以 $A_3S_2$ 作为结合基质的 $Al_2O_3$（$-SiO_2$）$-SiC$ 耐火浇注料所采用的结合系统通常都是由复合结合剂组成的，主要是铝酸钙水泥（CA-70C 或 CA-80C）、活性 $\alpha$-$Al_2O_3$ 微粉和 uf-$SiO_2$ 以及水合氧化铝等。对于无水泥 $Al_2O_3$（$-SiO_2$）$-SiC$ 耐火浇注料来说，低温起结合作用的是超细粉和水合氧化铝，中高温是 $SiO_2$ 与 $Al_2O_3$ 反应生成的原位 $A_3S_2$ 起结合作用，所以称作莫来石结合 $Al_2O_3$（$-SiO_2$）$-SiC$ 耐火浇注料。

在 $Al_2O_3$（$-SiO_2$）$-SiC$ 耐火浇注料中利用二次莫来石化（原位生成 $A_3S_2$），改善和提高其性能是最常用的技术手段。其基本原理是利用 $Al_2O_3$ 和 $SiO_2$ 的原位反应来达到自烧结和自膨胀的目的。

$Al_2O_3$ 和 SiC 是配制高性能耐火浇注料的高纯原料，用铝酸钙水泥作结合剂时，带进了杂质，这会降低材料的使用性能。目前，普遍采用复合结合剂配制 $Al_2O_3$（$-SiO_2$）$-SiC$ 耐火浇注料（以 $A_3S_2$ 为结合相）。有代表性的 $Al_2O_3$（$-SiO_2$）$-SiC$ 耐火浇注料的性能见表 7–5。1号和 2 号用纯度为 98% $Al_2O_3$（刚玉）作骨料，用量（质量分数）为 55%（1~8mm）和纯度为 98% SiC 作细骨料，用量（质量分数）为 10%（1~2mm）；耐火粉料为合成莫来石粉、$\alpha$-$Al_2O_3$ 微粉和 uf-$SiO_2$，其用量 1 号依次为 15%、14% 和 6%，2 号依次为 10%、17.5% 和 7.5%。3 号用纯度大于 97% SiC 作骨料，用量为 65%，采用纯度 99% SiC 作粉料，其用量为 10%，以纯度为大于 91% $Al_2O_3$ 的 $\rho$-$Al_2O_3$、$\alpha$-$Al_2O_3$ 微粉和 uf-$SiO_2$ 为结合剂和粉料，其用量为 25%，耐火骨料与耐火粉料质量比为 65:35。

表 7–5　莫来石结合刚玉和碳化硅耐火浇注料的性能

| 编　号 | | 1 | 2 | 3 |
|---|---|---|---|---|
| 化学成分（质量分数）/% | $Al_2O_3$ | ≥83 | ≥82 | ≥20 |
| | SiC | 9.8 | 9.8 | 73.2 |
| 耐压强度/MPa | 110℃ ×24h | 10 | 16 | 64 |
| | 1100℃ ×3h | 105 | 149 | 93 |
| | 1500℃ ×3h | 158 | 161 | 91[①] |

| 编　号 | | 1 | 2 | 3 |
|---|---|---|---|---|
| 抗折强度/MPa | 110℃×24h | 4.6 | 7.0 | 8.5 |
| | 1100℃×3h | 20.3 | 26.2 | 27.1 |
| | 1500℃×3h | 19.2 | 19.2 | 25.9① |
| 烧后线变化率/% | 1100℃×3h | −0.13 | −0.14 | −0.24 |
| | 1500℃×3h | +0.02 | +0.04 | −0.32① |
| 高温抗折强度/MPa | 1350℃×0.5h | 4.5 | 6.3 | |
| 残余强度保持率/% | 1100℃风冷 | 62.3(3次) | 44.9(3次) | 83.8(5次) |

①为1200℃×3h数据。

由表 7 – 5 看出，莫来石结合 $Al_2O_3$ (-$SiO_2$)-SiC 耐火浇注料烘干强度较低，中高强度很高，高温抗折强度也比较高，残余强度保持率为 44.9% 和 62.5%。说明这类材料性能优良。在中高温时，原位 $A_3S_2$ 将难以烧结的 $Al_2O_3$ 和 SiC 骨料紧密地结合在一起，形成良好的互锁结构，所以材料的强度和抗热震性能高、体积稳定性好。同时，原位 $A_3S_2$ 结合的 SiC 耐火浇注料的强度也很高，抗热震性能亦非常好，1100℃，风冷，5 次的残余强度保持率为 83.8%。

图 7 – 9 示出了 uf-$SiO_2$ 用量与莫来石结合 $Al_2O_3$ (-$SiO_2$)-SiC 耐

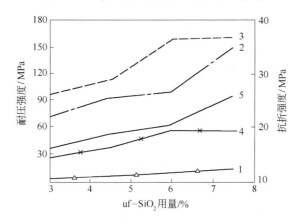

图 7 – 9　刚玉 – SiC 耐火浇注料的强度与 uf-$SiO_2$ 用量的关系
1~3—分别为 110℃、1100℃ 和 1500℃ 烧成后的耐压强度；
4，5—分别为 1100℃ 和 1500℃ 烧成后的抗折强度

火浇注料强度的关系。它表明，随着 uf-SiO$_2$ 用量的增加，材料的强度不断提高。不过，材料的烘干强度却是比较低的（图 7 – 9 曲线 1）。为了保证顺利拆模，uf-SiO$_2$ 用量不应小于 6%，而且中高温烧成后的强度也是比较理想的。

Al$_2$O$_3$(-SiO$_2$)-SiC 耐火浇注料的应用范围非常广泛，例如，表 7 – 4 中列出的 Al$_2$O$_3$（-SiO$_2$）-SiC 耐火浇注料在铜冶炼炉子上得到大量应用，同时还可以在垃圾焚烧炉等操作条件苛刻的高温热工设备上使用。

对于水泥窑中的预热器等耐磨内衬使用的耐火浇注料来说，考虑到碱金属导致的熔损和水泥原料的磨损所导致内衬损耗严重的情况，通常设计高性能 Al$_2$O$_3$（-SiO$_2$）-SiC 耐火浇注料作为预热器内衬材料便可提高其使用寿命。

通过坩埚法的研究结果（侵蚀剂为 50% 硅酸盐水泥，25% K$_2$CO$_3$，12.5% Na$_2$CO$_3$ 和 12.5% K$_2$SO$_4$）得出：SiC 含量大于 60% 的 Al$_2$O$_3$（-SiO$_2$）-SiC 耐火浇注料（表 7 – 5），其侵蚀率明显下降，如图 7 – 10 所示。图 7 – 11 则表明，当 SiC 含量不小于 45% 时，Al$_2$O$_3$(-SiO$_2$)-SiC 耐火浇注料的磨损指数较小（喷砂法试验结果）。

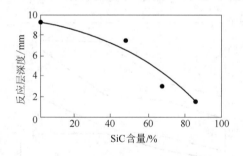

图 7 – 10   SiC 含量与蚀损率之间的关系

### 7.1.3   Al$_2$O$_3$(-SiO$_2$)-SiC 耐火喷射料和自流/泵送料

Al$_2$O$_3$（-SiO$_2$）-SiC 耐火喷射料和自流/泵送料同 Al$_2$O$_3$（-SiO$_2$）-SiC 耐火捣打料和 Al$_2$O$_3$（-SiO$_2$）-SiC 耐火浇注料相比，以其混合后

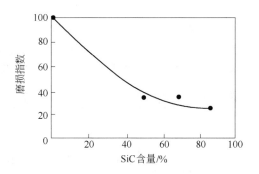

图 7-11  SiC 含量与磨损指数的关系

的流动性为特征，无须外加负荷即可流动和脱气。但是，当采用的结合系统中含水泥成分时，仍然存在养护和烘烤时间长、施工体高温性能较低的问题。为了解决这些问题，即可按超低水泥和无水泥耐火浇注料的配方进行设计。这样，便可克服了 Al$_2$O$_3$（-SiO$_2$）-SiC 耐火浇注料现场施工时所存在的技术问题，同时也能使材料的各项性能得到充分优化和提高。

Al$_2$O$_3$（-SiO$_2$）-SiC 无水泥耐火浇注料由于不含水泥成分以及加水量较低，硬化时间短，并且具有很高的流动性和填充密度，因而施工体的显气孔率低，高温强度大，耐热震，抗氧化，详见表 7-6。

表 7-6  传统 Al$_2$O$_3$（-SiO$_2$）-SiC 耐火浇注料和
Al$_2$O$_3$（-SiO$_2$）-SiC 耐火自流/泵送料性能比较

| 性　能 | 传统 Al$_2$O$_3$（-SiO$_2$）-SiC | Al$_2$O$_3$（-SiO$_2$）-SiC 耐火自流/泵送料 |
|---|---|---|
| 显气孔率/% | 18.5 | <16.2 |
| 体积密度/g·cm$^{-3}$ | 2.53 | >2.58 |
| 常温耐压强度/MPa | 92 | >120 |
| 耐火度/℃ | >1790 | >1790 |

Al$_2$O$_3$（-SiO$_2$）-SiC 耐火喷射料和自流/泵送料往往用作高炉出铁沟渣线和铁线、铁水包、鱼雷车和混铁炉等易损部位内衬的喷补修理

材料，如表 7 - 7 所示。它表明，用于铁沟喷补时，材料中 SiC 含量为 8% ~ 25%（其中渣线喷补料中 SiC 含量为 15% ~ 21%，而铁线喷补料中 SiC 含量为 8% ~ 15%）。这类喷补料通常以铝酸钙水泥结合或者以硅酸盐结合，并添加硬化剂和增塑剂，其耐用性能较高。

表 7 - 7　铁沟喷涂料的品种、性能和用途

| 牌　号 | | GA-80G | GC-20G | GC-80G | GC-15G | GC-65 | GP-50G |
|---|---|---|---|---|---|---|---|
| 用　途 | | 大型高炉出铁沟 | | | 中小型高炉出铁沟 | | |
| | | 铁水线 | 渣线 | 铁水/渣线 | 铁线/铁沟 | 铁水/渣线 | 铁沟衬 |
| 用水量（质量分数）/% | | 9 ~ 11 | 9 ~ 11 | 10 ~ 12 | 10 ~ 12 | 10 ~ 12 | 11 ~ 13 |
| 化学成分（质量分数）/% | $SiO_2$ | 6 | 8 | 10 | 13 | 14 | 22 |
| | $Al_2O_3$ | 77 | 65 | 72 | 62 | 68 | 51 |
| | SiC | 8 | 21 | 8 | 15 | 8 | 21 |
| 耐火度/℃ | | 1790 | 1770 | 1770 | 1730 | 1730 | 1670 |
| 体积密度/g·cm$^{-3}$ | | 2.31 | 2.23 | 2.28 | 2.18 | 2.20 | 1/92 |
| 气孔率/% | | 31 | 29 | 31 | 28 | 30 | 33 |
| 耐压强度/MPa | | 24.0 | 28.0 | 21.0 | 23.0 | 20.0 | 17.6 |
| 抗折强度/MPa | | 4.5 | 5.5 | 4.0 | 4.2 | 3.8 | 3.0 |

表 7 - 8 示出了在水泥窑预热带上应用的 $Al_2O_3$（-$SiO_2$）-SiC 湿式耐火喷射（涂）料的性能。这种在粒度组成上，最大粒度为 5mm，1mm 以下颗粒的体积比例为 60% ~ 80% 的材料能够确保稳定的压送性。如果颗粒偏离这一组成范围，就会使加水量大幅度增加，或在压送过程中发生堵塞软管等问题。在提高材料附着性方面，选择在喷嘴处添加促凝剂颇为重要。试验时由于预热带采用 250mm 的施工厚度，所以选择了能快速产生强度的促凝剂。

表 7 - 8　$Al_2O_3$（-$SiO_2$）-SiC 湿式耐火喷射（涂）料的性能

| $Al_2O_3$ 含量（质量分数）/% | | 25 |
|---|---|---|
| SiC 含量（质量分数）/% | | 63 |
| 体积密度/g·cm$^{-3}$ | 110℃ ×24h | 2.60 |
| | 1400℃ ×3h | 2.55 |

| | | |
|---|---|---|
| 常温抗折强度/MPa | 110℃ ×24h | 11.9 |
| | 800℃ ×3h | 12.6 |
| | 1200℃ ×3h | 14.5 |
| | 1400℃ ×3h | 17.0 |
| 常温耐压强度/MPa | 110℃ ×24h | 55.9 |
| | 800℃ ×3h | 57.9 |
| | 1200℃ ×3h | 80.4 |
| | 1400℃ ×3h | 83.4 |

　　湿式喷射料采用了 SiC 含量为 63%，最大颗粒为 5mm，1mm 以下颗粒的体积比例为 65% 的粒度组成，见表 7 – 8。

　　这种 $Al_2O_3$（-$SiO_2$)-SiC 湿式耐火喷射（涂）料在水泥窑上进行了实际应用。其喷涂条件是压送泵设置在地面上，把喷涂料压送到 60m 的高处，其施工情况见表 7 – 9。

表 7 – 9　湿式喷涂料的施工情况

| | | |
|---|---|---|
| 施工量/t | $Al_2O_3$（-$SiO_2$)-SiC 湿式喷涂料 | 30.0 |
| | $Al_2O_3$ 湿式喷涂料 | 4.0 |
| | 隔热湿式喷涂料 | 1.0 |
| 施工工期/d | | 5 |
| 内衬厚度/mm | $Al_2O_3$（-$SiO_2$)-SiC 湿式喷涂料 | 130～150 |
| | $Al_2O_3$ 湿式喷涂料 | 150～180 |
| | 隔热湿式喷涂料 | 50 |

　　由表 7 -9 看出：湿式喷涂料能够保证稳定的压送性，而且也能够进行高附着率的作业。湿式喷涂料的施工方法与过去的模板浇注法相比，可以大幅度缩短施工工期。

# 7.2　A-C-S 耐火浇注料

　　$Al_2O_3$-C-SiC（简写为 A-C-S，下同）耐火浇注料是炼铁工业中使用最大的一类复合耐火浇注料，现介绍如下。

### 7.2.1　概述

$Al_2O_3$（$-SiO_2$）-SiC-C（简写为 A-S-C，下同）不定形耐火材料早已成为炼铁工业的标准耐火材料，主要用作出铁沟、铁水包、铁水预处理鱼雷车和冲天炉炉缸等内衬耐火材料。根据筑衬方法分为耐火捣打料、耐火干振料（耐火干式振动成型料）、耐火浇注料和耐火修补/耐火喷补料等许多品种。归纳起来主要有以下两大类型：

（1）含碳结合剂（如焦油、沥青、树脂等）结合的或者磷酸结合的或者黏土结合的耐火捣打料。

（2）铝酸钙水泥结合的（CA-70C/CA-80C）或者黏土结合的或者磷酸盐结合的耐火浇注料。

而上面提到的振动料（包括干式振动成型料）、修补/喷补料等则是这两类不定形耐火材料派生（改性）的材料。

$Al_2O_3$（$-SiO_2$）-SiC-C 捣打料具有抗渣性好、抗热震性能高、体积变化小和抗冲刷能力强等优点，因而其使用寿命高，经济效益显著。因此至今仍在高炉上特别是中、小型高炉和冲天炉炉缸上广泛使用。

不过，在过去的三四十年里，由于低水泥（LCC）和超低水泥（ULCC）耐火浇注料的开发和在高炉特别是大型高炉上推广应用，并获得巨大成功，它们便取代了 $Al_2O_3$（$-SiO_2$）-SiC-C 捣打料。

LCC 和 ULCC 耐火浇注料的主要缺点是施工体干燥速度慢、干燥时间长，尽管添加了塑性纤维和金属粉等添加剂，使其性能有所改进，但施工时仍有可能出现爆裂和剥落等现象。LCC 和 ULCC 耐火浇注料的另一个缺点是高温强度低，抗热震性能不高。

水合氧化铝和超细粉结合的无水泥耐火浇注料（NCC）虽然可以使其高温强度得到改进，但仍需要较长的干燥周期，而且脱模强度低。于是，近年又开发了凝胶结合的耐火浇注料，其施工方法更简单、迅速，干燥时间短，材料的高温强度大，抗热震性能好，使用寿命长。

现在，在有些国家里除了一些小高炉因出铁场设备所限之外，绝大多数高炉出铁沟均采用 ULCC 或者凝胶结合的耐火浇注料。在世界各地，出铁沟耐火浇注料或泵送耐火材料一般都采用电熔刚玉或板状氧化铝作骨料，配置石墨、SiC 和金属添加剂，以铝酸钙水泥（CA70C/CA80C）或凝胶作结合剂。LCC 和凝胶结合的耐火浇注料的性能见表 7 – 10，两者抗热震性比较见图 7 – 12。

表 7 – 10　高炉出铁沟用低水泥和凝胶结合耐火浇注料的性能

| 性　　能 | | 低水泥耐火浇注料（LCC） | 凝胶结合耐火浇注料（NCC） |
| --- | --- | --- | --- |
| 体积密度/g·cm$^{-3}$ | 110℃ | 2.80 | 2.91 |
| | 850℃（还原气氛） | 2.74 | 2.83 |
| | 1400℃（还原气氛） | 2.74 | 2.80 |
| 气孔率/% | 110℃ | 15.6 | 14.3 |
| | 850℃（还原气氛） | 19.7 | 17.2 |
| | 1400℃（还原气氛） | 18.8 | 18.4 |
| 常温耐压强度/MPa | 110℃ | 8.9 | 21.8 |
| | 850℃（还原气氛） | 11.7 | 53.1 |
| | 1400℃（还原气氛） | 48.2 | 43.3 |
| 常温抗折强度/MPa | 110℃ | 2.1 | 4.0 |
| | 850℃（还原气氛） | 2.4 | 8.3 |
| | 1400℃（还原气氛） | 11.7 | 9.6 |
| 高温抗折强度/MPa | 1090℃（N$_2$ 气氛） | 2.2 | 3.5 |
| | 1400℃（N$_2$ 气氛） | 1.5 | 2.5 |

## 7.2.2　原料的选择

当出铁沟选用 LCC 和 ULCC 耐火浇注料时，通常含 60% ~70% $Al_2O_3$、10% ~25% SiC、2% ~4% C。C 是以石墨、炭黑和树脂（如沥青粉）等形式加入的。石墨在水中分散性极差，需要加入表面活性剂或者对石墨进行亲水性处理。

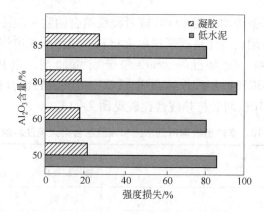

图 7 - 12    低水泥和凝胶结合的 A-C-S 耐火浇注料的抗热震性的比较

（$Al_2O_3$ 含量相同）

### 7.2.2.1    $Al_2O_3$ 原料

从使用性能和经济效益的角度上看，认为电熔刚玉、烧结刚玉、板状氧化铝、棕刚玉和烧结铝矾土等这些瘠性原料都会在 A-C-S 耐火浇注料中具有广泛的应用前景。由 $SiO_2$-$Al_2O_3$ 二元相图（图 3 - 1）可知，作为 A-C-S 耐火浇注料所选择的铝质原料来说，当 $w(Al_2O_3)/w(SiO_2) \geqslant 2.55$ 时即具有很高的耐火性能（其液相出现的温度高达 1840℃），因而它们是 A-C-S 耐火浇注料首选的重要原料。

在实际配方设计时，往往需要根据不同的操作条件（表 7 - 11）和经济技术效益原则，来选择 A-C-S 耐火浇注料的铝质原料。表 7 - 12 是按表 7 - 11 的特殊要求选择用作出铁沟耐火浇注料的 $Al_2O_3$ 原料的几个例子。

表 7 - 11    不同操作条件下的重要参数

| 应用范围 | 操作条件 | 特殊要求 |
|---|---|---|
| 主铁沟 | 温度为 1450~1550℃，两种金属和炉渣在不同面上的腐蚀和侵蚀 | 对金属和炉渣抗腐蚀和侵蚀性 |
| 出铁槽 | 温度为 1450~1550℃，金属侵蚀 | 抗高温耐磨性 |
| 回转浇口 | 温度为 1450~1550℃，通过金属和从高处流下来的金属冲击侵蚀 | 抗高温耐磨，在冷/热态下抗冲击性 |

表 7 – 12　高炉用耐火浇注料骨料的选择方针

| 使用范围 | 失效特征 | 选用的材料 |
|---|---|---|
| 回转浇口 | 冲击区域侵蚀 | 铝矾土 + 烧结棕刚玉 |
| 出铁口 | 液态金属侵蚀渗透 | 电熔刚玉 + 烧结刚玉 |
| 炉渣段 | 炉渣侵蚀、腐蚀和渗透 | 电熔刚玉 + 烧结刚玉 |

（1）瘠性原料配方为：

Mix X　　电熔刚玉 + 烧结刚玉

Mix Y　　烧结棕刚玉

Mix Z　　烧结铝矾土 + 烧结棕刚玉

（2）试样组成：

| | |
|---|---|
| 骨料（质量分数）/% | 65 |
| SiC + C（质量分数）/% | 20 |
| 活性 $Al_2O_3$（质量分数）/% | 4 |
| 硅微粉（质量分数）/% | 4 |
| CA-80C（质量分数）/% | 2 |
| 金属添加剂（质量分数）/% | 2 |
| 分散剂/稳定剂（质量分数）/% | 0.2 |

由于所选 $Al_2O_3$ 瘠性原料不同，所以会对 A-C-S 耐火浇注料的性能产生不同的影响。图 7 – 13 和图 7 – 14 示出了它们所需用水量（图 7 – 13）和干燥后的耐压强度（图 7 – 14）与不同 $Al_2O_3$ 瘠性原料的关系，表明强度值都不是很高。这可解释为由于 SiC 的存在和石墨结构的存在而妨碍了在该耐火浇注料内部基质键的形成。另外，高温处理后的常温耐压强度（图 7 – 15）比干燥后的耐压强度高，说明 $Al_2O_3$ 瘠性原料的选择对 A-C-S 耐火浇注料的强度作用没有明显的影响，甚至高温抗折强度（HMOR）值在 4.5 ~ 7.0MPa 非常窄的范围内变化（图 7 – 16），也不能认为是 A-C-S 耐火浇注料实际使用的性能。

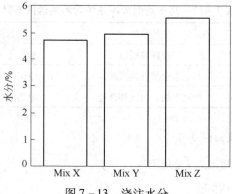

图 7 - 13　浇注水分

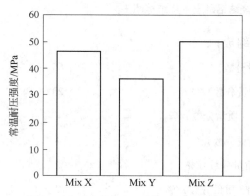

图 7 - 14　110℃，2h 后常温耐压强度

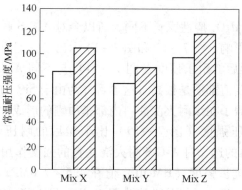

图 7 - 15　高温处理后常温耐压强度

□—1000℃，3h；▨—1400℃，3h

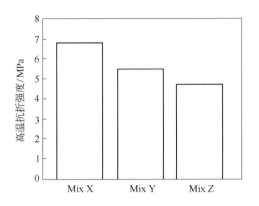

图 7 - 16　高温抗折强度（1400℃，3h）

### 7.2.2.2　SiC 原料

SiC 同氧化物熔渣的接触角大于 90°，不会被氧化物熔渣所润湿，因而能够防止熔渣浸透，同时也能抑制同熔渣的反应。然而，含 SiC 的耐火浇注料是气孔较多的材料，而且还容易产生低熔点结合相。相比之下，含 SiC 的耐火浇注料比 SiC 更容易被熔渣所侵蚀。因此，如何降低低熔相比例，提高抗渣性便成为设计含 SiC 耐火浇注料的重要课题。由于 SiC 的热导率较高，故可提高材料的抗热震性；由于化学反应产生 $SiO_2$ 保护层，故可防止 C 氧化，提高材料的耐蚀性，所以 SiC 被确立为 A-C-S 耐火浇注料中的重要组分之一。

图 7 - 17 和图 7 - 18 示出了与 A-C-S 耐火浇注料中 SiC 含量与抗渣侵蚀性的关系。图 7 - 17 是加热至冷却循环 10 次的测定结果，而图 7 - 18 则是 A-C-S 耐火浇注料的回转抗渣侵蚀的结果，它们都以高炉渣为侵蚀剂。由图 7 - 17 看出，随着 A-C-S 耐火浇注料中 SiC 含量的增加材料抗侵蚀性呈增强的趋势，最佳加入量为 35% SiC。但在 SiC 加入量超过 20% 以后，材料抗侵蚀性的差异并不明显。图 7 - 18 则表明，A-C-S 耐火浇注料的抗渣侵蚀性以 15% SiC 为最佳。由于回转抗渣试验更能反映实际情况，因而认为当 A-C-S 耐火浇注料中 SiC 含量为 15% ~18% 时即可获得最佳的抗渣性。

当然，熔渣中各成分的相对含量对 A-C-S 耐火浇注料的抗渣性也

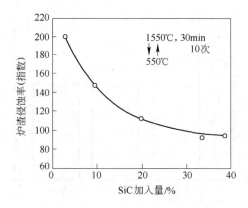

图 7 – 17　SiC 含量对出铁沟耐火浇注料抗渣侵蚀性的影响

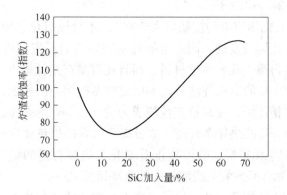

图 7 – 18　SiC 含量对低水泥耐火浇注料抗高炉渣
侵蚀性的影响（1570℃）

有影响。例如 FeO 可以按下式分解 SiC：

$$FeO(l) + SiC(s) = FeSi(l) + CO(g) \qquad (7-1)$$

此反应从约 1400℃ 开始，在 1500℃ 时即结束，表明 SiC 在高温下会被氧化铁所侵蚀。然而，出铁沟料的使用温度一般低于 1350℃，所以它仍能与含氧化铁熔渣的使用条件相适应。

虽然 A-C-S 耐火浇注料具有很高的抵抗高炉渣侵蚀的能力，但抵抗铁水侵蚀的能力却较低。因为 SiC 较容易被铁水润湿，而且容易同铁水反应。在 SiC 同铁水反应过程中，随着 SiC 反应分解为 Si 和 C，SiC 更容易溶解到铁水中。不过，它也受到铁水中［Si］和铁水流动情况的制约。

SiC 同铁水反应可以用如下通式来表示：

$$nSiC(s) + mFe(l) \!=\!=\! Fe_mSi_n(l) + nC(s) \tag{7-2}$$

当铁水中［Si］含量（质量分数）不大于 33.3% 时，即铁水中 Si 未达到饱和，则上式变为：

$$SiC(s) + Fe(l) \!=\!=\! FeSi(l) + C(s) \tag{7-3}$$

其自由能简式为：

$$\Delta G^{\ominus} = 41421 - 38.24T \tag{7-4}$$

当 $\Delta G^{\ominus} = 0$ 时，$T = 1083K$（810℃），表明 SiC 在铁水中是不稳定的。在 Fe-Si 二元系中，［Si］含量（质量分数）小于 33.3% 时，两者会反应生成 FeSi，并于 1410℃ 熔融而不分解。显然，在这种条件下，反应式 7-3 将向右进行。铁水中［Si］含量越低，反应式 7-3 便越容易向右进行。因为：

$$Si(l) + C(s) \!=\!=\! SiC(s) \tag{7-5}$$

其自由能简式（1683～2000K）为：

$$\Delta G^{\ominus} = -100457.8 + 34.85T \tag{7-6}$$

当温度低于 1683K（1400℃）时：

$$\Delta G^{\ominus} = -53429.7 + 6.95T \tag{7-7}$$

比较式 7-4 和式 7-7 的自由能得出：在高温下，反应式 7-5 的自由能比反应式 7-3 的自由能负得更多，表明在有［C］存在的铁水中反应式 7-5 优先向右进行。通常，由于铁水中都含有较高的［C］，所以铁水分解 SiC 的反应便会受到抑制。

尽管如此，用于出铁沟铁线部位的 A-C-S 耐火浇注料中，SiC 的含量仍应受到限制，通常限定其用量（质量分数）在 10%～15% 之间。

在高炉渣铁沟用 A-C-S 耐火浇注料内衬中，SiC 的另一个作用是作为防氧化剂，可在使用过程中防止 C 的氧化。如前所述，SiC 的氧化在很大程度上取决于环境中的氧分压。对于高炉渣铁沟用 A-C-S 耐火浇注料来说，由于其内部有 C 共存，当反应达到平衡时，在 1000

~1400℃范围内的氧分压约为 $10^{-17} \sim 10^{-10}$ MPa，所以内衬中绝大部分气体应是 CO。

$Al_2O_3$-SiC-C 系凝聚相在不同温度和 $p(CO)$ （CO 压力）下的稳定范围可以由图 7 - 19 来描述。

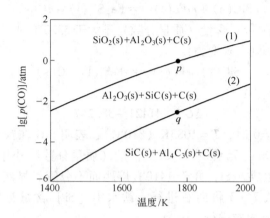

图 7 - 19　在 Al-Si-C-O 系中凝聚相的稳定范围

（1atm≈$10^5$Pa）

从图 7 - 19 看出，在 $p(CO)=0.1$ MPa 的情况下，当温度不超过 1823K（1550℃）时，SiC 不稳定，按下式转变为 $SiO_2$：

$$SiC(s) + 2CO(g) =\!=\!= SiO_2(s) + 3C(s) \qquad (7-8)$$

使 $Al_2O_3$-SiC-C 系→$Al_2O_3$-$SiO_2$-C 系。但如果该系统不是封闭系统，$Al_2O_3$-SiC-C 工作衬与外界接触时，$p(CO)$ 有可能低于 0.1MPa，此时 SiC 即是稳定的。然而，此时气相有可能不全是 CO 或 CO + $CO_2$，可能还有 SiO 等气相产生，这也会对 SiC 稳定性产生影响。在这种情况下，就应考虑 Si 成分转移问题。此时 SiC 会按下述方式进行氧化：

$$SiC(s) + CO_2(g) =\!=\!= SiO(g) + CO(g) + C(s) \qquad (7-9)$$

$$SiC(s) + CO(g) =\!=\!= SiO(g) + 2C(s) \qquad (7-10)$$

在 SiC 颗粒表面上反应式 7 - 9 即能发生，生成 SiO(g) 并析出 C(s)。而当温度达到 1400℃时，在 $p=0.033 \sim 0.1$ MPa 的气氛中，在 C 存在的情况下，$SiO_2$ 为稳定的凝聚相，因而下面反应式 7 - 11 和式 7 - 12 即能发生，生成 $SiO_2$ 并析出 C，在渣沟内衬表面形成保护层，增强抗蚀性，提高使用寿命。也就是说，SiC 颗粒将 CO 还原为 C，抑制 C 的减少，同时还降低了气孔率。此外，SiO(g) 扩散到材料表面附近时，又会冷凝为 $SiO_2$：

$$SiO(g) + CO(g) \Longrightarrow SiO_2(s) + C(s) \qquad (7-11)$$

$$2SiO(g) + O_2(g) \Longrightarrow 2SiO_2(s) \qquad (7-12)$$

使之致密化，或者与渣反应形成保护层，抑制氧气和炉渣的侵入，提高耐用性。

由此可知，SiC 颗粒在 A-C-S 系中通过与式 7-9 生成 SiO(g) 和 CO(g) 挥发物并使 C 沉积。说明在含 C 的 $Al_2O_3(-SiO_2)$-SiC-C 耐火浇注料中，反而运用了 SiC 在低氧分压下不断进行氧化的特性。在与 C 共存的低氧分压下，SiC 极其不稳定（发生气相挥发），并使 C 析出，起到了对材料修复的作用。为了有效地利用 SiC 颗粒，使之容易发生反应，最好的方法是向配料配入 SiC 细粉。假如配入 SiC 颗粒过多或者颗粒过大，就会在全部 SiC 变为 C 以至于直接与熔渣接触产生大量的气泡，搅动耐火浇注衬体表面附近的熔渣，反而会使熔渣侵蚀耐火浇注衬体的速度加快。

上述情况告诉我们，在设计 $Al_2O_3(-SiO_2)$-SiC-C 耐火浇注料时，需要根据使用条件选择最佳的 SiC 颗粒大小及其配入量。

另外，良好的抗侵蚀性和抗浸透性要求 SiC 具有较宽的粒度分布。$Al_2O_3(-SiO_2)$-SiC-C 耐火浇注料中 SiC 的粒度分布广的那些材料在实践中的使用性能较佳，这说明 SiC 的粒度选择比纯度更重要。

日本的研究结果表明，作为高炉出铁沟 $Al_2O_3(-SiO_2)$-SiC-C 耐火浇注料，其基质中 SiC 的配入量达 70%～90% 时，同时添加 1%～3% Si 和 0.5%～3.0% $B_4C$ 以及 1%～3% 高软化温度沥青粉，即可获得高寿命。

### 7.2.2.3 碳素原料

$Al_2O_3(-SiO_2)$-SiC-C 耐火浇注料中碳素原料可以选用下列物质：炭黑、煤焦油沥青、石油沥青、焦油、无定形（微晶）石墨、鳞片状石墨等。由于炭黑、煤焦油沥青、石油沥青、焦油等的亲水性优于石墨，所以它们常用作含碳复合耐火浇注料中碳素原料的组分。

当选择沥青作为 $Al_2O_3(-SiO_2)$-SiC-C 耐火浇注料中碳素原料时，

由于沥青种类不同，耐火浇注料的性能也会有差异。对此，曾经用表 7 – 13 的碳源按表 7 – 14 的配方，就碳源对 $Al_2O_3(-SiO_2)$-SiC-C 耐火浇注料的特性影响作了对比研究。所有配方均以 CA （CA-80C/CA-70C） 和 uf-$SiO_2$ 并用作为结合剂。其结果表明：烧成后的试样，显气孔率增大，强度下降。其原因可能是由于挥发成分产生气化而导致显气孔率增大，而且由于材料中的炭素在烧成时难以形成陶瓷结合，而导致强度下降了。

表 7 – 13　碳源种类

| 项　　目 | 碳源 A | 碳源 B | 碳源 C |
|---|---|---|---|
| 固定碳 （质量分数）/% | 64.0 | 85.8 | 88.9 |
| 挥发分 （质量分数）/% | 35.8 | 13.8 | 8.0 |
| 灰分 （质量分数）/% | 0.2 | 0.4 | 0.4 |

表 7 – 14　基本配方

| | | | |
|---|---|---|---|
| SiC 含量 （质量分数）/% | 56.0 | CAC/% | 5.6 |
| $Al_2O_3$ 含量 （质量分数）/% | 34.0 | 分散剂含量 （质量分数）/% | 0.3 |
| $SiO_2$ 含量 （质量分数）/% | 3.8 | | |

相比之下，加入挥发分高的碳源时由于加热软化，并容易浸润到基质中，因而对显气孔率的负面影响要少些，而且对强度的贡献也更大些。原因可能是其颗粒相对较大，不容易妨碍陶瓷结合的形成。

以炭黑、焦炭和沥青等作为 $Al_2O_3(-SiO_2)$-SiC-C 耐火浇注料的碳源存在的主要问题是这些类型碳源易于氧化损失。这样，不仅不能抑制熔渣渗透，反而降低了材料的强度和抗侵蚀性，从而导致其耐用性明显下降。

研究结果表明，若碳源添加量增加，渣渗透厚度则减薄，如图 7 – 20 所示。然而，从图 7 – 21 所示的侵蚀试验结果来看，碳源添加量增加，未必蚀损指数会减小。图 7 – 22 则表明：碳源添加量增加对提高试样的强度有明显作用。而回转试验则表明，在试样被氧化的情况下，由于碳源氧化损失，使组织显著劣化，抗侵蚀性明显下降。

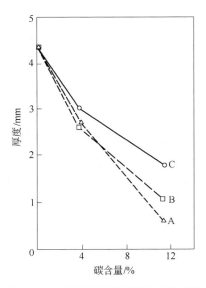

图 7 - 20 渗透层厚度与碳含量的关系

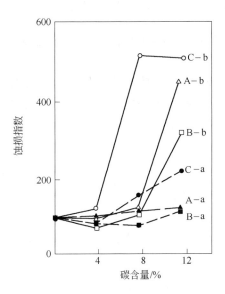

图 7 - 21 蚀损指数与碳含量的关系

a—高频感应电炉法：1350℃×4h（生铁15kg，高炉渣300g，1h换1次渣）；

b—回转炉法：1550℃×4h（生铁：高炉渣 =1∶1，1h换1次渣）

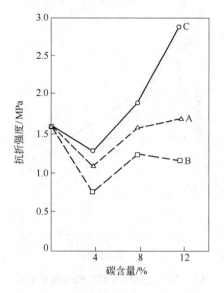

图 7-22　抗折强度与碳含量的关系

　　另外，从渣渗透试验后的试样看，认为碳源抑制渣渗透的机理有以下两个方面：

　　(1) 如图 7-23 所示，挥发分气化时的气压使碳源涂在微孔内壁上，故防止了渣向微孔内渗透。

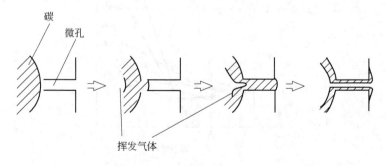

图 7-23　碳涂层的示意图

　　(2) 由于碳源在材料中分散,故可使材料整体对渣的润湿性恶化。

表7-13中的碳源A和碳源B具有（1）和（2）两个方面的效果，而碳源C只具有（2）的效果。从（1）的效果和侵蚀试验以及图7-24示出的气孔率等方面来看，认为使用碳源B是最佳的。

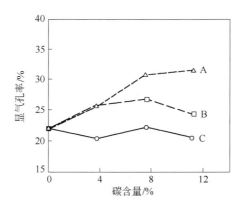

图7-24 显气孔率与碳含量的关系

就 $Al_2O_3$（$-SiO_2$）$-SiC-C$ 耐火浇注料而言，其中炭素材料具有不同熔渣反应，同时其弹性率和线膨胀系数低以及不易烧结等优点，因而提高配料中炭素材料的比例并进行适当控制，便可分散热应力、防止龟裂和剥离，提高耐蚀性能。当然，这也会带来另外的问题：当该材质用作出铁沟内衬时，在排出残铁次数较多的主出铁沟沟口前或下游侧，炭素容易氧化而导致耐用性不充分的问题。

有文献对向出铁沟内衬材料中加入接近球形的炭颗粒（表7-15）对优化其性能作了全面研究，其结果示于图7-25～图7-30中。

表7-15 试样的基本组成

| 性　　能 | | C0 | C5 | C10 | C15 | C20 |
|---|---|---|---|---|---|---|
| 化学成分<br>（质量分数）/% | $Al_2O_3$ | 80 | 75 | 70 | 65 | 60 |
| | SiC | 14 | 14 | 14 | 14 | 14 |
| | $SiO_2$ | 1 | 1 | 1 | 1 | 1 |
| | C | 3 | 8 | 13 | 18 | 23 |

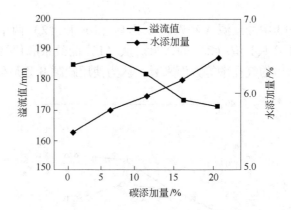

图 7 - 25　溢流值、加水量与碳含量的关系

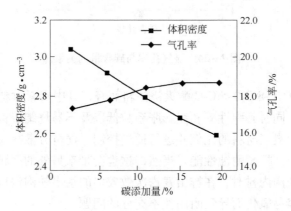

图 7 - 26　1400℃处理后体积密度、气孔率与碳含量的关系

如图 7 - 25 所示，炭颗粒添加量越多，混练用水量就越高，但增加幅度较小。不过，其流动性则与未加炭颗粒的耐火浇注料（C0）基本一样，表明实际使用不会有问题。

图 7 - 26 则表明，炭颗粒添加量增加，气孔率有上升的趋势，但总气孔率变化很小。

加炭颗粒后对 1400℃的高温抗折强度的影响较小（图 7 - 27），但却能明显地降低弹性率（图 7 - 28）。此外，添加炭颗粒的 $Al_2O_3$

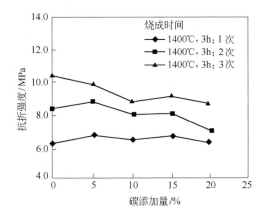

图 7-27  1400℃处理后抗折强度与碳含量的关系

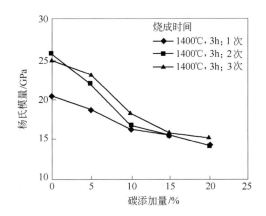

图 7-28  1400℃处理后杨氏模量与碳含量的关系

(-SiO₂)-SiC-C 耐火浇注料的高温线膨胀率较小，残余膨胀大（图 7-29），抗侵蚀性提高，并以加入 10%～15% 炭颗粒为最佳，如图 7-30所示。

添加 20% 炭颗粒的 Al₂O₃(-SiO₂)-SiC-C 耐火浇注料的抗侵蚀性反而不如加入 10% 炭颗粒的好，其原因显然是前者的气孔率高，同时其强度低。

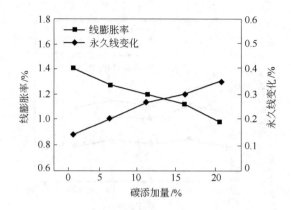

图 7-29    线膨胀率、永久线变化与碳含量的关系

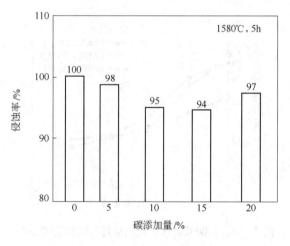

图 7-30    侵蚀试验结果

加入 10% 炭颗粒的 $Al_2O_3(-SiO_2)$-SiC-C 耐火浇注料用于高炉出铁沟下游时，其损毁速率比未添加炭颗粒的同材质降低了 10%，并且在龟裂和剥离方面也有所改善（即大幅度地抑制龟裂的产生和扩展）。

由此看来，$Al_2O_3(-SiO_2)$-SiC-C 耐火浇注料的性能明显地受到碳源种类的影响，因而在实际应用中要根据使用条件和热工设备类型选择能与之相适应的碳源才能取得较佳的效果。

此外，由于煤焦油沥青具有独特的性能（残碳率高，焦炭具有各向异性结构，其抗氧化性、热塑性以及弹性均较高），而且成本相当低，所以往往被选作炼铁系统使用的含碳复合耐火材料最常用的碳源物质。然而，它存在的缺点是具有致癌性，危害人们健康。例如，中温煤焦油沥青中苯并吡的含量高达（10000~13000）×$10^{-6}$%。

为此，则推荐在环保方面比较安全的煤焦油，因为煤焦油是一种热塑性物质，具有高软化点（>200℃）和高残碳率（82%），而且它含苯并吡仅为（50~300）×$10^{-6}$%。在这种情况下，$Al_2O_3$（$-SiO_2$）$-SiC-C$ 耐火浇注料中的苯并吡含量不超过 $5 \times 10^{-6}$%。另外，煤焦油和煤焦油沥青一样，在炭化之后煤焦油沥青形成各向异性结构，因而具有较高的抗氧化性能。

曾经按表 7-16 所列的 $Al_2O_3$（$-SiO_2$）$-SiC-C$ 耐火浇注料的大致配料组成，比较研究了它们的性能（表 7-17）。

表 7-16  $Al_2O_3$（$-SiO_2$）$-SiC-C$ 耐火浇注料的大致配料组成

（质量分数，%）

| 编　号 | 2 | 3 | 4 | 5 |
|---|---|---|---|---|
| 普通刚玉（0~6mm） | 56 | 56 | 30 | 60 |
| SiC（0~3mm） | 18 | 18 | 9 | 20 |
| 再生 SiC（0~3mm） | — | — | 25 | — |
| 炭　黑 | 2 | 2 | 2 | 2 |
| 煤焦油 | 1.5 | 1.5 | 1.5 | 1.5 |
| 基质料 | 22.5 | 22.5 | 22.5 | 16.5 |
| 合　计 | 100 | 100 | 100 | 100 |
| 混合水量 | 5 | 4.5 | 5 | 4.5 |
| 外加剂 | + | + | + | + |
| 成型方法 | 振动浇注 | | | 自行扩展 |

表 7 – 17　$Al_2O_3$（-$SiO_2$）-SiC-C 耐火浇注料的性能

| 编　号 | | 1 | 2 | 3 | 4 | 5 |
|---|---|---|---|---|---|---|
| 110℃×12h 干燥后 | 体积密度/g·cm$^{-3}$ | 2.90 | 3.03 | 3.01 | 2.80 | 3.02 |
| | 强度/MPa | 22 | 30 | 24 | 32 | 34 |
| 于1000℃在还原气氛中烧结碳化4h后 | 体积密度/g·cm$^{-3}$ | 2.87 | 3.00 | 3.01 | 2.76 | 3.00 |
| | 强度/MPa | 43 | 40 | 42 | 42 | 未测 |
| | 开口气孔率/% | 17.2 | 15.2 | 15.8 | 16.9 | 未测 |
| | 残碳率（质量分数）/% | 2.5 | 3.2 | 3.2 | 3.2 | 3.2 |
| 于1500℃在还原气氛中烧成4h后 | 体积密度/g·cm$^{-3}$ | 2.86 | 3.00 | 2.99 | 2.75 | 2.90 |
| | 强度/MPa | 52 | 42 | 43 | 48 | 65 |
| | 开口气孔率/% | 16.1 | 14.3 | 14.5 | 16.7 | 未测 |
| | 氧化层厚度/mm | 7.0 | 4.5 | 未测 | 5.5 | 未测 |

注：1 号耐火浇注料为工业用耐火浇注料：骨料（最大颗粒为10mm）为普通刚玉、铝土矿、SiC；水硬性结合剂，用水量：4.5%~5%，振动浇注；化学成分（质量分数）为69% $Al_2O_3$、6% $SiO_2$、0.6% CaO、3% C 和18%SiC。

石墨固定碳含量高，与钢水不润湿，抗渣性好，而且其抗氧化性还是碳素材料中最高的。如能解决石墨亲水性问题，那么石墨作为耐火浇注料中碳素原料是最佳的选择。

不过，在耐火浇注料中，石墨难以湿润，这会导致用水量增加。因为当向含石墨耐火浇注料中添加水进行施工时，由于石墨结构会导致大部分石墨到达表面并很容易烧掉。为了能在这种耐火浇注料中配入石墨，需要先将石墨粉聚集成块或者进行亲水处理。前者是将石墨粉进行造块，形成石墨颗粒，以降低石墨粉的比表面积，减少石墨粉与水接触的面积；后者是对石墨进行亲水处理，以提高其分散性和黏附性。

#### 7.2.2.4　$SiO_2$ 的作用

$Al_2O_3$（-$SiO_2$）-SiC-C 耐火浇注料中的 $SiO_2$ 主要来源于主原料中矾土熟料和 SiC 氧化所产生的 $SiO_2$，有时也来源于膨胀剂（蓝晶石、叶蜡石和石英砂等）或者来源于作为并用结合剂的 uf-$SiO_2$。

向 $Al_2O_3$（-$SiO_2$）-SiC-C 耐火浇注料中添加 10%　（–1mm）的石

英砂，由于石英砂中的 SiO$_2$ 产生残余膨胀，可抑制材料在反复的热循环中所导致裂纹的产生，从而大幅度地提高该类材料的使用寿命。

此外，在 Al$_2$O$_3$(-SiO$_2$)-SiC-C 耐火浇注料中并用 uf-SiO$_2$ 作为结合剂时可降低用水量，提高流动性以及材料的物理性能。因为 uf-SiO$_2$ 粒度细小，具有充填颗粒结构间隙的作用。李亚伟等曾对此作了研究，其结果如图 7-31~图 7-35 所示。他们选用致密刚玉、球沥青和黑色碳化硅为主原料，各试样基质组成如表 7-18 所示。

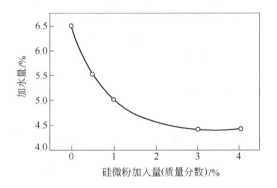

图 7-31　加水量与 uf-SiO$_2$ 含量的关系

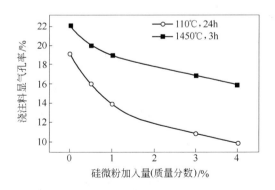

图 7-32　显气孔率与 uf-SiO$_2$ 含量的关系

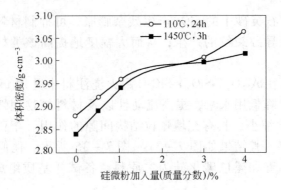

图 7-33　体积密度与 uf-SiO$_2$ 含量的关系

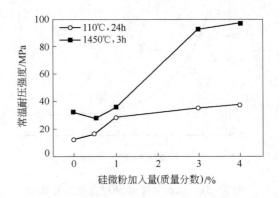

图 7-34　常温耐压强度与 uf-SiO$_2$ 含量的关系

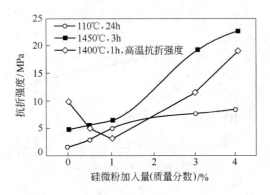

图 7-35　高温抗折强度与 uf-SiO$_2$ 含量的关系

表 7 - 18　各试样的基质组成　（质量分数,%）

| 原　料 | 粒　度 | 试　样　号 | | | | |
|---|---|---|---|---|---|---|
| | | S1 | S2 | S3 | S4 | S5 |
| 黑色碳化硅 | -0.074mm | 10 | 10 | 10 | 10 | 10 |
| 致密刚玉 | -0.045mm | 8 | 7.5 | 7 | 8 | 7 |
| Secar 水泥 | -0.045mm | 2 | 2 | 2 | 2 | 2 |
| 氧化铝微粉 | $D_{50}=2.2\mu m$ | 6 | 6 | 6 | 3 | 3 |
| 硅微粉 97u | $D_{50}=1.2\mu m$ | 0 | 0.5 | 1 | 3 | 6 |
| 减水剂 | | 0.1 | 0.1 | 0.1 | 0.1 | 0.1 |

　　硅微粉对 $Al_2O_3$($-SiO_2$)-SiC-C 耐火浇注料的流动性能、常温物理指标和高温抗折强度都有明显的作用。随着硅微粉加入量的增加，$Al_2O_3$($-SiO_2$)-SiC-C 浇注料达到规定流动值时的加水量下降 （图 7 - 31），干燥和烧成后的显气孔率降低 （图 7 - 32），体积密度 （图 7 - 33）、常温耐压强度 （图 7 - 34）均增加。而随着硅微粉加入量的增加，$Al_2O_3$($-SiO_2$)-SiC-C 浇注料的高温抗折强度先降低后升高 （图 7 - 35）。影响 $Al_2O_3$($-SiO_2$)-SiC-C 耐火浇注料高温性能的主要因素是基质的组成。当基质组成位于 $CaO$-$Al_2O_3$-$SiO_2$ 三元系相图中的 $Al_2O_3$-$CA_6$-$CAS_2$ 相区时，高温时将产生相当数量的液相，导致高温抗折强度降低；当基质组成位于 $CaO$-$Al_2O_3$-$SiO_2$ 三元系相图中的 $Al_2O_3$-$A_3S_2$-$CAS_2$ 相区时，由于高温时生成莫来石，所以高温抗折强度提高。

　　硅微粉含量对 $Al_2O_3$($-SiO_2$)-SiC-C 耐火浇注料高温抗折强度的影响可以用 $Al_2O_3$-$SiO_2$-$CaO$ 三元系相图来解释。未加硅微粉的试样 S1 （表 7 - 18），其基质组成处于 $Al_2O_3$-$SiO_2$-$CaO$ 三元系相图中的 $Al_2O_3$-$CA_6$ 连线上，它们在 1400℃时无液相产生，因而其高温强度很高，但由于未加硅微粉，用水量大，材料不致密，结果则导致高温抗折强度仅为 10MPa；试样 S2、S3 的基质组成处于 $Al_2O_3$-$SiO_2$-$CaO$ 三元系相图中的 $Al_2O_3$-$CA_6$-$CAS_2$ 相区 （图 7 - 5），在高温下有相当数量的液相产生，故高温抗折强度低；试样 S4、S5 的基质组成位于 $Al_2O_3$-$SiO_2$-$CaO$ 三元系相图中的 $Al_2O_3$-$A_3S_2$-$CAS_2$ 相区，高温下生成莫来石，故高温抗折强度高，而且，该试样加水量少，结构致密也对高温抗折强度有贡献。

### 7.2.2.5　结合系统的选择

高炉出铁沟用 $Al_2O_3(-SiO_2)$-SiC-C 耐火浇注料的结合系统，可以采用含水泥结合系统也可以采用凝胶系统。

当采用含水泥结合系统时，应按低水泥→超低水泥耐火浇注料进行设计。由 $Al_2O_3$-$SiO_2$-CaO 三元系相图（图7-5）看出：当基质组成中 CaO/$Al_2O_3$<0.09（质量比）或1/6（摩尔比）时，液相最初出现的温度高于1495℃；而当这类耐火浇注料基质组成中仅含微量 CaO 时就可使液相最初出现的温度由1840℃下降到1512℃，说明 $Al_2O_3(-SiO_2)$-SiC-C 耐火浇注料中配入较高水泥用量是不合适的。因此，对于高炉出铁沟用 $Al_2O_3(-SiO_2)$-SiC-C 耐火浇注料（含水泥）最好按 ULCC 设计，同时并用 uf-$SiO_2$。

当采用凝胶系统时，最好采用铝凝胶和硅凝胶并用作为结合剂。不难预料，这类耐火浇注料会具有更高的使用性能。

表7-10对以上两类耐火浇注料的性能作了比较，图7-12则比较了它们的抗热震性能。由此可见，凝胶结合的耐火浇注料具有更高的性能指标。

现在，在许多产钢大国，除了一些小高炉因出铁场设备所限外，高炉出铁沟均倾向于采用 ULCC 或 NCC（凝胶结合）耐火浇注料的筑衬。

### 7.2.2.6　添加剂的作用

根据施工和使用要求，需要添加多种外加物对 $Al_2O_3(-SiO_2)$-SiC-C 耐火浇注料的性能进行优化。

众所周知，$Al_2O_3(-SiO_2)$-SiC-C 耐火浇注料在使用过程中会产生氧化现象，导致快速损毁。

$Al_2O_3(-SiO_2)$-SiC-C 耐火浇注料在大气中的氧化行为，已作过研究。试验是以圆柱体试样为对象在马弗炉中1400℃×6h进行的，并应用局部化学反应模型动力学方程对材料的脱碳速度进行了分析。在这种情况下，我们假定：

（1）界面上石墨的氧化用下式来描述：

$$2C(s) + O_2(g) \Longrightarrow 2CO(g) \qquad (7-13)$$

（2）脱碳层气孔中，$O_2(g)$ 和 $CO(g)$ 之间出现分子反扩散遵循菲克第一定律。

（3）氧化反应的全过程处于稳定状态，由此即可推导得到如下动力学方程为：

$$R/2K_G + Y/(4D_E)[(1-R)\ln(1-R) + R] + K/[K_f(1+k)] \times$$
$$[1 - (1-R)^{0.5}] = [(C_B - C_E)/(r_0 d_0)]t \qquad (7-14)$$

式中，$d_0$ 为石墨的真密度；$R$ 为脱碳率；$K_G$ 为在边界线的质量转换程度；$D_E$ 为有效扩散系数；$K$ 为平衡常数；$K_f$ 为在氧化方向上的反应速度常数；$C_B$ 为环境氧的含量；$C_E$ 为平衡状态时氧的含量；$r_0$ 为圆柱体试样的半径。

若通过脱碳层的质量转换处于控制状态，根据上述方程式计算出来的结果和实测结果分别示于图 7-36 和图 7-37。如图 7-37 所示，当以 $(1-R)\ln(1-R) + R$ 对氧化时间作图时得一直线，说明上述假定是成立的。但不加 $B_4C$ 的实测结果却是一个例外，其原因尚需研究。而添加 1.0% $B_4C$ 时即可降低脱碳速度。

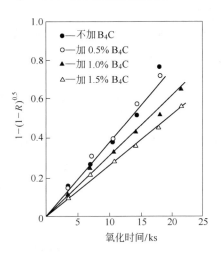

图 7-36 根据局部化学反应模型计算含 $B_4C$ 的 $Al_2O_3$-C
材料的 $1-(1-R)^{0.5}$ 与氧化时间的关系

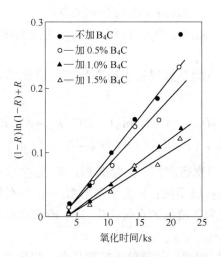

图 7 – 37　根据局部化学反应模型计算含 $B_4C$ 的 $Al_2O_3$-C 材料
的 $(1-R)\ln(1-R)+R$ 与氧化时间的关系

由上述结果可以推得 $Al_2O_3(-SiO_2)$-SiC-C 耐火浇注料的氧化受脱碳区域的质量转换控制。

通过模拟研究发现：

（1）在空气/渣界面处，当 $Al_2O_3(-SiO_2)$-SiC-C 耐火浇注料中加有 Si 时，Si 会同 C 发生反应生成 SiC 而增加了 SiC 含量，但对抗侵蚀性能并无明显的影响。

（2）在渣/金属（铁水）界面处，由于 $p(O_2)$ 很低，而 $p(CO)$ 却很高，因而 SiC 会氧化：

$$SiC(s) + 2CO(g) = SiO_2(s) + 3C(s) \qquad (7-15)$$

$$\Delta G^{\ominus} = -616295 + 11.43T\lg T + 303.5T \qquad (7-16)$$

当 $\Delta G^{\ominus} = 0$ 时，$T = 1809K$（1536℃），说明在高炉 $Al_2O_3$（$-SiO_2$）-SiC-C 耐火浇注料的使用条件下（1550℃），SiC 的氧化将必然发生，使材质中 SiC 不断氧化消耗，$SiO_2$ 则不断生成，结果则会降低材料的抗侵蚀性能。由此看来，在渣/铁水界面处的沟衬中没有必要添加 Si。

在 $Al_2O_3($-SiO_2$)$-SiC-C 耐火浇注料中添加 Si 粉，它将会同材料中的炭素发生反应：

$$Si(s) + C(s) \Longrightarrow SiC(s) \qquad\qquad (7-17)$$

$$3SiC(s) + 2N_2(g) \Longrightarrow Si_3N_4(s) + 3C(s) \qquad (7-18)$$

其中，反应式 7-17 是主体，生成的 SiC 是 β-SiC，呈粒状，而反应式 7-18 生成的 $Si_3N_4$ 为板状。Si 和 C 的反应在 1000～1150℃ 开始以明显的速度进行。然而，这种固相反应需要以互相接触为前提，当 Si 颗粒（粉）生成一薄层 SiC 之后，其反应速度则会放慢甚至停止。因此，只有提高温度，通过液相或者气相才能加快反应速度。

由 Si-C 相图看出，Si 的熔点为 1410℃，当温度上升到 1405℃ 时即会出现液相，C 则溶解于富 Si 液相中，而且伴有较大的放热效应，反过来又提高了 C 的溶解度，促进富 Si 液相中 C 含量增大，使 C 溶解到局部区域形成很高的温度梯度和 C 的浓度梯度，从而促进了 C 从高浓度梯度区域向低浓度梯度区域扩散，并在低温区析出 SiC，在材料中形成互穿网络，强化组织。上述反应过程为溶解—沉淀过程，温度梯度和浓度梯度是该反应的推动力。研究结果还表明，少量 Si 粉加入材料中有利于提高烧成后的结构强度（图 7-38）和高温强度（图 7-39），但对抗渣性的影响不大（图 7-40）。这显然是由于 Si 和 C 反应生成原位 SiC 在材料中形成互穿网络、强化组织的作用却被

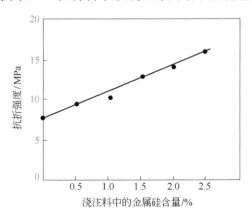

图 7-38　耐火浇注料常温抗折强度与 Si 粉含量的关系
（1500℃，3h 加热后）

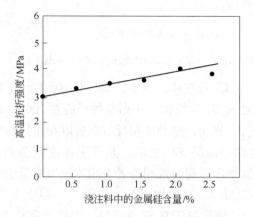

图 7-39 耐火浇注料高温抗折强度与 Si 粉含量的关系
（在 1400℃）

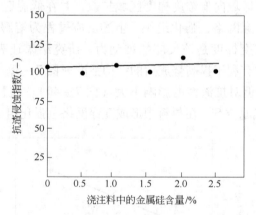

图 7-40 耐火浇注料抗渣侵蚀性与 Si 粉含量的关系
（1550℃，5h，BF 炉渣；材料含 50% SiC，3% C；回转抗渣试验：高炉渣，1550℃ ×5h）

生成大量 SiC 而导致氧化行为加剧所抵消，结果表现出增加材料强度但却对其抗渣性影响不大。

由以上讨论可以得出结论：在 $Al_2O_3$($-SiO_2$)-SiC-C 耐火浇注料中添加少量 Si 粉可促进材料烧结，降低气孔率，提高机械强度和高温强度，阻止 C 的氧化。

此外，为了提高耐蚀性，一般可向 $Al_2O_3$($-SiO_2$)-SiC-C 耐火浇注料中添加 $Si_3N_4$ 或 $Si_3N_4$-Fe 等。而为了提高材料的体积稳定性则向配料中配加膨胀剂。总之，添加剂的引进主要是对这类耐火浇注料的性能进行优化，以获得长的使用寿命。

### 7.2.3 A-C-S 耐火浇注料的类型

A-C-S 耐火浇注料配方内容主要是围绕降低用水量展开研究的，它包括碳原料的选择，石墨亲水处理，结合系统的组合，抗氧化剂和高效表面活化剂的选用等，归纳起来如表 7 - 19 所示。

表 7 - 19  含碳耐火浇注料中碳原料及其配方的主要内容

| 项　目 | 内　容 |
| --- | --- |
| 碳原料 | 煤焦油沥青、石油沥青、煤焦油、焦油、焦炭粉、炭黑、酚醛树脂粉的加水量低；<br>无定形石墨的加水量高；<br>天然鳞片状石墨的加水量最高 |
| 表面活化剂 | 有机系 pH 值为 8 ~ 10 的减水剂；<br>萘磺酸盐甲醛缩合物；<br>聚丙烯酸钠等 |
| 碳原料的<br>亲水处理 | 采用高速气流冲击法、溶胶和凝胶、点滴喷雾法等工艺，在石墨表面形成 SiC、$TiO_2$、$SiO_2$、$B_4C$ 等氧化物或非氧化物的亲水性涂层；<br>制造成石墨颗粒；<br>石墨表面包裹加水量较少的沥青或炭黑等；<br>将树脂或煤焦油等结合的石墨和氧化铝混合物进行造粒压块；<br>将用后 $Al_2O_3$-C 或 MgO-C 材料破碎制成颗粒等 |
| 抗氧化剂 | Si、SiC，Al（表面涂覆有机涂层）、Al-Si 合金（表面经过处理）；<br>$B_4C$、$ZrB_2$ 等硼化物；<br>少量 Al + Si |

可以认为，A-C-S 耐火浇注料是将碳原料配入 $Al_2O_3$-SiC 耐火浇注料中所获得的高性能耐火浇注料。它是为了减少 $Al_2O_3$-SiC 耐火浇注内衬材料的侵蚀并降低其被铁水和炉渣的浸润而开发出来的高性能耐火浇注料。通常，A-C-S 耐火浇注料中碳原料配入量为 1% ~ 5%。

由表 7-19 可知，若按碳原料的类型分类，A-C-S 耐火浇注料可以包括以下三大类型：

（1）直接向 $Al_2O_3$-SiC 耐火浇注料中配置加水量低的含碳物质（如煤焦油沥青、石油沥青、焦油、焦炭粉、炭黑等）获得的高性能耐火浇注料。但因加水量低的含碳物质配置量往往受到限制（大约为 1% ～ 5%），所以这类 A-C-S 耐火浇注料属于高 SiC（可大过 $w(SiC) \geqslant 30\%$）和低碳（大约为 1% ～ 5%）的耐火材料。虽然它们均可选用所有加水量低的含碳物质作为碳源，但其典型代表是选用残碳量高的沥青（如表 7-13 中碳源 B）作为碳源的 A-C-S 耐火浇注料和以煤焦油为碳源的环保型 A-C-S 耐火浇注料（表 7-17 中 2 号 ～ 4 号）。这两类 A-C-S 耐火浇注料都难以被铁水和炉渣浸润，而且抗侵蚀性能高，是浇注高炉主沟渣区以及炉渣输送沟的重要内衬耐火材料。

（2）将树脂或煤焦油等结合的石墨和氧化铝混合物进行造粒压块（含 30% C）制成的骨料配入 $Al_2O_3$-SiC 耐火浇注料中所获得的 A-C-S 耐火浇注料。这种工艺的优点是能配制高碳含量的 A-C-S 耐火浇注料。根据姚金甫和田守信等人的研究结果表明：随着碳含量的提高，加水量明显增加，气孔率上升，强度下降，抗渣性（坩埚法）则以含 20% C 的材料最好（图 7-41）。

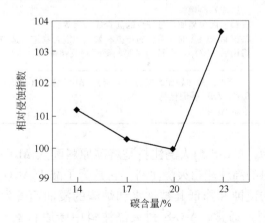

图 7-41　抗侵性与碳含量的关系

表 7-20 列出了高碳含量的 A-C-S 耐火浇注料的性能。

**表 7-20 高碳含量的 A-C-S 耐火浇注料的性能**

| 编 号 | | AC1 | AC2 |
|---|---|---|---|
| 碳含量（质量分数）/% | | 11 | 20 |
| 用水量（质量分数）/% | | 5.8 | 6.9 |
| 110℃×24h | 抗折强度/MPa | 6.4 | 2.9 |
| | 耐压强度/MPa | 31.6 | 13.5 |
| | 体积密度/g·cm$^{-3}$ | 2.74 | 2.42 |
| | 显气孔率/% | 15 | 18 |
| 1500℃×3h（埋碳） | 抗折强度/MPa | 6.8 | 7.5 |
| | 耐压强度/MPa | 34.7 | 34.8 |
| | 体积密度/g·cm$^{-3}$ | 2.64 | 2.39 |
| | 显气孔率/% | 21 | 22 |
| | 线变化率/% | +1.3 | -0.1 |

（3）将经过亲水处理已在石墨表面形成 SiC、TiO$_2$、SiO$_2$、B$_4$C 等氧化物或非氧化物的亲水性涂层的石墨配入 Al$_2$O$_3$-SiC 耐火浇注料中所获得的 A-C-S 耐火浇注料。

# 7.3 Al$_2$O$_3$(-SiO$_2$)-Spinel（MgO）-SiC-C 耐火浇注料

## 7.3.1 Al$_2$O$_3$-Spinel-SiC-C 耐火浇注料

为了延长高炉出铁沟内衬的使用寿命，非脱硅出铁沟渣区和脱硅铁水区除了采用不同材质进行分区域施工之外，出铁沟渣区材质倾向于增加具有良好耐蚀性能的 SiC 的 Al$_2$O$_3$-SiC-C 耐火浇注料，而为了取得高抗渣性和高抗铁水侵蚀性的平衡，高炉出铁沟的铁水区内衬则采用含 15% SiC 的 Al$_2$O$_3$-SiC-C 耐火浇注料。当要求进一步提高抗蚀性时，即可借用脱硅铁水区用含 Spinel 的 Al$_2$O$_3$-SiC-C 耐火浇注料的经验，采用 Al$_2$O$_3$-Spinel-SiC-C 耐火浇注料砌筑沟衬。

曾经对用于上述条件中的 Al$_2$O$_3$-Spinel-SiC-C 耐火浇注料（表7-21）作过系统研究，并获得了重要的结果。其中尖晶石分别以理论尖晶石和富铝尖晶石作为尖晶石源，采用高频感应炉内衬法进行侵蚀试验，侵蚀剂为 $CaO/SiO_2 = 1.14$（质量比）高炉渣，在 1550℃ × 5h 侵蚀后测定试样截面的最大损毁深度。用电子显微镜对侵蚀试验试样进行显微结构观察和缺陷分析，以比较氧化铝、富铝尖晶石和理论尖晶石的受损情况。同时还对渣蚀后的试样的渣线蚀损处以下接触铁水部位试样中的 SiC 残余量进行了比较。

表 7 – 21　试样的性能

| 类 别 | 无尖晶石 | 含富铝 Spinel | | | | | | 含理论组成 Spinel | | | | | |
|---|---|---|---|---|---|---|---|---|---|---|---|---|---|
| | A | B1 | B2 | B3 | B4 | B5 | B6 | C1 | C2 | C3 | C4 | C5 | C6 |
| $Al_2O_3$ 含量/% | 83.8 | 82.8 | 81.7 | 80.7 | 79.6 | 78.5 | 77.5 | 81.6 | 79.5 | 77.4 | 75.3 | 73.3 | 71.3 |
| $SiO_2$ 含量/% | 3.6 | 3.7 | 3.8 | 4.0 | 4.1 | 4.2 | 4.3 | 3.6 | 3.6 | 3.6 | 3.6 | 3.6 | 3.6 |
| SiC 含量/% | 7.6 | 7.6 | 7.6 | 7.6 | 7.6 | 7.6 | 7.6 | 7.6 | 7.6 | 7.6 | 7.6 | 7.6 | 7.6 |
| MgO 含量/% | — | 0.8 | 1.6 | 2.4 | 3.2 | 4.0 | 4.8 | 2.6 | 5.2 | 7.8 | 10.6 | 13.0 | 15.6 |
| 体积密度 /g·cm$^{-3}$ | 3.25 | 3.22 | 3.19 | 3.17 | 3.13 | 3.12 | 3.11 | 3.16 | 3.12 | 3.10 | 3.08 | 3.04 | 3.02 |
| 显气孔率/% | 12.8 | 13.1 | 13.8 | 13.7 | 14.1 | 14.1 | 14.3 | 13.1 | 13.3 | 13.7 | 13.8 | 13.9 | 13.9 |
| Spinel 加入量/% | 0 | 10 | 20 | 30 | 40 | 50 | 60 | 10 | 20 | 30 | 40 | 50 | 60 |

注：试样体积密度和显气孔率为 110℃，24h 后的测定值。

试验研究结果表明，无论是理论尖晶石还是富铝尖晶石，侵蚀率都随其含量的增加而减少，如图 7 – 42 所示。在 MgO 含量相同时，富铝尖晶石比理论尖晶石的侵蚀率低，如图 7 – 43 所示。根据 $Al_2O_3$-$MgO$-$SiO_2$-$CaO$ 四元系相图，在 $CaO/SiO_2$ 为 53/47 的点-$Al_2O_3$-$MgO$ 组成的三角形中，$CaO/SiO_2$ 为 1.14 高炉渣组成为 30% 和骨料组成为 70% 处，1500℃液固相平衡状态下，当骨料为尖晶石时的液相量等于 87%；而骨料为 $Al_2O_3$ 时的液相量等于 94%，如图 7 – 44 所示。可见，使用尖晶石时的液相量少，表明材料侵蚀小。由图 7 – 45 看出，增加系统中的 MgO 量，组成向尖晶石一侧移动，说明材料的抗侵蚀性增强。

由观察结果得出，SiC 的残余量随尖晶石量的增加而减少，在

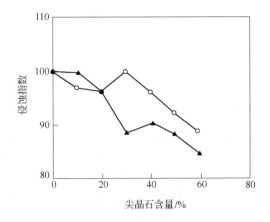

图 7 - 42　侵蚀指数随尖晶石颗粒含量不同而变化
○—富铝尖晶石；▲—理论尖晶石

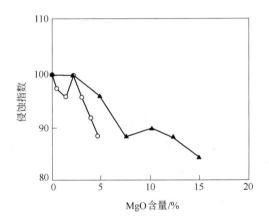

图 7 - 43　侵蚀指数随 MgO 含量不同而变化
○—富铝尖晶石；▲—理论尖晶石

SiC 含量相同的情况下，采用理论尖晶石时的 SiC 残余量少，如图 7 -46所示；在 MgO 含量相同时，采用理论尖晶石时的 SiC 残余量比采用富铝尖晶石时的 SiC 残余量少，如图 7 - 47 所示。这说明采用富铝尖晶石时 SiC 的氧化少。对试验后试样中不同位置的分析表明，所

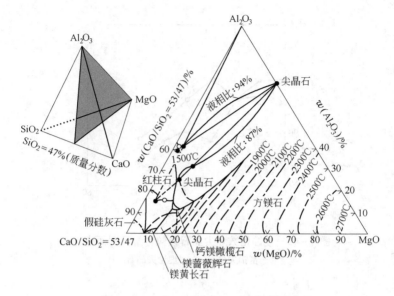

图 7 - 44 Al₂O₃-MgO-SiO₂-CaO 系相图

●—渣组成

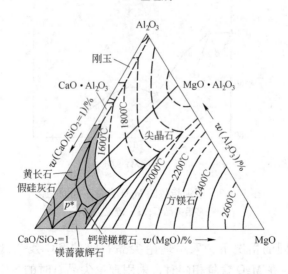

图 7 - 45 Al₂O₃-MgO-CaO/ SiO₂ 系相图

（灰色为 1600℃ 时全液区）

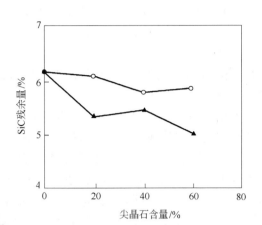

图 7-46　SiC 残余量随尖晶石颗粒含量不同而变化
○—富铝尖晶石；▲—理论尖晶石

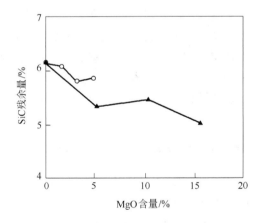

图 7-47　SiC 残余量随 MgO 含量不同而变化
○—富铝尖晶石；▲—理论尖晶石

测位置都有渣渗透，并查明附着的渣大多为 Al$_2$O$_3$，试样 B 与试样 C 附着渣中的 Al$_2$O$_3$ 量比试样 A 少，SiO$_2$ 量多。

由此可以得出如下结论：

（1）随着尖晶石使用量的增加，材料耐蚀性能提高。因为尖晶石使用量增加，材料与熔渣反应时生成的液相量减少了。

（2）如果 MgO 含量相同，则富铝尖晶石的耐蚀性比理论尖晶石高，因为 SiC 氧化量减少了。

因此，$Al_2O_3$-Spinel-SiC-C 耐火浇注料等用于高炉出铁沟作为内衬材料时可以进一步提高使用寿命。

高炉出铁沟使用 $Al_2O_3$-Spinel-SiC-C 耐火浇注料存在的问题是出铁沟内衬容易产生裂纹和剥落现象。其原因被认为是该内衬材料的过烧结。研究结果表明，随着内衬加热次数的增加，其气孔率降低，弹性模量升高，重烧 1~3 次的弹性模量增加率几乎相同，并与 Spinel 含量无关。但是，重烧 4~5 次的弹性模量就随 Spinel 含量的增加而增大。这就是说，在多次重烧的情况下，随着 Spinel 含量的增加，材料弹性模量增大，气孔率下降，而且 SiC 也变得更容易分解。由此推断：在长期使用过程中，$Al_2O_3$-Spinel-SiC-C 耐火浇注料，当 Spinel 含量较高时就容易产生裂纹。因此，用作高炉出铁沟内衬的 $Al_2O_3$-Spinel-SiC-C 耐火浇注料，需要对 Spinel 含量进行控制。

由图 7-44 等温线走向可知，对于 $CaO/SiO_2$ 为 1.0 的熔渣来说，Spinel 比 $Al_2O_3$ 具有更高的抗侵蚀能力，表明 Spinel 用于高炉出铁沟内衬材料的合理性。该图同时表明，如果仅从抗渣性来看，Spinel 耐火浇注料比 $Al_2O_3$-Spinel 耐火浇注料具有更高的抗蚀性。

### 7.3.2 $Al_2O_3$-MgO-SiC-C 耐火浇注料

对于 $Al_2O_3$-Spinel-SiC-C 耐火浇注料在非常苛刻的条件下使用时容易产生裂纹的问题，采用通常使用的蜡石消除裂纹的办法虽然可以得到解决，但却难以避免蚀损增大的问题。为此，可将材料中 Spinel 换成 MgO（<1mm）以抑制裂纹的产生和扩展，如图 7-48 所示（受控的回转侵蚀和剥落试验结果）。未加 MgO 试样经抗剥落试验后，其横截面的裂纹方向与热表面垂直，裂纹长度约为 30mm；加入 MgO 试样经抗剥落试验后，垂直热表面方向形成的裂纹有减少的趋势（图 7-48）。当 MgO 加入量为 6% 时，垂直热表面方向形成的裂纹几乎难以观察到，而当 MgO 加入量增加到 10% 时，裂纹再次出现，

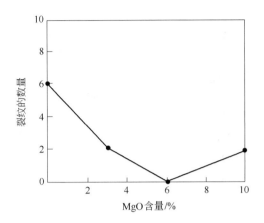

图 7-48　MgO 含量对 Al$_2$O$_3$-MgO-SiC-C
耐火浇注料形成裂纹的影响

但此时的裂纹长度值小于未加 MgO 试样的裂纹长度。根据这些结果不难得出：在加热－冷却不断重复过程中，MgO 对抑制裂纹形成是有效的。而且以 MgO 加入量为 6% 时最佳。

适量 MgO 可抑制材料裂纹的产生和扩展，是由于在材料中形成了低熔点的物质（Al$_2$O$_3$-SiO$_2$-MgO-CaO 相）。这种物质的形成具有两个特征：其一是在相当高的温度即 1300℃ 时才形成；其二是这种 Al$_2$O$_3$-SiO$_2$-MgO-CaO 相的形成仅局限在 MgO 粒子周围。

研究结果表明，当 CaO 含量低于 1% 时就能控制这种 Al$_2$O$_3$-SiO$_2$-MgO-CaO 相在 MgO 粒子周围的形成，因为参与形成该低熔点物质的含量较少。这就是说，Al$_2$O$_3$-MgO-SiC-C 耐火浇注料中低熔点物质的形成受 MgO 和 CaO 含量的限制，这与图 7-51 和图 7-52 所示的蠕变速率经过一定时间后保持恒定极其吻合。

由于低熔点物质能在相对较高的温度下，在适当范围内形成这一特征，因而认为有许多现象，如弹性模量减少（图 7-49），适当量的膨胀（图 7-50）和蠕变发生（图 7-51 和图 7-52），不受温度的影响。可以推测，由于这些性能的变化，而导致材料的热应力降低，裂纹的产生和扩展便受到了抑制。

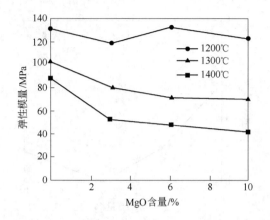

图 7 – 49　MgO 含量、温度和材料弹性模量的关系

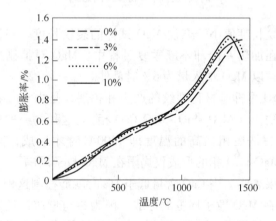

图 7 – 50　试验试样的膨胀曲线

　　然而，$Al_2O_3$-MgO-SiC-C 耐火浇注料不利之处是随着 MgO 的加入，蚀损量有加大的趋势，如图 7 – 53 所示。该图表明，当 MgO 加入量超过 6% 时，蚀损量大大增加。这说明，对于抗侵蚀性来说，蚀损量随着 MgO 含量的增加而增大。结合图 7 – 53，即可认为 $Al_2O_3$-MgO-SiC-C 耐火浇注料中 MgO 加入量为 6% 时便能获得较好的使用性能。

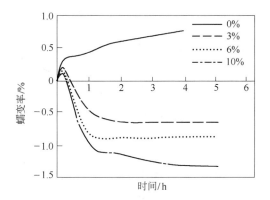

图 7－51  耐压蠕变率的测量结果

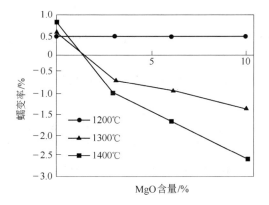

图 7－52  MgO 含量与蠕变率的关系

### 7.3.3  Al₂O₃-(MgO/Spinel)-SiC-C 材料中 SiC 的氧化行为

在 Al₂O₃-SiC-C 耐火浇注料中，Spinel 存在会导致其组分含量在热过程中发生变化。实验的测定结果证实：当系统中存在大量CO(g)时，在 1100℃ 即会导致下述反应发生：

$$CaO(s,l) + 2SiO_2(s) + Al_2O_3(s) = CaAl_2Si_2O_8(s,l) （钙长石）$$

$$(7-19)$$

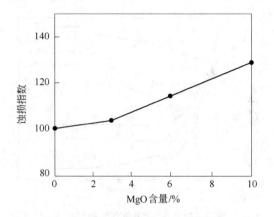

图 7 - 53   MgO 含量与蚀损指数的关系

$$SiC(s) + 2CO(g) =\!=\!= SiO_2(1) + 3C(s) \qquad (7-20)$$

在钙长石形成以后，若材料中还有剩余的 $SiO_2$ 即同 Spinel 以及 $Al_2O_3$ 反应：

$$4(Spinel) + 2SiO_2(s) + Al_2O_3(s) =\!=\!= 4MgO \cdot 5Al_2O_3 \cdot 2SiO_2$$

$$(7-21)$$

生成假蓝宝石。同时，$Al_2O_3$ 溶入 Spinel 中形成固溶体（复合尖晶石），导致尖晶石的化学成分改变。在 1100 ~ 1300℃ 时，取代了 $Spinel_{ss}$ – 莫来石 – 假蓝宝石兼容三角形的平衡。并在 1400℃ 时形成莫来石：

$$4MgO + 3Al_2O_3 \cdot 2SiO_2 + 2Al_2O_3 =\!=\!= 4(Spinel) + 3Al_2O_3 \cdot 2SiO_2$$

$$(7-22)$$

在 1500℃ 的还原气氛中，下述反应也将发生：

$$MgO(s) + C(s) =\!=\!= Mg(g) + CO(g) \qquad (7-23)$$

以及发生莫来石和碳之间的反应：

$$3Al_2O_3 \cdot 2SiO_2(ss) + 6C(s) =\!=\!= 3Al_2O_3(s) + 2SiC(s) + 4CO(g)$$

$$(7-24)$$

当温度提高到 1600℃ 时，尖晶石相部分溶解而导致液相量增加。但材料中的 SiC 和 C 的数量却无实际的变化（在 1500 ~ 1600℃ 之间）。其中，SiC 含量取决于被 CO 氧化的情况。

由此看来，在还原气氛下，$Al_2O_3$-Spinel/MgO-SiC-C 耐火浇注料在 1500℃ 加热会发生一些转变，也就是 SiC、$SiO_2$ 和 C 的数量会改变。在高温（约 1300℃）则形成了假蓝宝石，在 1300～1500℃，只有一小部分莫来石形成，在高于 1500℃ 时，包括液相中 $SiO_2$ 与固相 C 的反应增大了 SiC 的生成量。另外，Spinel 的存在也有助于形成较多量的液相，这会影响材料的性能（尤其是抗蚀性能）。

## 7.4　Al₂O₃-MgO-C 耐火浇注料

用于钢包上的 $Al_2O_3$-MgO-C 耐火浇注料中的碳原料需要选择石墨物质，因为其固定碳含量和石墨的抗氧化性能优于其他碳源材料。然而，因为石墨具有憎水性会导致耐火浇注料用水量增加以及石墨结构还会导致大部分石墨到达耐火浇注料施工体表面并很容易被烧掉。这说明向耐火浇注料直接配置石墨是不合适的。因此，用于耐火浇注料中的石墨需要进行亲水处理。表 7-19 列出了对石墨进行亲水处理的各种方法以及经过亲水处理的石墨物质可以用于 $Al_2O_3$-MgO 耐火浇注料中，从而配制出高性能的 $Al_2O_3$-MgO-C 耐火浇注料。由于 $Al_2O_3$-MgO-C 耐火浇注料中 MgO 增加，线膨胀率也会增大。显然，过多地增加 MgO 的配置量会导致材料的膨胀过大，强度降低。研究结果指出，$Al_2O_3$-MgO-C 耐火浇注料中最佳的 MgO 配置量为 6%。

不过，现阶段往往选用氧化铝-石墨压球材料（含 30%～35% C）用作钢包上的 $Al_2O_3$-MgO-C 耐火浇注料中的碳源物质。它是将用低黏度焦油作结合剂的氧化铝和石墨的混合物在倾斜式混合机内高速均匀地混合后于压球机上以 1.2t/cm 进行压制成型，于 220℃ 进行加热处理，获得体积密度为 2.55～2.60g/cm³ 的氧化铝-石墨压球材料，破碎加工成颗粒料备用。

将氧化铝-石墨压球颗粒料配入 $Al_2O_3$-MgO 耐火浇注料中。在使用鳞片状石墨时会产生以下问题：

（1）含鳞片状石墨颗粒料的聚集会降低单位比表面积；

（2）与加入纯材料比，氧化铝-石墨压球颗粒料降低了 $Al_2O_3$-MgO-C 耐火浇注料施工体的密度；

（3）$Al_2O_3$-MgO-C 耐火浇注料基质中鳞片状石墨分布的控制将导致结合强度的难度增大；

（4）仍然需要使用相应的抗氧化剂以防止石墨氧化。

表 7-22 示出了几种含氧化铝-石墨压球颗粒的 $Al_2O_3$-MgO-C 耐火浇注料的组成，而表 7-23 则列出了相应材料的性能。

表 7-22　$Al_2O_3$-MgO-C 耐火浇注料的组成

| 组成（质量分数）/% | | M6-BAG0 | M6-BAG9 | M6-BAG12 | M6-BAG15 | M6-FG5 |
|---|---|---|---|---|---|---|
| $Al_2O_3$ | | 92.02 | 88.61 | 87.47 | 86.33 | 87.04 |
| MgO | | 5.89 | 5.89 | 5.89 | 5.89 | 5.89 |
| C | | 0 | 3 | 4 | 5 | 5 |
| CaO | | 1.08 | 1.08 | 1.08 | 1.08 | 1.08 |
| 鳞片状石墨 | | 0 | 0 | 0 | 0 | 5 |
| 氧化铝-石墨压球料 | | 0 | 9 | 12 | 15 | 0 |
| 抗氧化剂 | Al | 0 | 0.27 | 0.36 | 0.45 | 0.45 |
| | Si | 0 | 0.27 | 0.36 | 0.45 | 0.45 |

注：M6-FG5 为添加对鳞片状石墨进行亲水处理的 $Al_2O_3$-MgO-C 耐火浇注料。

表 7-23　$Al_2O_3$-MgO-C 耐火浇注料的性能

| 性能指标 | | M6-BAG0 | M6-BAG9 | M6-BAG12 | M6-BAG15 | M6-FG5 |
|---|---|---|---|---|---|---|
| 用水量（质量分数）/% | | 5 | 5 | 6 | 6 | 8.3 |
| 流动值/mm | | 235 | 197 | 195 | 195 | 190 |
| 凝固时间/min | | 45 | 40 | 38 | 35 | 54 |
| 线膨胀率 /% | 1000℃ | +0.16 | 0 | -0.02 | -0.04 | -0.02 |
| | 1200℃ | +1.31 | +0.64 | +0.72 | +0.86 | +0.85 |
| | 1500℃ | +2.31 | +2.10 | +2.05 | +1.35 | +1.35 |

由于 $Al_2O_3$-MgO 反应生成 MgO·$Al_2O_3$ 始于约 1100℃，由 $Al_2O_3$-MgO 二元相图看出，MgO·$Al_2O_3$ 在高温下形成尖晶石（Spinel），温度下降后 Spinel 又被脱溶出来。在 $Al_2O_3$-MgO 反应生成 Spinel 的过程中伴有较大的体积增加，这导致 $Al_2O_3$-MgO-C 耐火浇注体烧成后的线膨胀率为正值。钢包上使用的耐火浇注料，其线膨胀率应控制在

+0.2% ~ +2.5% 之间。表 7-23 示出了几种含氧化铝-石墨压球颗粒的 Al$_2$O$_3$-MgO-C 耐火浇注料的线膨胀率都不超过 +2.5%，说明这些耐火浇注料都能满足钢包的使用要求。而且如图 7-54 和图 7-55 所示，含氧化铝-石墨压球颗粒的 Al$_2$O$_3$-MgO-C 耐火浇注料都具有较高的抗折强度和耐压强度，只是含氧化铝-石墨压球颗粒的 Al$_2$O$_3$-MgO-C 耐火浇注料的强度高于经过亲水处理鳞片状石墨的 Al$_2$O$_3$-MgO-C 耐火浇注料。

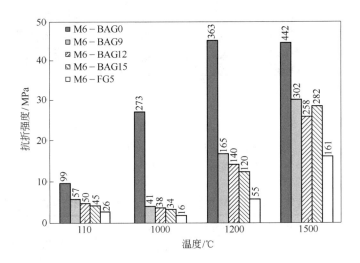

图 7-54　添加不同的 Al$_2$O$_3$-C（石墨）压球料（BAG）和
鳞片状石墨（FG）的 Al$_2$O$_3$-MgO-C 耐火浇注料
的抗折强度与温度的关系

抗渣性（钢包渣，其成分见表 7-24）则表明（表 7-25），对于含 15% 氧化铝-石墨压球颗粒的 Al$_2$O$_3$-MgO-C 耐火浇注料来说，几乎没有发生熔渣渗透和侵蚀。

表 7-24　钢包渣的化学成分和碱度

| 化学成分 | CaO | SiO$_2$ | Al$_2$O$_3$ | MgO | Fe | Mn | CaO/SiO$_2$ |
|---|---|---|---|---|---|---|---|
| 含量（质量分数）/% | 53.36 | 12.94 | 24.8 | 5.48 | 0.81 | 0.51 | 4.12 |

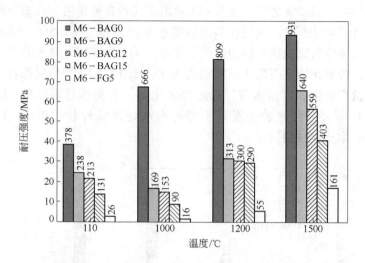

图 7 – 55 添加不同的 $Al_2O_3$-C（石墨）压球料（BAG）和
鳞片状石墨（FG）的 $Al_2O_3$-MgO-C 耐火
浇注料的耐压强度与温度的关系

表 7 – 25 含氧化铝 – 石墨材料的 $Al_2O_3$-MgO-C 耐火浇注料的抗渣性

| 性能指标 | 氧化铝 – 石墨压球颗粒加入量（质量分数） | | | 鳞片状石墨 $Al_2O_3$-MgO-C 浇注料 |
| --- | --- | --- | --- | --- |
| | 0 | 9% | 15% | |
| 渗透性/mm | 2.56 | 2.25 | 无 | 3.03 |
| 侵蚀性 | 无 | 无 | 无 | 无 |

注：鳞片状石墨 $Al_2O_3$-MgO-C 浇注料中含经过亲水处理鳞片状石墨量（质量分数）
为 5%。

可见，向 $Al_2O_3$-MgO-C 耐火浇注料中配置氧化铝 – 石墨压球颗粒
可以改善流动性，降低气孔率，提高材料的强度。在低温下耐火材料
具有良好的线膨胀率。抗渣优良，说明所开发的这类 $Al_2O_3$-MgO-C 耐
火浇注料完全能够与钢包的操作条件相适应。

## 7.5　碳复合碱性耐火浇注料

碳复合碱性耐火浇注料主要包括 MgO-C 耐火浇注料和 MgO-Spinel($Al_2O_3$)-C 耐火浇注料等，开发碳复合碱性耐火浇注料是耐火浇注料技术的进一步发展。

## 7.5.1 MgO-C 耐火浇注料

MgO-C 耐火浇注料是碳复合碱性耐火浇注料的最主要的品种，按结合剂进行分类，MgO-C 耐火浇注料分为树脂结合 MgO-C 耐火浇注料和无机物质结合 MgO-C 耐火浇注料。下面将分别进行介绍。

### 7.5.1.1 树脂结合 MgO-C 耐火浇注料

树脂结合 MgO-C 耐火浇注料的主原料（镁砂和碳原料）主要根据使用要求和性价比进行选择，而没有特别的要求，但合理选择结合剂却是一个关键参数。当前，液状甲阶（可溶）酚醛树脂类型的酚醛树脂广泛用作 MgO-C 耐火浇注料的结合剂。

树脂结合 MgO-C 耐火浇注料的结合系统包括树脂的种类、硬化剂、溶剂等，详见表 7-26。

表 7-26 树脂结合 MgO-C 耐火浇注料用树脂、硬化剂和溶剂的举例

| 树　脂 | 硬化剂（调节剂） | 溶剂 |
|---|---|---|
| 酚（甲阶酚醛树脂、酚醛清漆） | 硫酸（MgO） | 甲醛 |
| | 盐酸（CaO） | 乙醇 |
| 呋喃 | 磷酸[Ca(OH)$_2$] | 乙二醇 |
| 环氧 | 对甲苯磺酸（NaOH） | 丙酮 |
| 三聚氰酰胺 | 苯磺酸（NH$_4$OH） | 甲基乙基酮 |
| 脲 | 异氰酸盐 | 糠醛 |
| 间苯二酚 | β-丙炔丙酮 | 水 |
| 不饱和的聚酯 | γ-丁内酯 | |
| 糠基乙醇聚合物 | 苹果酐 | |
| 聚丙烯腈 | 丙交酯 | |
| | 丙酰亚胺 | |
| | 乳酸 | |
| | 乙酰胺 | |
| | γ-氨基酸 | |

树脂结合 MgO-C 耐火浇注料主要选用甲阶（可溶）酚醛树脂作为结合剂。当在甲阶（可溶）酚醛树脂中加入酸、将 pH 值调整到 2 以下时，有常温硬化的性能。然而，在 MgO-C 耐火浇注料中，酸与镁砂发生反应，难以获得稳定的可使用时间。在这种情况下，可采用有机酸、氨基类等作为 MgO-C 耐火浇注料的硬化剂和进行硬化的调节剂。其中，常选用对甲苯磺酸作为 MgO-C 耐火浇注料的硬化剂。此时，则采用乙醇作溶剂以降低树脂的黏度，赋予耐火浇注料以流动性（可浇注性）。

图 7-56 比较了以液状甲阶（可溶）酚醛树脂为结合剂的 MgO-C 不定形耐火材料，在采用不同施工方法和需要结合剂用量以及成型体体积密度的关系。为了赋予 MgO-C 耐火浇注料的流动性（可浇注性），则需要使用较多的结合剂，如图 7-56 所示，随着结合剂增加到一定程度以后，继续增加会降低浇注体的黏度。但却降低了浇注体的体积密度。而且，材料体积密度和强度还会随着碳含量增加而进一步降低。这就说明，通过添加溶剂，降低树脂黏度，虽然可改善流动性，但施工浇注体的组织结构却不一定理想。

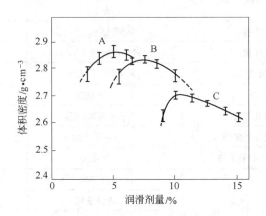

图 7-56 不同润滑剂量和体积密度之间的关系

（料配比：镁砂 85%，石墨 15%）

A—捣打；B—振动加压；C—振动浇注

　　耐火浇注料的可使用时间、硬化时间是现场作业时的重要因素。如图 7 - 57 所示，当耐火浇注料的硬化时间短时，则可使用时间就特别短，不能实际使用。按照图 7 - 57，硬化剂加入量低于 0.3% 时即可获得足够的可使用时间。

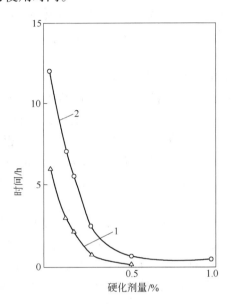

图 7 - 57　硬化剂量对可使用时间（1）、
硬化时间（2）的影响（20℃）

　　用酚醛树脂作为 MgO-C 耐火浇注料的结合剂可避免水基系统的技术难题，如 MgO 的水化，金属粉类抗氧化剂较差的可湿润性和分散性，同时还可使之具有耐热和抗化学侵蚀的稳定性。然而，因为树脂分散镁砂颗粒比较困难，为了获得适宜的流动性，则需要加入大量的低黏度树脂（含量不小于 10%，参见图 7 - 56），这就会大大提高施工体的气孔率和最终产品的成本费用，而且大量树脂用后的残余物也会影响环境。因此，水基系统 MgO-C 耐火浇注料仍然是我们设计这类耐火浇注料的主要目标。

### 7.5.1.2　无机物质结合 MgO-C 耐火浇注料

　　以水作为介质的 MgO-C 耐火浇注料需要解决镁砂水化、石墨亲水处理以及金属粉类抗氧化剂较差的可湿润性、分散性和水化等问题。原则上 $Al_2O_3$-MgO 耐火浇注料中镁砂选择和防止其水化的技术都可原封不动地用于 MgO-C 耐火浇注料中镁砂的选择和防止其水化,碳原料的选择和石墨亲水处理亦可按表 7–19 进行,表 7–19 中列出的表面活化剂、抗氧化剂也可用于 MgO-C 耐火浇注料。

MgO-C 耐火浇注料可以选用 CAC、uf-$Al_2O_3$、uf-$SiO_2$ 或者并用。

素西等人以 $CaO/SiO_2$ 为 3.3 的合成渣进行旋转炉抗渣试验（1600℃ ×8h）的结果表明:当以 MgO-C 砖的侵蚀指数为 100 时,则无 CAC 的 MgO-C 耐火浇注料（含 5% C）的侵蚀指数达到 147,而含 CAC 的 MgO-C 耐火浇注料（含 5% C）的侵蚀指数却达到 266。原因是 CAC 同 MgO 不相容,很少的 CAC 所形成的低熔点物相能明显地降低 MgO 的耐火度（这可由 $MgO$-$CaO$-$Al_2O_3$ 三元相图看出）。这就说明,若要保持 MgO-C 耐火浇注料的高温强度和抗侵蚀性,那就必须避免选用 CAC 作结合剂。Rigaud 等人比较了水合氧化铝、uf-$SiO_2$ 和 uf-$SiO_2$ + CAC 结合的 MgO-C 耐火浇注料对抗碱性铁渣（$CaO/SiO_2$ = 2.2,$w(FeO)$ =2%）抗侵蚀性（1600℃ ×8h）,其侵蚀指数分别为 80、90 和 100,说明对抗侵蚀而言,水合氧化铝结合的 MgO-C 耐火浇注料是最好的,含 CAC 的 MgO-C 耐火浇注料却是最差的。在水合氧化铝结合的 MgO-C 耐火浇注料由于 $Al_2O_3$ 和 MgO 反应生成了 Spinel（原位 Spinel）,改善了材料的高温性能。用 uf-$SiO_2$ 作结合剂的最大益处是,它不仅起结合剂的作用,而且还有助于改进流动性并降低用水量,提高 MgO 的抗水化能力。此外,uf-$SiO_2$ 和 MgO 就地反应生成 $2MgO \cdot SiO_2$,可改善材料的机械强度,但对材料抗侵蚀性有不利影响。

由以上分析可以认为:作为 MgO-C 耐火浇注料应按无 CAC 配方设计,以水合氧化铝 + uf-$SiO_2$ 并用作为结合剂较为适合,因为可以获得综合性能较理想的 MgO-C 耐火浇注料。

表 7–27 列出了三种 MgO-C 耐火浇注料的性能。由该表数据看出,随着镁砂临界颗粒尺寸的增大,MgO-C 耐火浇注料的体积密度明显增加,显气孔率略有下降,耐压强度随之增大,而 1500℃烧成后的永久线变化率则随之下降。这说明较大的镁砂临界颗粒有利于提高 MgO-C 耐火浇注料性能。

**表 7 - 27　MgO-C 耐火浇注料的性能**

| 类　别 | A | B | C |
|---|---|---|---|
| MgO 含量（质量分数)/% | 88 | 88 | 88 |
| C/% | 5 | 5 | 5 |
| 镁砂临界颗粒尺寸/mm | 3 | 8 | 20 |
| 显气孔率/% | 12.7 | 12.5 | 12.2 |
| 体积密度/g·cm$^{-3}$ | 2.57 | 2.83 | 2.85 |
| 耐压强度/MPa | 19.7 | 29.1 | 30.3 |
| 永久线变化率/% | +2.07 | +1.10 | +1.06 |

同 MgO-C 砖一样，为了保持 MgO-C 耐火浇注料的使用性能，也必须避免或抑制碳的氧化。如图 7 - 58 所示，在 1400℃ ×3h 的空气气氛中，MgO-C 耐火浇注料（10% C）试样的氧化深度取决于石墨颗粒（-5mm 为 80%，6% SiO$_2$，3% 抗氧化剂）含量，图中 C$_1$ 为 0.2 ~ 0.8mm 石墨颗粒，C$_2$ 为 -0.2mm 石墨颗粒。它表明，石墨颗粒尺寸越大，MgO-C 耐火浇注料的抗氧化性就越高。这说明：添加抗氧化剂是提高 MgO-C 耐火浇注料抗氧化性的有效方法，参见图 7 -59。

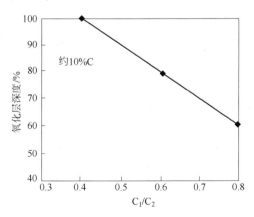

图 7 - 58　MgO-C 耐火浇注料的氧化层深度（1400℃ ×3h 空气中）与相应石墨粗颗粒（C$_1$）和细粉（C$_2$）含量的关系

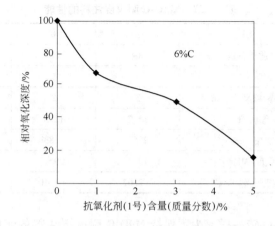

图 7 - 59　MgO-C 耐火浇注料中相对氧化深度（1400℃ × 3h
空气中）与抗氧化剂（1 号）含量的关系

　　不过，对于以水为介质的 MgO-C 耐火浇注料来说，抗氧化剂
的选择却是有限的，因为在绝大多数情况下，所选用的金属抗氧
化剂会同水反应。图 7 - 59 示出一种不与水反应的非金属抗氧化
剂对于提高 MgO-C 耐火浇注料（含 5% C）的抗氧化性的效果。
图中表明，当这种抗氧化剂含量提高到 5% 时便表现出非常高的
抗氧化能力。

　　当选择 Al 等金属粉作为 MgO-C 耐火浇注料的抗氧化剂时，
其添加量应达到最佳，同时需采用铝乳酸盐或者钙乳酸盐同粉状
沥青溶液来防止 Al 同水的反应，以避免其副作用。Al 加入到
MgO-C 耐火浇注料的另一个作用是提高了材料的高温强度，见图
7 - 60。

　　作者曾经以 DMS - 98 和 T - 98V（用量为 5%）为原料，镁砂临
界颗粒尺寸为 8mm，uf-$Al_2O_3$ 和 uf-$SiO_2$ 并用作为结合剂，按反絮凝
耐火浇注料方案配制 MgO-C 耐火浇注料，以 NPPA 为分散剂，获得
了如下结果：

　　110℃ × 24h，体积密度为 2.82g/$cm^3$，抗折强度为 11.5MPa；

　　1000℃ × 2h，体积密度为 2.75g/$cm^3$，抗折强度为 3.5MPa。

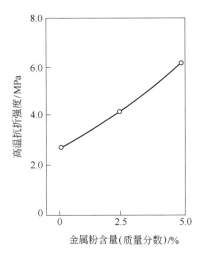

图 7-60 在 1400℃ 下金属粉含量对高温抗折强度的影响

## 7.5.2 MgO-Spinel(Al₂O₃)-C 耐火浇注料

MgO-Spinel-C 耐火浇注料、MgO-Al₂O₃-C 耐火浇注料和 MgO-Spinel-Al₂O₃-C 耐火浇注料统归为 MgO-Spinel(Al₂O₃)-C 耐火浇注料。

宋林喜等人在研究 MgO-Spinel-C 耐火浇注料时发现，当采用氧化铝 - 石墨颗粒作为碳源时，可以获得最佳的效果。氧化铝 - 石墨颗粒是一种含 55% Al₂O₃、30% C 以及抗氧化剂和结合物的材料。当 MgO-Spinel(Al₂O₃)-C 耐火浇注料中配入 15% 的这类氧化铝 - 石墨颗粒时，可以获得稳定性好（1600℃×3h，PLC = +0.8%），高温强度大（1400℃×0.5h，高温强度为 11.4MPa），抗渣性明显优于对应的 MgO-Spinel 耐火浇注料。预计它们能同钢包渣线的使用条件相适应。一种 MgO-Spinel（Al₂O₃)-C 耐火浇注料的典型配方（质量分数,%）为：

| | |
|---|---|
| DMS-97 | 68 |
| Spinel | 15 |

| | |
|---|---|
| 氧化铝－石墨颗粒（体积密度：1.88g/cm³，颗粒直径：1~2mm） | 15 |
| uf-Al₂O₃ | 6 |
| CAC | 5 |
| 用水量（外加） | 6.5 |

# 8   高性能隔热耐火浇注料

高性能隔热耐火浇注料是用优质耐火骨料和粉料、结合剂以及外加剂配制而成的。具体说来主要有以下几种方法：

（1）以优质耐火骨料和粉料为主原料，并配入结合剂以及外加剂（主要是起泡剂等）而制成，有时配入少量轻质骨料以调整其体积密度或者性能。

（2）以耐火空心球料为耐火骨料，而以同材质或者高于同材质为粉料，并配入结合剂以及外加剂制成空心球耐火浇注料。

（3）以优质多熟料或者多微孔材料为骨料，同时配入同材质或者高于同材质作为粉料，并配入结合剂以及外加剂制成高性能隔热耐火浇注料。

（4）轻质骨料以陶粒为主，与陶粒粉或者同材质粉料和结合剂以及外加剂配制陶粒隔热耐火浇注料；等等。下面仅对其中主要几类高性能隔热耐火浇注料作些简单说明和介绍。

## 8.1   氧化铝空心球耐火浇注料

人造空心球材料的品种很多，如氧化铝空心球、氧化锆空心球、莫来石空心球、铝镁空心球和镁铬空心球等。表 8-1 列出了氧化铝空心球和氧化锆空心球的主要性能。其中，氧化铝空心球材料大量用于耐火浇注料中。

**表 8-1   氧化铝空心球和氧化锆空心球的主要性能**

| 空心球品种 | 氧化铝空心球 | 氧化锆空心球 |
|---|---|---|
| 堆积密度/g·cm$^{-3}$ | 0.5~0.8 | 1.6~3.0 |
| 真密度/g·cm$^{-3}$ | 3.94 | 5.7 |
| 熔点温度/℃ | 2040 | 2550 |
| 热导率/W·(m·K)$^{-1}$ | 0.46[①] | 0.3[①] |

| 空心球品种 | 氧化铝空心球 | 氧化锆空心球 |
|---|---|---|
| 晶型 | $\alpha - Al_2O_3$ | $c\text{-}ZrO_2$（立方） |
| $Al_2O_3$ 含量（质量分数）/% | >99 | 0.5 |
| $ZrO_2$ 含量（质量分数）/% |  | >92 |

①温度为 1100℃。

氧化铝空心球耐火浇注料是以氧化铝空心球作骨料，而以工业氧化铝或者刚玉粉作为粉料所配制的轻质耐火浇注料。这类轻质耐火浇注料所用的结合剂主要选用 CAC（CA-70C、CA-80C）水泥、磷酸铝和硫酸铝等。浇注料中氧化铝空心球骨料的最大粒径为 5mm，通常采用自然粒径或者分级级配。同时还添加有外加剂或者外加物，以提高材料的性能。表 8 - 2 中列出了几种氧化铝空心球耐火浇注料的主要性能，可供用户参考。

表 8 - 2　氧化铝空心球耐火浇注料的主要性能

| 空心球耐火浇注料品种 | | CA-70C 水泥 | | | 低水泥 | 硫酸铝 |
|---|---|---|---|---|---|---|
| 耐压强度/MPa | 110℃ | 27.1 | 19.0 | 15.9 | 9.7 | 7.4 |
| | 1500℃ | 32.2 | 22① | 13.3 | 26.6 | 21.2 |
| 抗折强度/MPa | 110℃ | 9.1 | 5.4 | 8.0 | 4.0 | |
| | 1500℃ | 10.8 | | 5.4 | 13.7 | |
| 荷重软化温度/℃ | 0.6% | >1600 | | | | 1650 |
| 热导率/W·(m·K)$^{-1}$ | 1000℃ | 0.80 | 0.82 | 0.82 | 0.65 | 0.76 |
| 化学成分/% | $Al_2O_3$ | 94.8 | 80.8 | 93.7 | 95.4 | 95.8 |
| | $Fe_2O_3$ | | 0.6 | 2.66② | 0.13 | |
| | CaO | 3.4 | 3.3 | 3.17 | 2.18 | |
| 体积密度/g·cm$^{-3}$ | | 1.6 | 1.46 | 1.64 | 1.58 | <1.3 |
| 使用温度/℃ | | 1800 | 1600 | 1800 | >1600 | >1600 |

①1000℃耐压强度；

②$Cr_2O_3$ 含量。

氧化铝空心球耐火浇注料主要应用于冶金、陶瓷、耐火、石化和炭黑等热工炉窑上，它能满足新工艺、新技术的发展需要，可节省能源，经济和社会效益很突出。

## 8.2 铝钙多孔耐火浇注料

### 8.2.1 $CA_6$ 的合成

通常，$CA_6$ 是以 $CaCO_3$ 或者 $Ca(OH)_2$ 和 $Al_2O_3$ 或者活性 $Al_2O_3$ 或者 $Al(OH)_3$ 或者纯铝酸钙水泥为初始原料，按 $CA_6$ 中 $CaO$ 和 $Al_2O_3$ 的化学计量比例配料并混合均匀后进行人工合成，所以 $CA_6$ 属于合成材料。

但如图 3-7 所指出的那样，采用电熔工艺是难以获得单纯 $CA_6$ 材料的。因此，现在合成 $CA_6$ 的方法都是采用高温烧结合成工艺。

按 $CA_6$ 中 $CaO$ 和 $Al_2O_3$ 的化学计量比例配料进行细磨并混合均匀，压块或成球后，通过高温反应烧结工艺进行合成。在烧结过程中，1100℃时已开始生成 $CA_6$，1300℃以后 $CA_6$ 大量形成，其形成速度很快，1550~1600℃反应生成 $CA_6$ 的过程基本完成。

烧结过程中的化学反应式如下：

$$6Al_2O_3 + CaCO_3 =\!=\!= CA_6 + CO_2 \qquad (8-1)$$

或 $\qquad 12Al(OH)_3 + Ca(OH)_2 =\!=\!= CA_6 + 19H_2O \qquad (8-2)$

或 $\qquad 4Al_2O_3 + CA_2 =\!=\!= CA_6 \qquad (8-3)$

采用高温或者超高温烧结合成的 $CA_6$ 耐火原料，在国外市售的主要有三种产品：由德国 Almatis 生产的铝酸钙材料，牌号为 LSA-92 和 Bonite，以及由德国 CALSITHERM 生产的铝酸钙材料，牌号为 CALSITHERM。

LSA-92 是 Almatis 在 1998 年开发的以 $CA_6$ 为主晶相的高纯微孔轻质骨料，体积密度为 $0.75g/cm^3$，化学成分为：89%~91% $Al_2O_3$，7.7%~9.0% $CaO$，0.15% $SiO_2$，<0.5% $Fe_2O_3$，<0.25%（$Na_2O + K_2O$），其晶粒呈各向异性生长，晶粒沿基面优先长大，具有片状或平板状结晶形貌，微孔尺寸在 1~5μm 之间，在 25~1400℃时的热导率为 0.15~0.5W/(m·K)。

博特耐（Bonite）为致密 $CA_6$ 耐火材质，它不仅可用作骨料，而且还可以以细粉形式加入耐火浇注料中。

CALSITHERM 是应用勃姆石的水热结晶和作为形成 $CA_6$ 的条件的原料向 $CA_6$ 水合物的化学转变研究的结果制成的，因为这些技术非常适合生产多孔材料。具体的制备工艺是将富铝原料经过水热处理后固化（预烧过的颗粒与水泥结合或者在水热过程中固化），在 $1100 \sim 1300℃$ 或者 $1600℃$（依据原料预烧温度）烧成。

在相同气孔率条件下，隔热材料的气孔孔径越小，其热导率就越低。具有大量封闭微孔 $CA_6$，其微孔径大多在 $1 \sim 3\mu m$。用高纯 $CA_6$ 骨料制成的轻质隔热浇注料，在 $200 \sim 800℃$ 时的热导率仅为 $0.30 \sim 0.35W/(m \cdot K)$，而刚玉（约98% $Al_2O_3$，体积密度为 $1.2g/cm^3$）质隔热材料的热导率通常在 $0.55 \sim 0.80 \ W/(m \cdot K)$。

CALSITHERM 属于多孔结构的耐火材质，其特点是具有良好的热震稳定性和低的热导率，因而存在广泛的应用阵地。

## 8.2.2　$CA_6$ 微孔耐火制品

Van Garsel 等人开发的 $CaO \cdot 6Al_2O_3$ 微孔轻质耐火制品是以 SLA-92 作骨料，加入氢氧化铝粉、铝酸钙水泥或磷酸盐为结合剂制造的轻质隔热浇注件。振动成型后在室温下养护24h（相对湿度不小于90%），在 $110℃ \times 24h$ 烘干。烘干试件于 $1500℃ \times 5h$ 烧成后的体积密度为 $0.92 \sim 1.03g/cm^3$，常温抗折强度为 $2 \sim 8MPa$；烘干试样在 $1400℃ \times 14h$ 烧成后约有 $0.2\%$（水泥结合）的收缩，或者 $0.2\% \sim 0.8\%$ 的膨胀（磷酸盐结合），但强度没有明显变化。烘干试样在 $1500℃ \times 14h$ 烧成后的微孔尺寸和气孔率仍保持稳定，平均气孔尺寸为 $1 \sim 3\mu m$，显气孔率为 $65\% \sim 70\%$，$300 \sim 1400℃$ 的热导率仅为 $0.33W/(m \cdot K)$；烘干试样即使在 $1700℃$ 烧成，虽有 $10\%$ 的收缩，但并没有熔融现象。

上述结果表明，采用浇注工艺生产的 $CA_6$ 微孔轻质耐火制品具有很高的耐火度，隔热、抗热震性和体积稳定性都很高，作为铝工业炉的隔热耐火材料是合适的。

### 8.2.3 CALSITHERM 制品

在 CaO-Al$_2$O$_3$ 系富 Al$_2$O$_3$ 的混合物中配入颗粒并使用各种结合系统,搅拌成黏性泥料,使之在所谓的渗透压下制成 1250mm×3000mm×(20~100)mm 的板坯,并将板坯置于高压釜中进行水热处理,然后干燥几小时,最后进行仔细烧成。根据使用要求,可在 1600℃烧成以获得最终的晶体结构和强度。图 8-1 示出此工艺过程中的相对体积变化,图 8-2 示出了此工艺过程中材料耐压强度的变化。可见,材料的机械强度完全能满足使用要求。

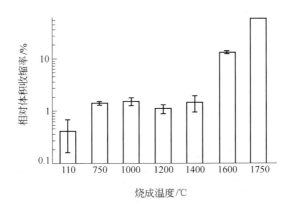

图 8-1 相对体积收缩率与烧成温度的关系

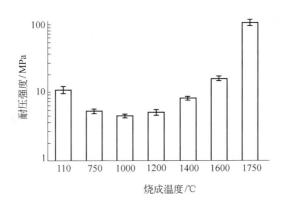

图 8-2 耐压强度与烧成温度的关系

由上述工艺过程看出，通过配置颗粒和使用各种结合系统可以控制产品性能，而原料湿法加工和晶体结构中高的稳定水含量以及高压工艺导致了产品具有多孔结构，这就使产品获得了良好的抗热震性和低的热导率（图8-3）。因为产品的多孔结构主要优点是晶核和相界的生长路径短，这可防止热应力下深裂纹或者裂缝的形成。

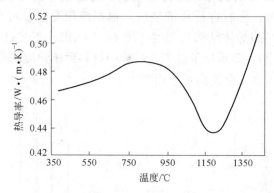

图8-3 CALSITHERM的热导率（根据EN993-14）

由于CALSITHERM制品具有一系列的优异性能（表8-3），因而能广泛地用于玻璃、钢陶瓷、有色金属及普通工业炉使用温度高于1500℃的环境中。另一个应用是在镁坩埚中，因为一旦镁坩埚破损，熔融镁就会渗透到保温材料中凝固，而CALSITHERM对熔融镁却具有极大的惰性。

表8-3 CALSITHERM制品的性能

| 性 能 指 标 | | 数 值 |
|---|---|---|
| 体积密度/g·m$^{-3}$ | | 1175±50 |
| 显气孔率/% | | >50 |
| 热膨胀系数/K$^{-1}$ | | $(6.5 \sim 8.5) \times 10^{-6}$ |
| 热扩散率/m$^2$·s$^{-1}$ | | $3.6 \times 10^{-7}$ |
| 平均比热容（10~1200℃）/kJ·(kg·K)$^{-1}$ | | 1.1 |
| 化学成分（质量分数）/% | Al$_2$O$_3$ | 88 |
| | CaO | 12 |
| | SiO$_2$ | <0.08 |

CALSITHERM 制品特别适合以下应用：

（1）传统保温（例如作为轻质砖）；

（2）复杂情况；

（3）直接与液态金属或熔渣接触的部位（如作为保护性内衬，使用寿命高于传统材料）；

（4）作为使用温度高于 1500℃时陶瓷纤维的替代品。

可见，由于 CALSITHERM 制品的耐火度高（使用温度达 1600℃），热导率低，在 $H_2$ 或 CO 气氛中稳定，能抗金属和金属熔渣的侵蚀，不含纤维，具有环境友好特征。

现在，市售两种 $CA_6$ 材料：SLA92 和博特耐，前者用作超轻材料，后者则作为致密骨料，结合密度、温度和隔热性的考量，即能为研究人员"量身定做"设计出适合目标用途的配方。

由于 $CA_6$ 具有热导率低的优点，与传统耐火材料相比，在相同的窑炉内衬厚度的情况下，可以提高窑炉的热效率。当采用超轻骨料 SLA92 或者综合使用 SLA92 和博特耐时，提高窑炉热效率的效果就更加显著。

总之，轻质 SLA92 骨料也成功地应用在钢铁二次加热炉上，显著提高其热效率，而且在石化工业和陶瓷炉内衬上应用也获得了成功。

## 8.3 轻质镁质耐火浇注料

开发轻质碱性耐火浇注料是耐火浇注料技术的新发展。其中，轻质镁质耐火浇注料是轻质碱性耐火浇注料的重要代表。

通常，轻质镁质耐火浇注料是以镁砂颗粒料作为骨料，以镁砂细粉作为粉料配制而成的轻质耐火浇注料。这类轻质耐火浇注料所用的结合剂主要选用 CAC（CA-70C、CA-80C）水泥、活性氧化铝超微粉（包括 $\rho\text{-}Al_2O_3$）和二氧化硅超微粉（$uf\text{-}SiO_2$）或者两者并用等。浇注料中镁砂颗粒料的最大粒径为 1mm，通常采用自然粒径或者分级级配，同时添加起泡剂。有时为了提高材料的性能，还添加了外加剂或者外加物。

$uf\text{-}SiO_2$ 结合的轻质镁质耐火浇注料，基本上按上述要求配制的混合料，然后采用轻质氧化铝制品（砖）的生产工艺制备出 uf-SiO$_2$ 结合的轻质镁质耐火浇注料（制品）。表 8 - 4 列出了 uf-SiO$_2$ 结合的轻质镁质耐火浇注料的性能。

表 8 - 4　uf-SiO$_2$ 结合的轻质镁质耐火浇注料的性能

| 项　　目 | | 数　　值 |
| --- | --- | --- |
| 耐压强度/MPa | 110℃ | 12 |
| | 1500℃ | 21 |
| 抗折强度/MPa | 110℃ | 5 |
| | 1500℃ | 9 |
| 热导率/W · (m · K)$^{-1}$ | 1100℃ | 0.9 |
| 化学成分（质量分数）/% | MgO | 89 |
| | SiO$_2$ | 7 |
| 体积密度/g · cm$^{-3}$ | | 1.83 |
| 最高使用温度/℃ | | >1600 |

# 参 考 文 献

[1] 李再耕，王战民，等. 耐火浇注料流变特性研究新进展 [J]. 2003 年全国不定形耐火材料学术年会论文集，成都，2003，09：1~15.

[2] 徐国涛，孙平安. 不定形耐火材料的研究进展 [J]. 国外耐火材料，2003 (3)，3~9.

[3] 张凤丽. 高性能耐火浇注料 [J]. 国外耐火材料，2003 (1)，1~5.

[4] 张燕. 表面活化剂对低水泥刚玉浇注料性能的影响 [J]. 耐火与石灰，2013 (2)，53~55.

[5] 邵荣丹. 颗粒级配及铝酸钙水泥对全铝质耐火浇注料流变性的影响 [J]. 耐火与石灰，2013 (6)：38~44.

[6] 韩行禄. 不定形耐火材料 [M]. 2 版. 北京：冶金工业出版社，2004.

[7] 王诚训，孙炜明，张义先，等. 钢包用耐火材料 [M]. 北京：冶金工业出版社，2003.

[8] 高振昕，周宁生，等. 论不定形耐火材料的热反应与显微结构的形成与演变 [J]. 2003 年全国不定形耐火材料学术年会论文集，成都，2003，09：20~36.

[9] 赵惠忠，顾华志，等. 活性 $\alpha$-$Al_2O_3$ 微粉对 RH 浸渍管浇注料性能的影响 [J]. 2003 年全国不定形耐火材料学术年会论文集，成都，2003，09：185~189.

[10] 禄向阳，鞠明，等. 水合氧化铝结合刚玉－尖晶石材料的研究 [J]. 2003 年全国不定形耐火材料学术年会论文集，成都，2003，09，258~260.

[11] 孙宇飞，王雪梅，等. 镁质和镁基复相耐火材料 [M]. 北京：冶金工业出版社，2010.

[12] 侯谨，王诚训，陈晓荣，等. 特殊炉窑用耐火材料 [M]. 北京：冶金工业出版社，2010.

[13] 李斌，李志坚，等. 纯铝酸钙水泥结合钢包浇注料的特点和优势 [J]. 2003 年全国不定形耐火材料学术年会论文集，成都，2003，09：140~151.

[14] 王诚训，张义先. 碱性不定形耐火材料 [M]. 北京：冶金工业出版社，2001.

[15] 刘景林. $Al_2O_3$-SiC-C 耐火浇注料 [J]. 国外耐火材料，2003 (1)：9~11.

[16] 姚金甫，田守信，等. 含碳浇注料与不定形连铸功能耐火材料 [J]. 2003 年全国不定形耐火材料学术年会论文集，成都，2003，09：49~54.

[17] 徐国涛，李怀远，孙平安，等. 大型高炉出铁沟长寿浇注料的研究与应用 [J]. 2003 年全国不定形耐火材料学术年会论文集，成都，2003，09：84~87.

[18] 周安宏，赵洪伟，等. 高炉铁沟用快干浇注料的研究与使用 [J]. 2003 年全国不定形耐火材料学术年会论文集，成都，2003，09：88~92.

[19] 高仁骧. 高炉脱硅出铁沟用浇注料的研究 [J]. 2003 年全国不定形耐火材料学术年会论文集，成都，2003，09：93~97.

[20] 石会营，王战民，等. 湿式喷射和泵送施工对 $Al_2O_3$-SiC-C 质浇注料性能的影响 [J]. 2003 年全国不定形耐火材料学术年会论文集，成都，2003，09：343~350.

[21] 李亚伟，金从进. 硅微粉含量对 $Al_2O_3$-SiC-C 浇注料性能的影响 [J]. 2003 年全国不定形耐火材料学术年会论文集，成都，2003，09：413~416.

[22] 宋林喜，王林俊，等. MgO-MgO·$Al_2O_3$-C 浇注料的试验研究 [J]. 2003 年全国不定形耐火材料学术年会论文集，成都，2003，09：383~387.

[23] 胡书禾，周宁生，等. 非氧化物 Alon 和 Sialon 对 $Al_2O_3$-MgO 钢包浇注料热震稳定性的影响的研究 [J]. 2003 年全国不定形耐火材料学术年会论文集，成都，2003，09：355~359.

[24] 周矿民，李红伟，等. 高强抗铝渗透浇注料的开发与应用 [J]. 2003 年全国不定形耐火材料学术年会论文集，成都，2003，09：265~269.

[25] 王诚训，侯谨，张义先. 复合不定形耐火材料 [M]. 北京：冶金工业出版社，2005.

[26] 孙荣海，王廷利. 垃圾熔融炉用无铬耐火浇注料的开发 [J]. 国外耐火材料，2003 (3)：9~12.

[27] 刘亚菇. 二氧化硅微粉对氧化铝–尖晶石浇注料性能的影响 [J]. 国外耐火材料，2003 (3)：37~40.

[28] 周苗. 无水泥自流浇注料 [J]. 国外耐火材料，2003 (3)：40~43.

[29] 杨丁熬，丁明志. 高铝质低水泥和超低水泥浇注料 [J]. 国外耐火材料，2003 (3)：52~55.

[30] 吕冰. 高炉出铁沟渣线用浇注料抗侵蚀性的评价 [J]. 耐火与石灰，2013 (2)：39~41.

[31] 姚立新. 钢包用含碳耐火浇注料的开发 [J]. 耐火与石灰，2014 (1)：34~37.

[32] 薛海涛. 尖晶石/铝酸钙结合自流浇注料微观结构的变化 [J]. 耐火与石灰，2014 (1)：42~46.

[33] 张世国. 高铝质超低水泥浇注料的物理和机械性能 [J]. 耐火与石灰，2014 (2)：30~33.

[34] 徐勇. 含971U 型硅微粉自流浇注料的制备与表征 [J]. 耐火与石灰，2014 (2)：57~60.

[35] 闫宏福，译. 含碳浇注料的现状及展望 [J]. 国外耐火材料，2002 (5)：3~10；译自《British Ceramic Transactions》，2002 (1)：1~8.

[36] 张佳科，译. 混合对耐火浇注料流变性的影响 [J]. 国外耐火材料，2002 (1)：57~63；译自《American Ceramic Society Bulletin》，2001 (6)：27~31；2001 (7)：38~42.

[37] 冯笑梅，译. 泵送碳浇注料的流变性及颗粒尺寸分布 [J]. 2002 (2)：52~55；译自《American Ceramic Society Bulletin》，2001 (80)：52~57.

[38] 张秀勤，苏自伟，译. PSD 对浇注料透气性的影响 [J]. 国外耐火材料，2002 (4)：

48～52；译自《American Ceramic Society Bulletin》, 2001 (5): 31～36.

[39] 廖建国, 译. 各种混合剂对低水泥浇注料热机械性能的影响 [J]. 国外耐火材料, 2002 (4): 44～48；译自《耐火物》, 2001 (11): 599～605.

[40] 吴秋玲, 译. 自形镁铝尖晶石浇注料物理－机械性能的改进 [J]. 国外耐火材料, 2002 (4): 54～58；译自《Britsh Ceramic Transactions》, 2001 (3): 110～114.

[41] 王晖, 译. 耐火浇注料高温下的渗透性 [J]. 国外耐火材料, 2002 (5): 41～44；译自《Communications of the American Ceramic Society》, 2001, 84 (3): 645～647.

[42] 陈红莲, 译. 温度对低水泥自流浇注料机械性能的影响 [J]. 国外耐火材料, 2002 (5): 44～46；译自《Cement and Concrete Research》, 2001, 1233～1237.

[43] 刘爱云, 译. 含聚丙烯纤维自流浇注料的流变特性和物理性能 [J]. 国外耐火材料, 2002 (6): 50～53；译自《Interceram》, 2002 (1): 52～55.

[44] 秦岩, 童则明, 刘国涛, 等. 鱼雷罐用 $Al_2O_3$-SiC 喷射浇注料的研制和应用 [J]. 耐火材料, 2011 (1): 50～52.

[45] 魏军从, 杨金萍, 黄建坤, 等. 硅溶胶结合 $Al_2O_3$-SiC-C 铁沟浇注料的力学性能研究 [J]. 耐火材料, 2013 (3): 180～183.

[46] 田守信, 姚金甫, 刘振军, 等. $Al_2O_3$-SiC-C 质热态湿式喷射浇注料的研究 [J]. 耐火材料, 2005 (6): 426～428.

[47] 樊海兵, 魏建修, 等. 炭素原料对 $Al_2O_3$-SiC-C 铁沟浇注料性能的影响 [J]. 耐火材料, 2013 (6): 447～450.

[48] 葛伟华, 黄河. $Al_2O_3$-SiC-C 复合浇注料性能的研制及应用 [J]. 炼钢, 2000 (6): 22～24.

[49] 许远超, 译. 硅灰和铝酸钙水泥的相互作用以及优化浇注料作业性能的方法 [J]. 耐火与石灰, 2007 (4): 40～42；译自《Refractories Applications and News》, 2007 (2): 12～14.

[50] 李吉利, 孙红梅, 译. 分散剂对耐火浇注料性能的影响 [J]. 耐火与石灰, 2010 (5): 42～46, 49；译自《Ceramics International》, 2010 (36): 79～84.

[51] 张国栋, 张燕, 译. 铝酸钙水泥和水合氧化铝水凝剂在镁质耐火浇注料中的作用 [J]. 耐火与石灰, 2011 (5): 39～44；译自《Ceramics International》.

[52] 许远超. 低水泥/无水泥浇注料在钢包冶金中的应用前景的影响 [J]. 耐火与石灰, 2007 (5): 3～10；译自《Refractories Applications and News》, 2006 (1): 22～30.

[53] 周丽红, 杨德安, 曹喜营, 等. 刚玉浇注料的研究与应用现状 [J]. 耐火与石灰, 2007 (5): 10～13.

[54] 李有奇, 李亚伟, 汪明亮, 等. CaO 含量对刚玉质耐火浇注料性能与显微结构的影响 [J]. 耐火材料, 2005 (4): 270～273.

[55] 刘学新, 柯昌明. 微粉和水泥用量对刚玉质耐火浇注料性能的影响 [J]. 耐火材料, 2002 (1): 18～20.

[56] 金从进, 李泽亚. 低水泥刚玉浇注料的高温抗折强度研究 [J]. 耐火材料, 2006

(5)：366~368.

[57] 贾全利，叶方保，钟香崇. SiO₂ 微粉加入量对刚玉质超低水泥浇注料高温性能的影响 [J]. 耐火与石灰，2005 (2)：104~106.

[58] 张道华，向军，等. 刚玉质自流泥浇注料在钢包砌筑上的应用 [J]. 2003 年会不定形会议文集.

[59] 王秉军，刘开琪，等. 出铜沟用 SiC-Al₂O₃ 质浇注料的研制与应用 [J]. 耐火材料，2012 (6)：456~458.

[60] 杨克锐，张彩文. SiC 微粉对低水泥耐火浇注料强度和热震稳定性的影响 [J]. 硅酸盐通报，1996，15 (4)：14~17.

[61] 张智慧，徐海森，阮国智，等. 尖晶石加入量、水泥种类对刚玉－尖晶石浇注料高温抗折强度的影响 [J]. 耐火材料，2013 (6)：423~426.

[62] Pileggi R G, Pandolfelli V C, Paiva A E, et al. Novel Rheometer for Refractory Castables [J]. Am. Ceram. Soc. Bull., 2000, 79 (1)：54~58.

[63] Orteg F S, Pileggi R G, Studart A R, et al. IPS, A Viscosity－Prtedctive Paramwter [J]. Am. Ceram. Soc. Bull., 2002, 81 (1)：44~52.

[64] 王少立，译. MgO 粒度对 Al₂O₃-MgO 系注料性能的影响 [J]. 耐火与石灰，2010 (3)：51~53；译自《Огнеупоры и техическаякерамика》，2009 (9)：33~36.

[65] 张国富，译. Al₂O₃-MgAl₂O₄-SiC-C 耐火浇注料中 SiC 氧化的动态评价 [J]. 耐火与石灰，2011 (3)：53~58.

[66] 王晨，译. 二次精炼钢包熔渣对 Al₂O₃-MgO 耐火浇注料渗透浸蚀的研究 [J]. 耐火与石灰，2011 (6)：20~25；译自《Ceramics International》，2010，Vol. 30 (3)：209~218.

[67] 薛海涛. 含硅微粉的低水泥镁铝尖晶石浇注料的流变行为和性能 [J]. 耐火与石灰，2011 (6)：26~28.

[68] 王晓阳. 刚玉细粉对镁质浇注料性能的影响 [J]. 耐火与石灰，2012 (5)：1~3, 10.

[69] 刘淳. 含纳米氧化铝颗粒的铝尖晶石自流耐火浇注料的显微结构及物相演化 [J]. 耐火与石灰，2012 (5)：39~43.

[70] 薛海涛. 添加溶胶－凝胶制成耐火浇注料的微观结构 [J]. 耐火与石灰，2012 (5)：57~60.

[71] 王玉霞，译. 预合成和原位尖晶石对水泥结合高铝耐火浇注料物理性能的影响 [J]. 耐火与石灰，2012 (1)：26~30；译自《Ceramics International》.

[72] 廖建国，译. 添加尖晶石超细粉提高铝尖晶石浇注料的抗侵蚀性 [J]. 国外耐火材料，2001 (1)：46~50；译自《耐火物》，2000 (2)：65~67.

[73] 丛希君，李志辉. CaO-Al₂O₃-SiO₂ 系统中新型低水泥和超低水泥铝硅质耐火浇注料的组成和特性 [J]. 耐火与石灰，2012 (1)：31~38.

[74] 魏指博. 钢包用高性能 Al₂O₃-MgO 质浇注料 [J]. 耐火与石灰，2014 (3)：42~43,

47.

[75] 徐勇. 含不同结合剂的高铝自流浇注料 [J]. 耐火与石灰, 2014 (3): 48~50, 60.

[76] 徐勇. 硅溶胶结合镁质耐火浇注料的显微结构和性能 [J]. 耐火与石灰, 2014 (3): 51~54.

[77] 张世. SiC - 石墨 - Al 金属添加物对低水泥和超低水泥高铝浇注料的影响 [J]. 耐火与石灰, 2014 (4): 26~28, 30.

# 冶金工业出版社部分图书推荐

| 书　名 | 定价(元) |
|---|---|
| 耐火材料的损毁及其抑制技术（第2版） | 29.00 |
| 碳及其复合耐火材料 | 29.00 |
| 镁钙系耐火材料 | 39.00 |
| 材料科学基础教程 | 33.00 |
| 相图分析及应用 | 20.00 |
| 铜冶金用镁铬耐火材料 | 50.00 |
| 耐火材料学 | 65.00 |
| 特殊炉窑用耐火材料 | 22.00 |
| 炉窑环形砌砖设计计算手册 | 118.00 |
| 材料电子显微分析 | 19.00 |
| 高炉砌筑技术手册 | 66.00 |
| 陈肇友耐火材料论文选（增订版） | 80.00 |
| 耐火材料与洁净钢生产技术 | 68.00 |
| 镁质和镁基复相耐火材料 | 28.00 |
| 耐火材料成型技术 | 29.00 |
| 耐火材料基础知识 | 28.00 |
| 耐火材料（第2版） | 35.00 |
| 新型耐火材料 | 20.00 |
| 炉外精炼用耐火材料（第2版） | 20.00 |
| 刚玉耐火材料（第2版） | 59.00 |
| 耐火材料手册 | 188.00 |
| 耐火材料与钢铁的反应及对钢质量的影响 | 22.00 |
| 复合不定形耐火材料 | 15.00 |
| 化学热力学与耐火材料 | 66.00 |
| 耐火材料工艺学（第2版） | 28.00 |
| 耐火材料厂工艺设计概论 | 35.00 |
| 钢铁工业用节能降耗耐火材料 | 15.00 |